零基础学空调器维修

韩雪涛　主　编
吴瑛　韩广兴　副主编

机械工业出版社
CHINA MACHINE PRESS

本书以空调器安装、调试与维修行业的市场需求为导向，结合国家相关职业资格标准，全面系统地介绍了从事空调器安装调试维修所必需的基础知识、电路知识、技能操作、电路识读测量和维修方法等。全书共23章，知识内容系统、技能操作详实、案例丰富多样，力求让读者在短时间内了解不同空调器维修的特点，并掌握实际的维修方法和技能技巧。

在表现方式上，本书突出"图解"特色。通过实际样机的实拆、实测、实修的演示讲解，让读者直观、真实、全面地了解空调器维修的各种本领。另外，本书将"微视频"教学模式引入其中，在重要的知识点或技能环节附有二维码，读者通过手机扫描二维码，即可在手机上观看相应知识技能的视频演示，与书中的内容形成互补，确保达到最佳的学习效果。

本书可供空调器生产、调试、销售、安装、维修等行业的在岗人员或待岗求职人员学习使用，也可作为职业院校、培训学校及相关培训机构的师生和广大家电爱好者学习使用。

图书在版编目（CIP）数据

零基础学空调器维修 / 韩雪涛主编 . —北京：机械工业出版社，2020.3（2024.8 重印）
ISBN 978-7-111-64710-2

Ⅰ . ①零… Ⅱ . ①韩… Ⅲ . ①空气调节器 - 维修 - 图解 Ⅳ . ① TM925.120.7-64

中国版本图书馆 CIP 数据核字（2020）第 025526 号

机械工业出版社（北京市百万庄大街 22 号　邮政编码 100037）
策划编辑：任　鑫　责任编辑：任　鑫
责任校对：樊钟英　封面设计：马精明
责任印制：李　昂
北京捷迅佳彩印刷有限公司印刷
2024 年 8 月第 1 版第 5 次印刷
184mm×260mm · 22.5 印张 · 645 千字
标准书号：ISBN 978-7-111-64710-2
定价：88.00 元

电话服务　　　　　　网络服务
客服电话：010-88361066　机 工 官 网：www.cmpbook.com
　　　　　010-88379833　机 工 官 博：weibo.com/cmp1952
　　　　　010-68326294　金 书 网：www.golden-book.com
封底无防伪标均为盗版　机工教育服务网：www.cmpedu.com

空调器是目前生活工作中必备的电器，其普及量逐年上升，随着新技术和新工艺的不断升级，空调器的智能化程度和复杂程度也越来越高。由于工作方式和使用环境的特殊性，空调器也是故障率多发的电器。近些年，具备专业空调器安装、调试、维修经验的从业者越来越受到市场的青睐，然而，面对强烈的市场需求，如何能够在短时间内掌握空调器的安装、调试、维修技能，成为摆在空调器维修从业人员面前的重要课题。

为解决这一问题，我们特组织编写了《零基础学空调器维修》专业培训教材。本书以岗位就业作为目标，所针对的读者对象为从事空调器维修的学习者，主要目的是帮助学习者在短时间内了解空调器的种类、特点、电路结构、电气原理，进而掌握规范、过硬的安装和维修技能。

为了能够编写好这本书，我们依托数码维修工程师鉴定指导中心进行了大量的市场调研和资料汇总，从空调器相关岗位的需求角度出发，对空调器安装、调试、维修所具备的知识技能进行了系统的整理，并结合岗位培训特点，制定了全新的空调器安装维修技能培训方案，以适应相关的岗位需求。

需要特别提醒广大读者注意的是，为尽量与广大读者的从业习惯一致，本书部分专业术语和图形符号等并没有严格按照国家标准进行统一改动，而是尽量采用行业内的通用习惯。

本书力求打造空调器安装维修领域的"全新"教授模式，无论是在编写初衷、内容编排，还是表现形式、后期服务上，本书都进行了大胆的调整，**内容超丰富、特色超鲜明**。

在层次定位上——【明确】

首先，从市场定位上，本书以国家职业资格为标准，以岗位就业为目的。定位在从事和希望从事空调器维修的初级读者。从零基础出发，通过本书的学习实现从零基础到全精通的"飞跃"。

在涉及内容上——【全面】

本书内容全面，章节安排充分考虑本行业读者的特点和学习习惯，在知识的架构设计上按照循序渐进、由浅入深的原则进行，结合岗位就业培训的特色，明确从业范围，明确从业目标，明确岗位需求，明确学习目的。力求通过一本书涵盖空调器电路和管路维修的关键性要点，争取达成一站式的解决方案。

在表现形式上——【新颖】

本书语言通俗易懂，内容呈现充分发挥"全图解"的特色，采用全彩印刷方式，运用大量的实物图、效果图、电路图及实操演示图等辅助知识技能的讲解。节省学习时间、提升学习效率，从而达到最佳的学习效果。

哪怕对空调器和电路知识一无所知，只要从前往后阅读本书，不但能轻松快速入门，而且能迅速提高自己的技术水平。

在后期服务上——【超值】

本书的编写得到了数码维修工程师鉴定指导中心的大力支持，为读者在学习过程中和以后的技能进阶方面提供全方位立体化的配套服务。读者在学习和工作过程中有什么问题，可登录数码维修工程师鉴定指导中心官方网站（www.chinadse.org）获得超值技术服务。

另外，本书将数字媒体与传统纸质载体完美结合，读者通过手机扫描书中的二维码，即可开启相应知识点的动态视频学习资源，教学内容与图书中的图文资源相互衔接，确保读者在短时间内取得最佳的学习效果，这也是图书内容的进一步"延伸"。

本书由韩雪涛担任主编，吴瑛、韩广兴担任副主编，参加编写的人员还有唐秀鸯、吴玮、韩雪冬、张湘萍、张丽梅、吴鹏飞、周文静等。

读者可通过以下方式与我们联系。

数码维修工程师鉴定指导中心
网　　址：http://www.chinadse.org
联系电话：022-83718162、83715667，13114807267
地　　址：天津市南开区榕苑路 4 号天发科技园 8-1-401
邮　　编：300384

编　者

目 录

前 言

P56、P59

P81、P84

P166、P168、
P170、P172、
P174

P183

P208、P213、P217、P220

P223、P224、P243

X

P296、P300、
P303、P304、
P307、P308、
P309

P331

第 1 章 空调器的工作原理和结构

1.1 空调器的工作原理

空调器是一种为家庭、办公室等空间区域提供空气调节和处理的设备，其主要功能是对空气中的温度、湿度、纯净度及空气流速等进行调节。

1.1.1 单冷型空调器的工作原理

单冷型空调器是指仅能实现制冷功能的空调器。单冷型空调器的制冷系统包括室内机制冷管路、室外机制冷管路和联机管路等部分，结构比较简单，如图 1-1 所示。

图 1-1 单冷型空调器的制冷系统

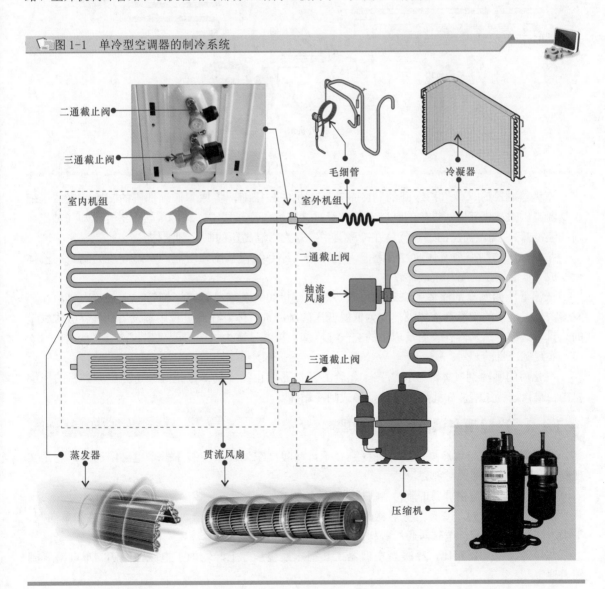

二通截止阀

三通截止阀

毛细管　　　冷凝器

室内机组　　　室外机组

二通截止阀

轴流风扇

三通截止阀

蒸发器　　　贯流风扇

压缩机

如图 1-2 所示，单冷型空调器是依靠制冷剂在空调器管路中状态变化（汽化、液化），实现冷风的输出，进而降低室内空气温度，达到制冷效果。

图 1-2　单冷型空调器的制冷原理

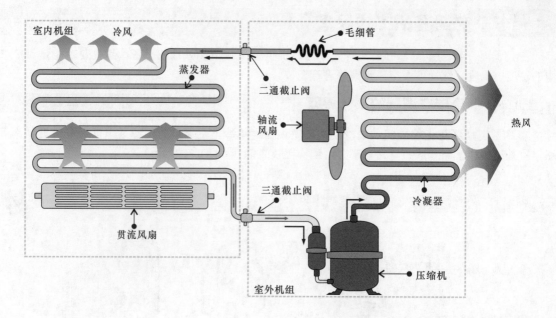

空调器制冷时，吸气口送回的制冷剂在压缩机中被压缩，将原本低温低压的制冷剂气体压缩成高温高压的过热气体。过热的制冷剂气体经过管路流入冷凝器中，在冷凝器中进行冷却（轴流风扇加速冷却），高温高压的过热气体在冷凝器中冷却为常温高压的制冷剂液体。

常温高压的制冷剂液体通过管路流入毛细管，经毛细管节流降压后，常温高压的制冷剂液体就变成了低温低压的制冷剂液体。

低温低压的制冷剂液体经二通截止阀（液体截止阀）及连接管路（细管）送入室内机，在蒸发器中低温低压的制冷剂液体吸热变为低温低压的制冷剂气体。在此过程中蒸发器向外界吸收大量的热量，这使得蒸发器外表面及周围的空气被冷却，再通过室内机的贯流风扇将冷空气从出风口吹出，实现制冷目的。

汽化后的制冷剂气体经连接管路（粗管）及三通截止阀（气体截止阀）返回到室外机的压缩机内，再次进行压缩，如此周而复始，形成制冷循环。

1.1.2　冷暖型空调器的工作原理

冷暖型空调器与单冷型空调器的区别在于，冷暖型空调器中安装了一个电磁四通阀，它是实现制冷和制热切换的关键部件。

图 1-3 为冷暖型空调器的制冷 / 制热系统的结构。

从图中可以看到，冷暖型空调器的制冷 / 制热系统主要由蒸发器、冷凝器、压缩机和单向阀、干燥过滤器、毛细管、电磁四通阀等构成。

与单冷型空调器相比，冷暖型空调器在其制冷系统基础上，增加了电磁四通阀、单向阀等闸阀组件。

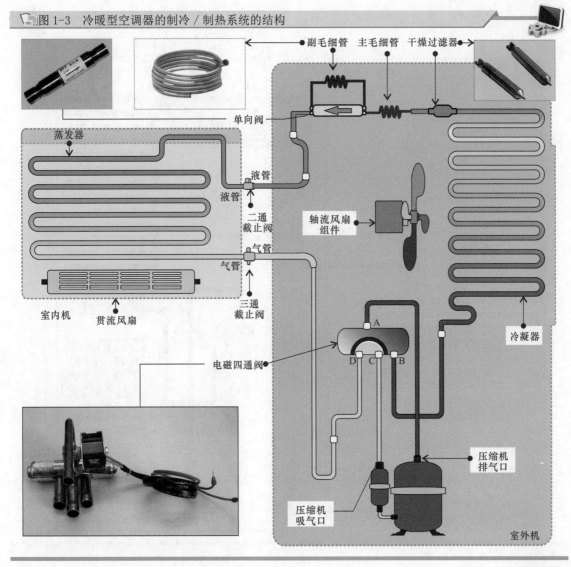

图1-3 冷暖型空调器的制冷／制热系统的结构

1 冷暖型空调器的制冷原理

冷暖型空调器的制冷原理与单冷型空调器制冷原理基本相同，不同的是由电磁四通阀控制制冷系统中制冷剂的流向，从而实现制冷－制热切换。

图1-4为冷暖型空调器的制冷原理。

空调器在制冷时，电磁四通阀不动作，管口A与B导通，管口D与C导通，制冷剂在压缩机中被压缩，将原本低温低压的制冷剂气体压缩成高温高压的过热气体后，由压缩机排气口排出。

高温高压的过热气体经电磁四通阀送入冷凝器中冷却，通过轴流风扇的冷却散热作用，过热的制冷剂由气态变为液态。

当冷却后的常温高压制冷剂液体流过时，单向阀1导通，单向阀2截止，因此制冷剂液体经单向阀1后，再经干燥过滤器、毛细管节流降压。低温低压的制冷剂液体由二通截止阀送入室内机。

制冷剂液体在室内机的蒸发器中吸热汽化，周围空气的温度下降，冷风即被贯流风扇吹入室内，室内温度下降。汽化后的制冷剂气体再经三通截止阀送回室外机中。制冷剂气体经电磁四通阀由压缩机吸气口回到压缩机中再次被压缩，以维持制冷循环。

图1-4　为冷暖型空调器的制冷原理

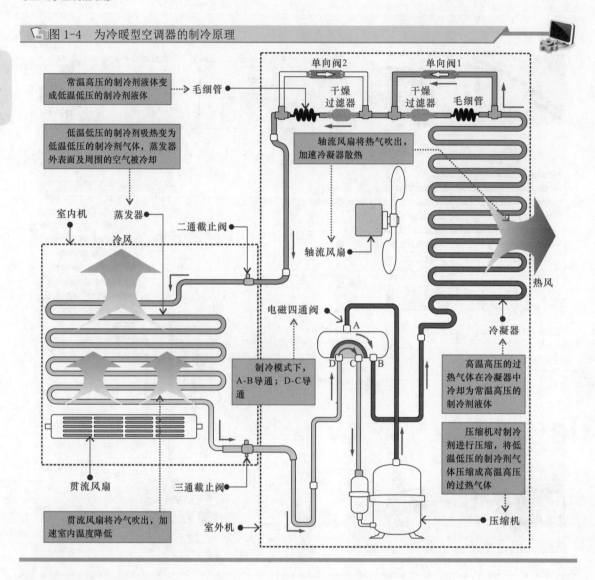

- 常温高压的制冷剂液体变成低温低压的制冷剂液体
- 低温低压的制冷剂吸热变为低温低压的制冷剂气体，蒸发器外表面及周围的空气被冷却
- 毛细管
- 单向阀2
- 单向阀1
- 干燥过滤器
- 干燥过滤器
- 毛细管
- 轴流风扇将热气吹出，加速冷凝器散热
- 室内机
- 蒸发器
- 冷风
- 二通截止阀
- 轴流风扇
- 热风
- 电磁四通阀
- 冷凝器
- A
- D C B
- 制冷模式下，A-B导通；D-C导通
- 高温高压的过热气体在冷凝器中冷却为常温高压的制冷剂液体
- 压缩机对制冷剂进行压缩，将低温低压的制冷剂气体压缩成高温高压的过热气体
- 贯流风扇
- 三通截止阀
- 压缩机
- 贯流风扇将冷气吹出，加速室内温度降低
- 室外机

2　冷暖型空调器的制热原理

扫一扫看视频

在制热模式下，电磁四通阀动作，制冷剂循环正好与制冷时相反。图1-5为冷暖型空调器的制热原理。

空调器在制热时，电磁四通阀动作，管口A与D导通，管口B与C导通，经压缩机压缩的高温高压过热气体由压缩机的排气口排出，再经电磁四通阀直接将过热气体送入室内机的蒸发器中。此时，室内机的蒸发器就相当于冷凝器的作用，过热气体通过室内机蒸发器散热，散发出的热量由贯流风扇从出风口吹出，使室内升温。

过热气体散热变成常温高压的液体，再由室内机送回室外机中。此时，在制热循环中，根据制冷剂的流向，单向阀2导通，单向阀1截止。制冷剂液体经单向阀2、干燥过滤器及毛细管等节流降压后，被送入室外机的冷凝器中。

与室内机蒸发器的功能正好相反，这时冷凝器的作用就相当于制冷时室内机蒸发器的作用，低温低压的制冷剂液体在这里完成汽化过程，制冷剂液体从外界吸收大量的热，重新变为饱和蒸气，并由轴流式风扇将冷气由室外机吹出。制冷剂气体最后由电磁四通阀返回压缩机的吸气口，继续下一次制热循环。

图 1-5　冷暖型空调器的制热原理

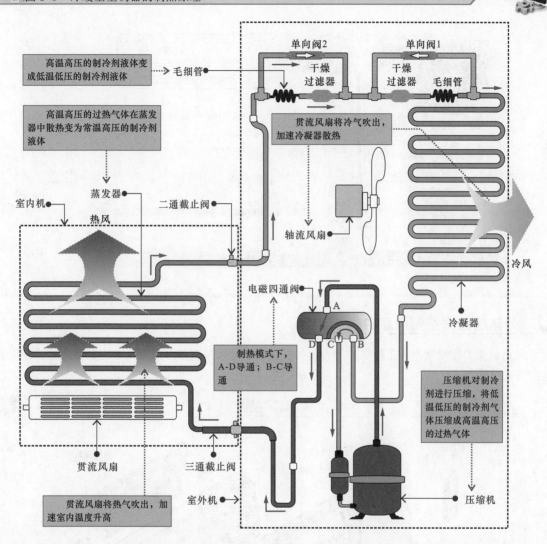

高温高压的制冷剂液体变成低温低压的制冷剂液体

高温高压的过热气体在蒸发器中散热变为常温高压的制冷剂液体

单向阀2　单向阀1

干燥过滤器　干燥过滤器

毛细管　毛细管

贯流风扇将冷气吹出，加速冷凝器散热

室内机　蒸发器　二通截止阀

热风

轴流风扇

电磁四通阀

冷风

冷凝器

制热模式下，A-D导通；B-C导通

压缩机对制冷剂进行压缩，将低温低压的制冷剂气体压缩成高温高压的过热气体

贯流风扇　三通截止阀

室外机

贯流风扇将热气吹出，加速室内温度升高

压缩机

| 提示说明 |

制热循环和制冷循环的过程正好相反。在制冷循环中，室内机的热交换设备起蒸发器的作用，室外机的热交换设备起冷凝器的作用，因此制冷时室外机吹出的是热风，室内机吹出的是冷风。在制热循环时，室内机的热交换设备起冷凝器的作用，而室外机的热交换设备则起蒸发器的作用，因此制热时室内机吹出的是热风，而室外机吹出的是冷风。

1.2　空调器的结构

1.2.1　分体壁挂式空调器的结构

分体壁挂式空调器是由壁挂式室内机和室外机两部分组成的，其结构如图1-6所示。

图 1-6　分体壁挂式空调器的结构

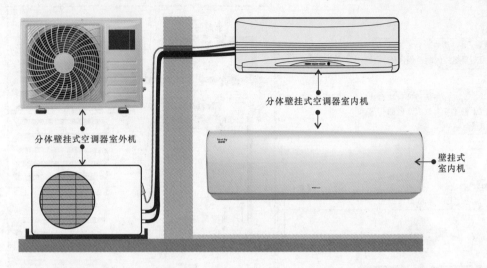

分体壁挂式空调器室内机

分体壁挂式空调器室外机

壁挂式
室内机

1　分体壁挂式空调器室内机

室内机主要用来接收人工指令，并为室外机提供电源和控制信号。图 1-7 为分体壁挂式空调器室内机的结构。

图 1-7　分体壁挂式空调器室内机的结构

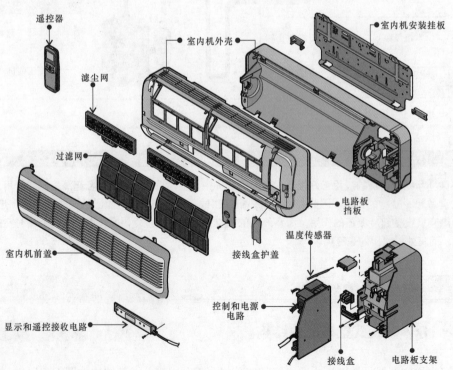

遥控器

滤尘网

过滤网

室内机前盖

显示和遥控接收电路

室内机外壳

室内机安装挂板

电路板挡板

温度传感器

接线盒护盖

控制和电源电路

接线盒

电路板支架

2 分体壁挂式空调器室外机

空调器的室外机通常安装在室外，主要包含压缩机、轴流风扇、电路板和冷凝器等主要部件，如图1-8所示。

图1-8 分体壁挂式空调器室外机的结构

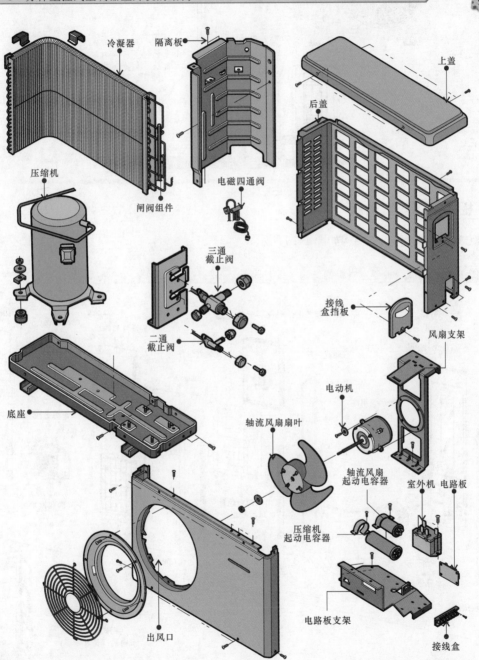

1.2.2 柜式空调器的结构

分体柜式空调器是由柜式室内机和室外机两部分组成的，其结构如图1-9所示。

图 1-9　分体柜式空调器的结构

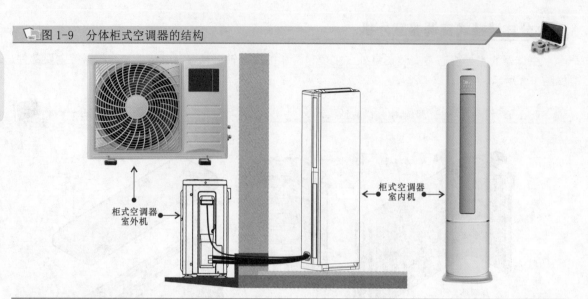

1　柜式空调器室内机

柜式空调器室内机的结构如图 1-10 所示。

图 1-10　柜式空调器室内机的结构（长方体形）

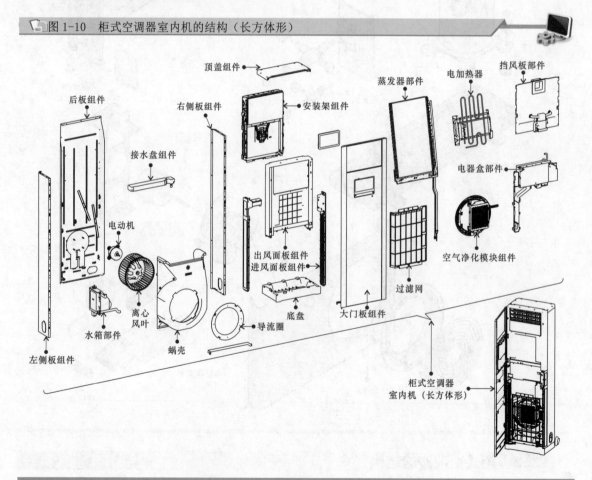

2 柜式空调器室外机

柜式空调器室外机与壁挂式空调器室外机的结构基本相同，都是由压缩机、轴流风扇、电路板和冷凝器等主要部件构成的，如图 1-11 所示。

图 1-11 柜式空调器室外机的结构

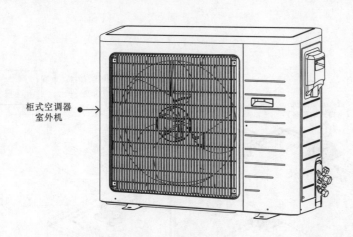

柜式空调器
室外机

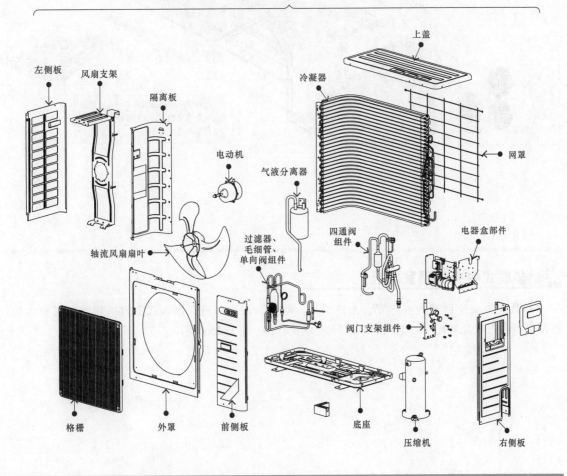

左侧板　风扇支架　隔离板　上盖　冷凝器　网罩　电动机　气液分离器　四通阀组件　电器盒部件　轴流风扇扇叶　过滤器、毛细管、单向阀组件　阀门支架组件　格栅　外罩　前侧板　底座　压缩机　右侧板

1.2.3 多联式中央空调的结构

多联式中央空调是一种常用的家庭中央空调的结构型式。它通过一台主机（室外机）即可实现对室内多出末端设备的制冷制热控制。

图 1-12 为多联式中央空调的结构示意图。

图 1-12 多联式中央空调的结构示意图

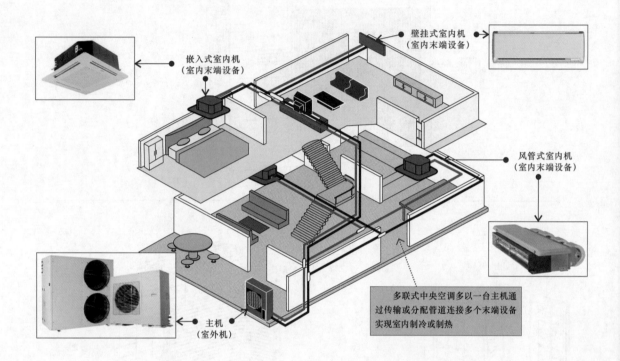

嵌入式室内机
（室内末端设备）

壁挂式室内机
（室内末端设备）

风管式室内机
（室内末端设备）

主机
（室外机）

多联式中央空调多以一台主机通
过传输或分配管道连接多个末端设备
实现室内制冷或制热

---

1 多联式中央空调室内机

多联式中央空调室内机主要有三种型式，即风管式室内机、嵌入式室内机和壁挂式室内机，不同类型室内机原理相似，结构不同，分别如图 1-13~ 图 1-15 所示。

图 1-13 多联式中央空调风管式室内机的结构

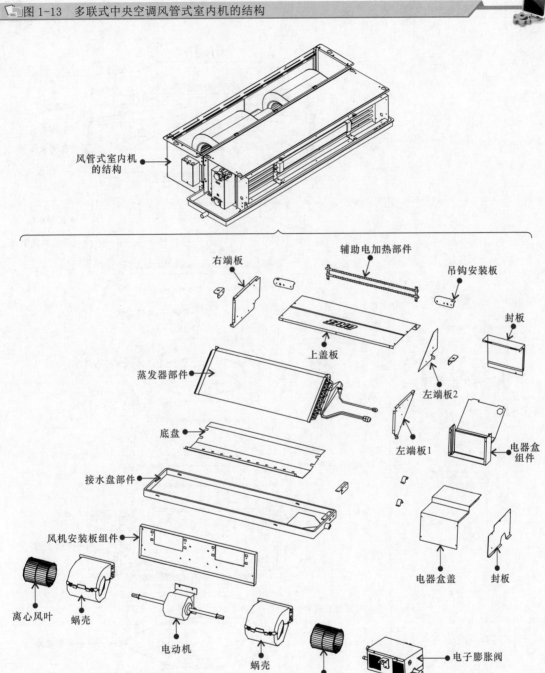

风管式室内机的结构

右端板

辅助电加热部件

吊钩安装板

封板

上盖板

蒸发器部件

左端板2

底盘

左端板1

电器盒组件

接水盘部件

风机安装板组件

电器盒盖

封板

离心风叶

蜗壳

电动机

蜗壳

离心风叶

电子膨胀阀

图 1-14　多联式中央空调嵌入式室内机的结构

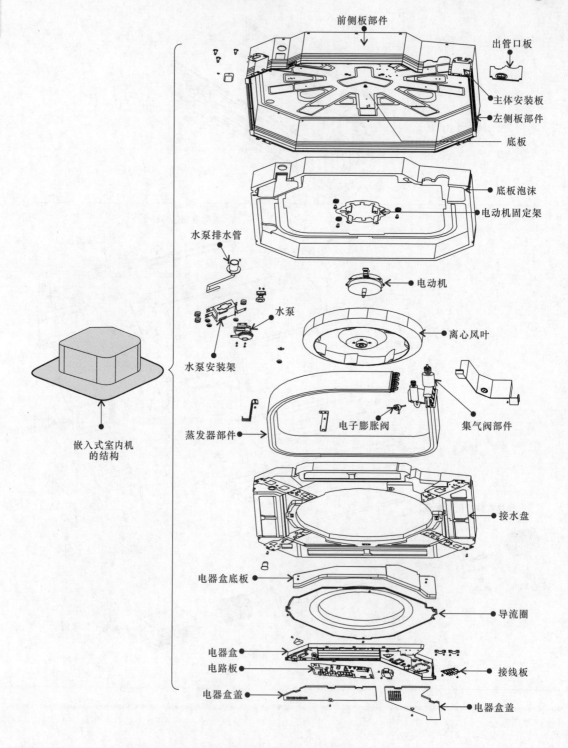

前侧板部件

出管口板

主体安装板

左侧板部件

底板

底板泡沫

电动机固定架

水泵排水管

电动机

水泵

离心风叶

水泵安装架

电子膨胀阀

集气阀部件

蒸发器部件

嵌入式室内机
的结构

接水盘

电器盒底板

导流圈

电器盒

电路板

接线板

电器盒盖

电器盒盖

图 1-15　多联式中央空调壁挂式室内机的结构

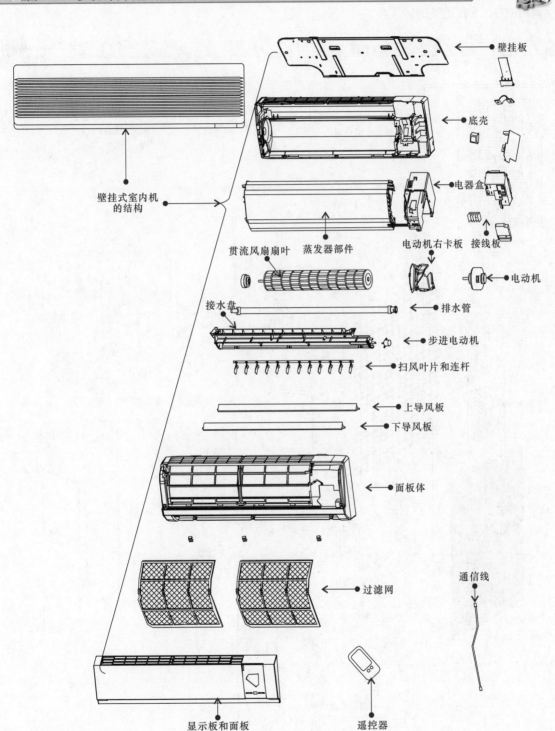

壁挂板

底壳

电器盒

壁挂式室内机
的结构

贯流风扇扇叶　蒸发器部件

电动机右卡板　接线板

电动机

接水盘

排水管

步进电动机

扫风叶片和连杆

上导风板

下导风板

面板体

过滤网

通信线

显示板和面板

遥控器

2 多联式中央空调室外机

　　多联式中央空调的室外机主要用来控制压缩机为制冷剂提供循环动力，然后通过制冷管路与室内机配合，实现能量的转换。

📖图 1-16　多联式中央空调室外机的结构

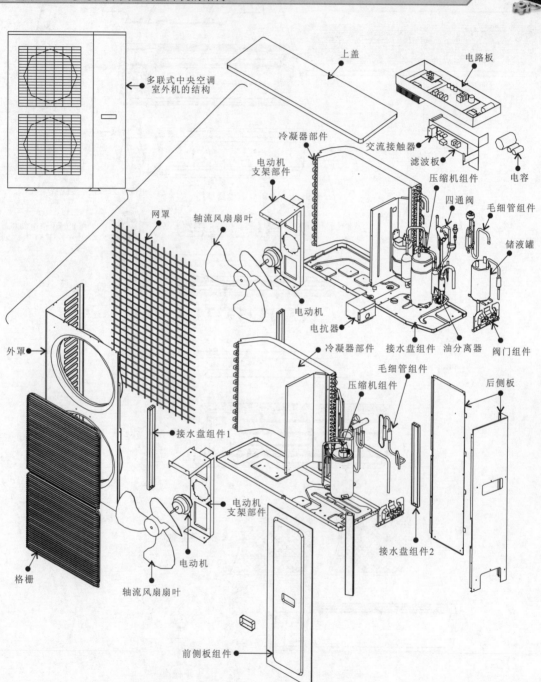

多联式中央空调室外机的结构

上盖

电路板

交流接触器

冷凝器部件

滤波板

电动机支架部件

压缩机组件

电容

四通阀

毛细管组件

网罩

轴流风扇扇叶

储液罐

电动机

电抗器

外罩

冷凝器部件

接水盘组件

油分离器　阀门组件

毛细管组件

接水盘组件1

压缩机组件

后侧板

电动机支架部件

电动机

接水盘组件2

格栅

轴流风扇扇叶

前侧板组件

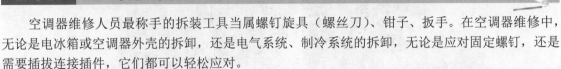

第2章 常用维修工具

2.1 空调器拆装工具

空调器维修人员最称手的拆装工具当属螺钉旋具（螺丝刀）、钳子、扳手。在空调器维修中，无论是电冰箱或空调器外壳的拆卸，还是电气系统、制冷系统的拆卸，无论是应对固定螺钉，还是需要插拔连接插件，它们都可以轻松应对。

2.1.1 螺钉旋具的特点与使用方法

螺钉旋具主要用来拆装空调器的外壳、制冷系统以及电气系统等部件上的固定螺钉。螺钉旋具的实物外形及适用场合，如图2-1所示。

图2-1 螺钉旋具的特点与使用方法

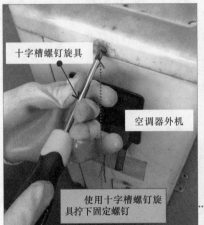
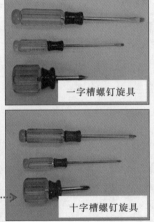
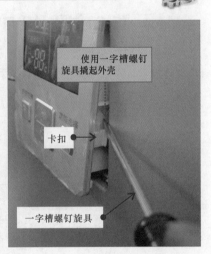

| 提示说明 |

在对空调器进行拆卸时，要尽量采用合适规格的螺钉旋具来拆卸螺钉，螺钉旋具的刀口尺寸不合适会损坏螺钉，给拆卸带来困难。需注意的是，尽量采用带有磁性的螺钉旋具，减少螺钉脱落的情况，以便快速准确地拧松螺钉。

2.1.2 钳子的特点与使用方法

钳子可用来拆卸空调器连接线缆的插件或某些部件的固定螺栓，或在焊接空调器管路时，用来夹取制冷管路或部件，以便于焊接。钳子的实物外形及适用场合，如图2-2所示。

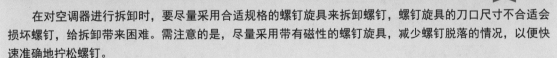

图 2-2　钳子的特点与使用方法

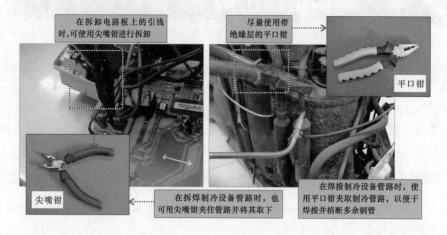

2.1.3　扳手的特点与使用方法

扳手主要用来拆装或固定空调器中一些大型的螺栓或阀门开关，常用的有活扳手、呆扳手和内六角扳手。图 2-3 所示为常用扳手的特点与使用方法。

图 2-3　扳手的特点与使用方法

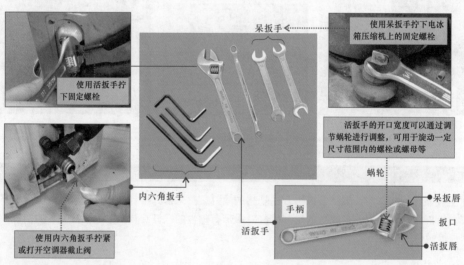

2.2　空调器管路加工工具

管路加工工具是空调器维修时特有的一类工具，这类工具主要是在空调器维修过程中对检修部件进行加工处理，使其满足维修需要。常用加工工具主要有切管器、扩管组件、弯管器、封口钳等。

2.2.1 切管器的特点与使用方法

1 切管器的特点

切管器主要用于空调器的制冷管路的切割，也常称其为割刀。图 2-4 为两种常见切管器的实物外形。切管器主要由刮管刀、滚轮、刀片及进刀旋钮组成。

图 2-4 常用切管器实物外形

刮管刀　进刀旋钮

在切割压缩机或空间狭小地方的管路时，可使用规格较小的切管器进行操作

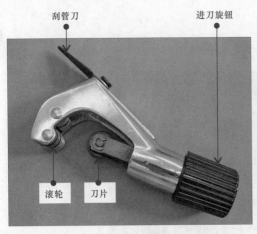
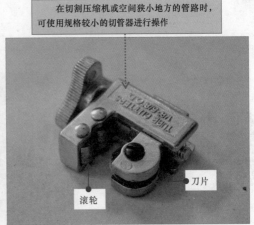

滚轮　刀片

刀片

滚轮

a）规格较大的切管器　　　　　b）规格较小的切管器

| 提示说明 |

在对制冷设备中的管路部件进行检修时，经常需要使用切管器对管路的连接部位、过长的管路或不平整的管口等进行切割，以便实现制冷设备管路部件的代换、检修或焊接操作。

常用切管器的规格为 3~20mm。由于制冷设备制冷循环对管路的要求很高，杂质、灰尘和金属碎屑都会造成制冷系统堵塞，因此，对制冷铜管的切割要使用专用的设备，这样才可以保证铜管的切割面平整、光滑，且不会产生金属碎屑掉入管中阻塞制冷循环系统。

2 切管器的使用方法

使用切管器切割制冷管路时，通常先调整切管器使其刀片接触到待切铜管的管壁，然后在旋转切管器的同时调节进刀旋钮，最终将制冷管路（铜管）切断。具体使用方法如图 2-5 所示。

图 2-5 切管器的使用方法

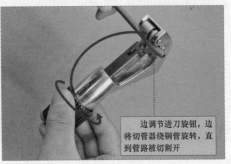

顺时针缓慢调节切管器的进刀旋钮，使切管器的刀片接触铜管的管壁

边调节进刀旋钮，边将切管器绕铜管旋转，直到管路被切割开

扫一扫看视频

| 提示说明 |

在使用切管器切割铜管完毕后，应使用切管器上端的刮管刀将管口处的毛刺进行去除。

2.2.2 扩管组件的特点与使用方法

1 扩管组件的特点

扩管组件主要用于对空调器各种管路的管口进行扩口操作。图2-6所示为扩管组件的实物外形，其主要包括顶压器、顶压支头和夹板。

图2-6 扩管组件的实物外形

扫一扫看视频

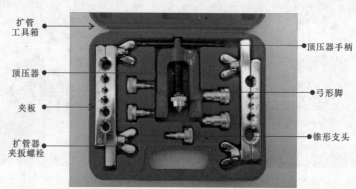

扩管工具箱

顶压器

夹板

扩管器夹扳螺栓

顶压器手柄

弓形脚

锥形支头

| 相关资料 |

扩管组件主要用于将管口扩为杯形口和喇叭口两种。两根直径相同的铜管需要通过焊接方式连接时，应使用扩管器将一根铜管的管口扩为杯形口；当铜管需要通过纳子或转接器连接时，需将管口进行扩喇叭口的操作。

2 扩管组件的使用方法

如图2-7所示，将铜管放置于夹板中固定，然后选择相应规格的顶压支头安装到顶压器上，即可实现对铜管的扩口操作。

图2-7 扩管组件的使用方法

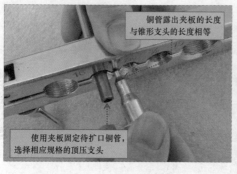

铜管露出夹板的长度与锥形支头的长度相等

使用夹板固定待扩口铜管，选择相应规格的顶压支头

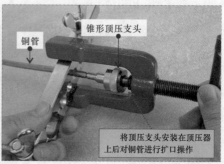

铜管

锥形顶压支头

将顶压支头安装在顶压器上后对铜管进行扩口操作

2.2.3　弯管器的特点与使用方法

1　弯管器的特点

　　弯管器是在空调器维修过程中对管路进行弯曲时用到的一种加工工具，图 2-8 所示为常用弯管器实物外形。

图 2-8　常用弯管器实物外形

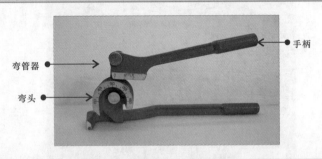

手柄

弯管器

弯头

| 提示说明 |

　　制冷设备的制冷管路经常需要弯制成特定的形状，而且为了保证系统循环的效果，对于管路的弯曲有严格的要求。通常管路的弯曲半径不能小于其直径的 3 倍，而且要保证管道内腔不能凹瘪或变形。

2　弯管器的使用方法

　　弯管器的使用方法相对简单，将带弯曲的铜管置于弯管器的弯头上，按照要求规范进行弯曲加工即可。弯管器的操作示范如图 2-9 所示。

图 2-9　弯管器的操作示范

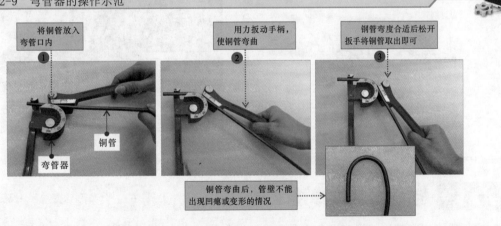

将铜管放入弯管口内 ①

用力扳动手柄，使铜管弯曲 ②

铜管弯度合适后松开扳手将铜管取出即可 ③

铜管

弯管器

铜管弯曲后，管壁不能出现凹瘪或变形的情况

| 相关资料 |

　　对铜管的弯折可以分为手动弯管和机械弯管，手动弯管适合直径较细的铜管，通常直径在 $\phi 6.35 \sim \phi 12.7mm$；采用机械弯管时铜管的直径为 $\phi 6.35 \sim \phi 44.45mm$。管道弯管的弯曲半径应大于 3.5 倍的直径，铜管弯曲变形后的短径与原直径之比应大于 2:3。弯管加工时，铜管内侧不能起皱或变形，管道的焊接接口不应放在弯曲部位，接口焊缝距管道或管件弯曲部位的距离应不小于 100mm。

2.2.4 封口钳的特点与使用方法

封口钳也称大力钳，通常用于对空调器制冷管路的端口处进行封闭，常见封口钳的实物外形如图 2-10 所示。

图 2-10 封口钳的实物外形

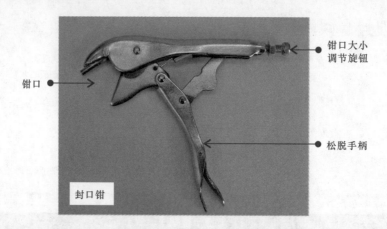

使用封口钳时，将封口钳的钳口夹住制冷管路，然后用力压下手柄即可。图 2-11 为封口钳的使用方法。

图 2-11 封口钳的使用方法

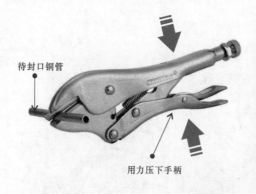

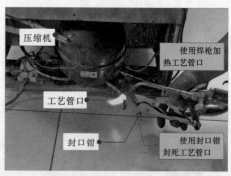

2.3 空调器管路焊接工具

空调器维修中常用的焊接设备主要有气焊设备和电烙铁两种。其中，气焊设备用于管路的检修，而电烙铁则主要对空调器电路中元器件进行代换。

2.3.1 气焊设备的特点与使用方法

1 气焊设备的特点

气焊设备是指对空调器管路系统进行焊接操作的专用设备，主要是由氧气瓶、燃气瓶、焊枪和连接软管组成的。

图 2-12 为氧气瓶和燃气瓶的实物外形。氧气瓶上安装有总阀门、输出控制阀和输出压力表；而燃气瓶上安装有控制阀门和输出压力表。

图 2-12 氧气瓶和燃气瓶的实物外形

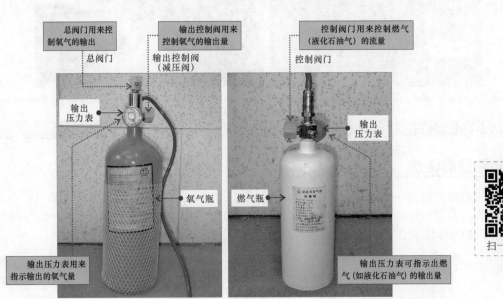

扫一扫看视频

氧气瓶和燃气瓶输出的气体在焊枪中混合，通过点燃的方式在焊嘴处形成高温火焰，对铜管进行加热。图 2-13 所示为焊枪的外形结构。

图 2-13 焊枪的外形结构

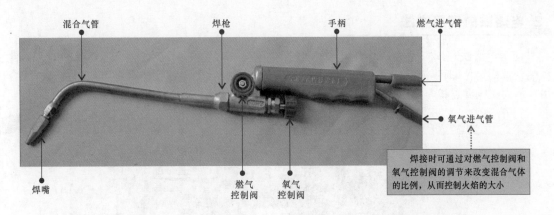

2 气焊设备的使用方法

如图 2-14 所示，气焊设备在使用时首先要将火焰调整到焊接状态，然后即可在焊料的配合下实现管路的焊接（气焊设备的使用与管路焊接有着严格要求，我们将在下面的章节中详细介绍）。

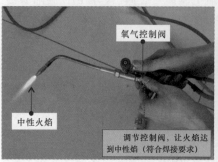
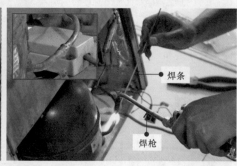

图 2-14　气焊设备的使用方法

氧气控制阀

焊条

中性火焰

调节控制阀，让火焰达到中性焰（符合焊接要求）

焊枪

2.3.2　电烙铁的特点与使用方法

1　电烙铁的特点

在空调器维修过程中，通常会对电路部分的元器件进行操作，若出现损坏的元器件，则需要使用电烙铁对其进行焊接、代换，因此电烙铁也是空调器中使用较多的焊接工具之一。如图 2-15 所示，常用的电烙铁主要有小功率电烙铁和中功率电烙铁两种。

图 2-15　电烙铁的种类特点

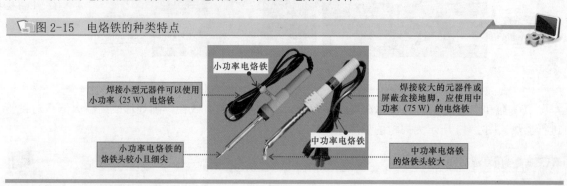

焊接小型元器件可以使用小功率（25 W）电烙铁

小功率电烙铁

焊接较大的元器件或屏蔽盒接地脚，应使用中功率（75 W）的电烙铁

小功率电烙铁的烙铁头较小且细尖

中功率电烙铁

中功率电烙铁的烙铁头较大

2.电烙铁的使用方法

使用电烙铁时，应先将其通电加热，然后用手握住电烙铁的手柄处，接近要拆卸的元器件引脚端使焊锡熔化即可。图 2-16 为电烙铁的使用方法。通常，电烙铁会与吸锡器或焊接辅料配合使用，从而完成拆焊和焊接操作。

图 2-16　电烙铁的使用方法

用电烙铁加热焊点，熔化元器件引脚焊点上的焊锡

电烙铁

吸锡器

电路板

使用电烙铁将焊锡丝熔化在元器件的引脚焊点上

焊锡丝

电烙铁

松香

焊锡丝

焊膏

吸锡器主要用于在取下元器件时，吸除引脚和焊点周围多余的焊锡

将吸锡器放到已熔化的焊点上

2.4 空调器电路检测仪表

空调器电路维修常用的检测仪表是指对空调器的电气部件或电路系统电子元器件进行检修时用到的检测仪表，如万用表、示波器、钳形表、兆欧表（标准术语称为绝缘电阻表）、电子温度计等，可分别用于检测电阻/电压值、信号波形、压缩机起动/运行电流、绝缘电阻值和温度等参数或数据。

2.4.1 万用表的特点与使用方法

万用表是检测空调器电路系统的重要工具。电路是否存在短路或断路故障、电路中元器件性能是否良好、供电条件是否满足等，都可使用万用表来进行检测。维修中常用的万用表主要有指针万用表和数字万用表两种，其外形如图2-17所示。

图2-17 万用表的实物外形

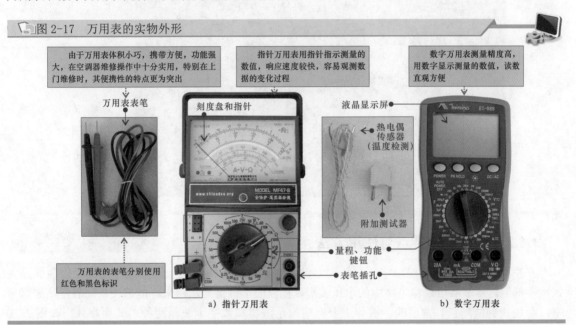

由于万用表体积小巧，携带方便，功能强大，在空调器维修操作中十分实用，特别在上门维修时，其便携性的特点更为突出

指针万用表用指针指示测量的数值，响应速度较快，容易观测数据的变化过程

数字万用表测量精度高，用数字显示测量的数值，读数直观方便

万用表表笔

刻度盘和指针

液晶显示屏

热电偶传感器（温度检测）

附加测试器

万用表的表笔分别使用红色和黑色标识

量程、功能键钮

表笔插孔

a) 指针万用表   b) 数字万用表

使用万用表进行检测操作时，首先需要根据测量对象选择相应的测量档位和量程，然后再根据检测要求和步骤进行实际检测。

例如，测量某个部件的电阻值，应选择欧姆档，然后根据万用表测电阻值的测量要求进行测量即可。图2-18所示为使用万用表检测空调器风扇电动机阻值的操作示范。

图2-18 使用万用表检测空调器风扇电动机阻值的操作示范

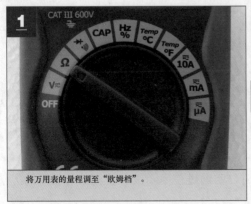

将万用表的量程调至"欧姆档"。

轴流风扇电动机

将万用表红、黑表笔分别搭在轴流风扇电动机两引脚上。测得两引脚间的阻值为0.489kΩ。

又如，测量室内机出风口或房间内的环境温度，应选择万用表的温度测量档，然后连接温度探头，将温度探头置于空调器出风口或环境中，如图 2-19 所示，即可测量空调器出风口温度或环境温度。

📖图 2-19　使用万用表测量温度操作示范

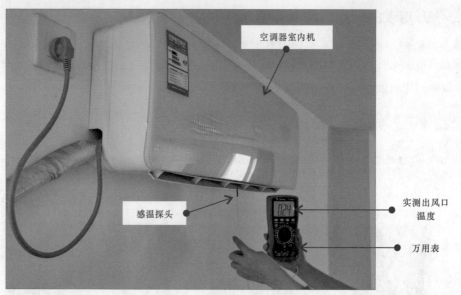

2.4.2　示波器的特点与使用方法

在空调器电路系统的检修中，可使用示波器对其电路各部位信号波形进行检测，以便快速查找故障部位。示波器可以将电路中的电压波形、电流波形直接显示出来，能够使检修者提高维修效率，尽快找到故障点。常用的示波器主要有模拟示波器和数字示波器两种，其实物外形如图 2-20 所示。

📖图 2-20　示波器实物外形

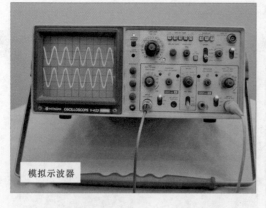

如图 2-21 所示，在对空调器电路进行检测时，常通过使用示波器检测信号波形的方法查找故障。

图2-21 使用示波器检测空调器电路系统中信号波形的操作示范

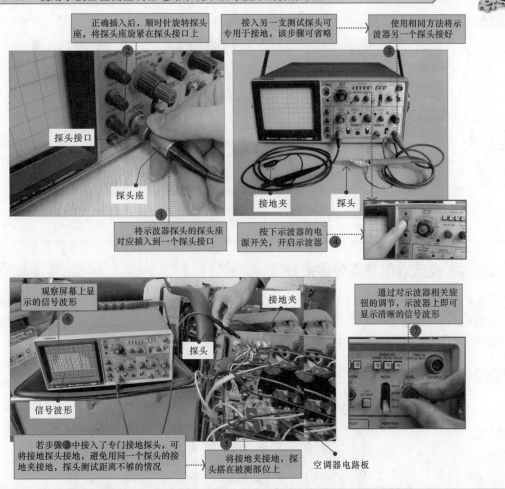

正确插入后，顺时针旋转探头座，将探头座旋紧在探头接口上

接入另一支测试探头可专用于接地，该步骤可省略

使用相同方法将示波器另一个探头接好

探头接口

探头座

将示波器探头的探头座对应插入到一个探头接口

接地夹

探头

按下示波器的电源开关，开启示波器

观察屏幕上显示的信号波形

接地夹

探头

通过对示波器相关旋钮的调节，示波器上即可显示清晰的信号波形

信号波形

若步骤③中接入了专门接地探头，可将接地探头接地，避免用同一个探头的接地夹接地，探头测试距离不够的情况

将接地夹接地，探头搭在被测部位上

空调器电路板

2.4.3 钳形表的特点与使用方法

钳形表也是检修空调器电气系统时的常用仪表，钳形表特殊的钳口的设计，可在不断开电路的情况下，方便地检测电路中的交流电流，如空调器整机的起动电流和运行电流，以及压缩机的起动电流和运行电流等。钳形表的结构和实物外形如图2-22所示。

图2-22 钳形表的结构和实物外形

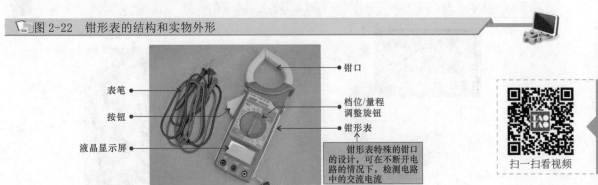

表笔

按钮

液晶显示屏

钳口

档位/量程调整旋钮

钳形表

钳形表特殊的钳口的设计，可在不断开电路的情况下，检测电路中的交流电流

扫一扫看视频

使用钳形表进行检测操作比较简单，通常选择好量程后，用钳口钳住单根电源线即可。

图 2-23 为使用钳形表检测空调器整机起动电流的操作示范。

图 2-23 使用钳形表检测空调器整机起动电流的操作示范

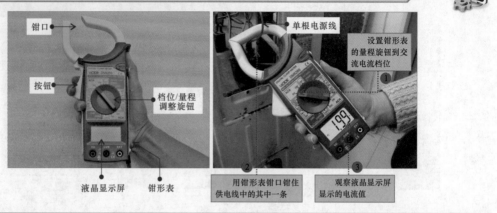

2.4.4 兆欧表的特点与使用方法

兆欧表（标准术语为绝缘电阻表）主要用于对绝缘性能要求较高的部件或设备进行检测，用以判断被测部件或设备中是否存在短路或漏电情况等。在空调器维修过程中，主要用于检测压缩机绕组的绝缘性能。兆欧表的结构和实物外形如图 2-24 所示。

图 2-24 兆欧表的结构和实物外形

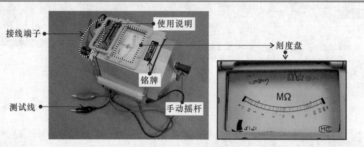

使用兆欧表检测绝缘电阻的方法比较简单，确定好检测部位，将兆欧表测试线夹进行连接，摇动摇杆即可进行检测。图 2-25 为使用兆欧表检测空调器压缩机绕组绝缘电阻的操作示范。

图 2-25 使用兆欧表检测空调器压缩机绕组绝缘电阻的操作示范

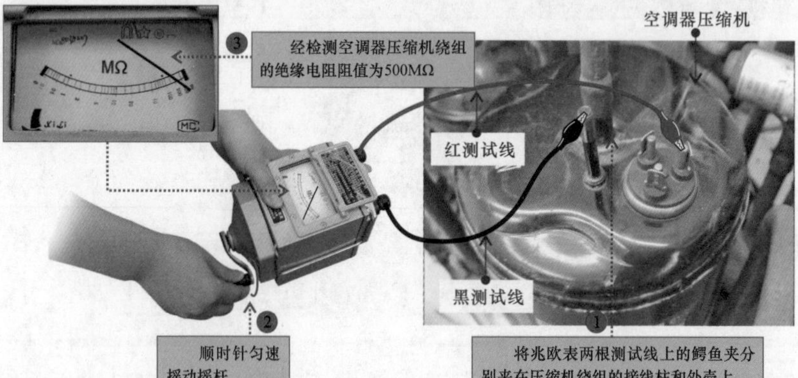

2.5 空调器制冷剂

制冷剂又称冷媒、雪种，是空调器中借以完成能量转化的媒介物质。

2.5.1 制冷剂的种类

在空调器系统中，制冷剂是空调器管路系统中完成制冷循环的介质，常用的制冷剂主要有R-22、R-407c、R-410a、R32、R290。

1 R22 制冷剂

R22 是空调器中使用率最高的制冷剂，该制冷剂含有氟利昂，对臭氧层破坏严重。

2 R407c 制冷剂

R407c 是一种不破坏臭氧层的环保制冷剂，它与 R22 有着极为相近的特性和性能，应用于各种空调系统和非离心式制冷系统。R407c 可直接应用于原 R22 的制冷系统，不用重新设计系统，只需更换原系统的少量部件以及将原系统内的矿物冷冻油更换为能与 R407c 互溶的润滑油，就可直接充注，实现原设备制冷剂的环保更换。

3 R410a 制冷剂

R410a 是一种新型环保制冷剂，不破坏臭氧层，具有稳定、无毒、性能优越等特点，其工作压力为普通 R22 制冷剂的 1.6 倍左右，制冷（暖）效率高，可提高空调器工作性能。

4 R32 制冷剂

R32（分子式 CH_2F_2）又称 HFC-32、F-32，中文名二氟甲烷，是一种新型环保制冷剂，具有较低的沸点、蒸气饱和压力比较低，制冷系数大，臭氧 ODP（破坏臭氧层潜能值）破坏为零，温室效应系数较小等特点。

R32 在常温下为无色、无味气体，在自身压力下为无色透明液体，易溶于油，难溶于水，无毒、可燃。

与 R410a 制冷剂相比，R32 无毒可燃（A2L 级别），R410a 不可燃（A1 级别），R32 与 R410a 热力性能非常接近，与 R22 相比其 CO_2 减排比例可达 77.6%（而 R410a 减排 CO_2 为 2.5%），符合国际减排要求。

表 2-1 为 R32 制冷剂与其他制冷剂性能比较（以 1.5 匹变频空调器为例）。

表 2-1 R32 制冷剂与其他制冷剂性能比较

比较项目	额定制冷量		中间制冷量		额定制热量	
制冷剂类型	R32	R410a	R32	R410a	R32	R410a
制冷能力 /W	2723	2531	1437	1381	3842	3643
功率 /W	841	829	372	353	1153	1126
毛细管规格	1.3×800	1.3×500	1.3×800	1.3×500	1.3×800+1.5×650	1.3×500+1.5×600
排气温度 /℃	80.6	63.9	61.1	48.1	85.7	66.6
回气温度 /℃	11.9	12.2	17.2	17.9	0.1	0.0

| 提示说明 |

R32 制冷剂具有可燃性，需要具备专业操作技能，且涉及其安装及维修等操作需有相关部门或机构培训考核后颁发相关资质证书。

5　R290 制冷剂

R290（丙烷）是一种新型环保制冷剂，主要用于中央空调器、热泵空调器、家用空调器和其他小型制冷设备。R290 制冷剂对臭氧层完全没有破坏，并且温室效应非常小，是目前最环保的制冷剂，但由于 R290 易燃易爆，目前常只用于充液量较少的低温制冷设备中，或者作为低温混配冷媒的一种组分；R290 与传统的润滑油兼容。表 2-2 为 R290 制冷剂的性能特点。

表 2-2　R290 制冷剂的性能特点

性能	R290	性能	R290
破坏臭氧潜能值（ODP）	0	饱和蒸气压（25℃）/MPa	0.953
沸点（1atm）/℃	−42.2	是否易燃	是
临界温度 /℃	96.7	是否易爆	是
临界压力 /MPa	4.25	ASHRAE 安全级别	A3

| 资料链接 |

制冷设备从发明到普及，一直都在随着制冷技术不断改进，其中制冷剂的技术革新是很重要的一方面。制冷剂属于化学物质，早期的制冷剂由于使用材料与制造工艺的问题，制冷效果不是很理想，并且对人体和环境影响较大。这就使制冷剂的设计人员不断地对制冷剂的替代品进行技术革新，而我国制冷设备的技术革新较落后，造成了目前市面上制冷剂型号较多的原因。

在过去使用十几年的制冷剂，如 R11、R12 等，其制冷性能比较优越，但是它对大气层存在破坏性，被列入禁用的系列，还有一些常用的制冷剂性能也不错，如 R22，但因也存在对大气层的危害，而被列入过渡产品。开发新型制冷剂，一直是该领域的目标。

● R22、R123 是应用比较多的制冷剂，是 HCFC 类制冷剂。

● R134a 是作为 R12 的替代物出现的。R600a 也是一种新型制冷剂，但它不能与 R134a 互相代换。

● R404a 和 R410a 是一种混合制冷剂，目前只在小机组上使用。

● R134a、R407c、R404a、R410a、R507 这些制冷剂在使用时，需要使用合成油，例如 POE 油。

● R32、R290 是新型环保制冷剂。按照国际环保规定，2030 年前必须完成非环保制冷剂的淘汰，使用 GWP 值（全球变暖系数）较低的制冷剂工质，如新环保 R32、R290 将成为行业的新宠。

不同类型的制冷剂化学成分不同，因此性能也不相同，表 2-3 所列为 R22、R407c 以及 R410a 制冷剂性能的对比。

表 2-3　制冷剂性能的对比

制冷剂	R22	R407c	R410a
制冷剂类型	旧制冷剂（HCFC）	新制冷剂（HFC）	
成分	R22	R32/R125/R134a	R32/R125
使用制冷剂	单一制冷剂	疑似共沸混合制冷剂	非共沸混合制冷剂
氟	有	无	无
沸点 /℃	−40.8	−43.6	−51.4
蒸气压力（25℃）/MPa	0.94	0.9177	1.557
臭氧破坏系数（ODP）	0.055	0	0
制冷剂填充方式	气体	以液态从钢瓶取出	以液态从钢瓶取出
制冷剂泄漏是否可以追加填充	可以	不可以	可以

由于使用 R22 制冷剂和 R410a 制冷剂的空调器管路中的压力有所不同，在充注制冷剂时，使用的连接软管材质以及耐压值也有所不同，并且连接软管的纳子连接头直径也不相同，见表 2-4。

表 2-4　制冷剂连接软管的异同点

制冷剂		R410a	R22
连接软管耐压值	常用压力	5.1 MPa(52 kgf/cm^2)⊖	3.4 MPa(35 kgf/cm^2)
	破坏压力	27.4 MPa(280 kgf/cm^2)	17.2 MPa(175 kgf/cm^2)
连接软管材质		HNBR 橡胶 内部尼龙	CR 橡胶
接口尺寸		1/2UNF　20 齿	7/16 UNF　20 齿

不同类型制冷剂的 GWP（全球变暖系数）和 ODP（破坏臭氧层潜能值）值见表 2-5。

表 2-5　不同类型制冷剂的 GWP 和 ODP 值

比较项目	制冷剂类型			
	R22	R410a	R32	R290
分子式	CHF$_2$CL	R32/R125	CH$_2$F$_2$	C$_3$H$_8$
GWP	1700	1900	580	3
ODP	0.055	0	0	0

2.5.2　制冷剂的存放

制冷剂在充入空调器管路系统前，存放于制冷剂钢瓶中，如图 2-26 所示。充注制冷剂时，制冷剂的流量大小主要通过制冷剂钢瓶上的控制阀门进行控制，在不进行充注制冷剂时，一定要将阀门拧紧，以免制冷剂泄漏污染环境。

图 2-26　制冷剂钢瓶

阀门用于控制制冷剂的释放和关闭　　　阀门用于控制制冷剂的释放和关闭

制冷剂R22　　制冷剂R407c　　制冷剂R410a　　制冷剂R32　　制冷剂R290

制冷剂通常都封装在钢瓶中，常见的钢瓶可以分为带有虹吸功能和无虹吸功能的钢瓶，如图 2-27 所示。带有虹吸功能的制冷剂钢瓶可以正置充注制冷剂，而无虹吸功能的制冷剂钢瓶需要倒置充注制冷剂。

⊖　1kgf/cm^2=0.0980665MPa，后同。

图 2-27　制冷剂钢瓶的内部结构图

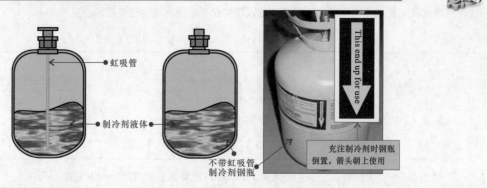

- 虹吸管
- 制冷剂液体
- 不带虹吸管制冷剂钢瓶

This end up for use

充注制冷剂时钢瓶倒置，箭头朝上使用

2.5.3　制冷剂的代换

在向空调器制冷剂系统加注制冷剂时，应查看一下压缩机。通常压缩机上标有系统中所使用的制冷剂型号。如果要更换其他型号的制冷剂，要注意其性能特点。更换时要把原有的制冷剂排除干净，并抽真空。

此外，不同的制冷剂所用的压缩机油也是不同的，不能混用。如果混用制冷剂，容易引起管路堵塞、压缩机卡缸等现象。二次加注制冷剂必须保证管道的清洁度。

第3章 维修电路基础

3.1 电路连接与欧姆定律

3.1.1 串联方式

如果电路中多个负载首尾相连，那么我们称它们的连接状态是串联的，该电路即为串联电路。

如图3-1所示，在串联电路中，通过每个负载的电流是相同的，且串联电路中只有一个电流通路，当开关断开或电路的某一点出现问题时，整个电路将处于断路状态。因此当其中一盏灯损坏后，另一盏灯的电流通路也被切断，该灯不能点亮。

🗂 图3-1 电子元件的串联关系

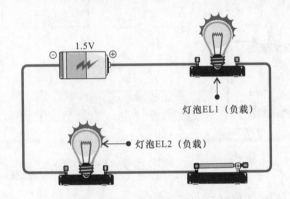
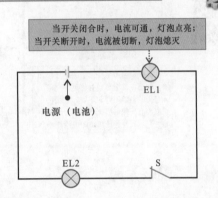

当开关闭合时，电流可通，灯泡点亮；
当开关断开时，电流被切断，灯泡熄灭

1.5V

灯泡EL1（负载）

灯泡EL2（负载）

电源（电池）

EL1

EL2

S

在串联电路中，流过每个负载的电流相同，各个负载分享电源电压。如图3-2所示，电路中有三个相同的灯泡串联在一起，那么每个灯泡将得到1/3的电源电压量。每个串联的负载可分到的电压量与它自身的电阻有关，即自身电阻较大的负载会得到较大的电压值。

🗂 图3-2 灯泡（负载）串联的电压分配

串联电路中各个负载上的电压之和等于电源总电压，而电路中各负载的电流值相同

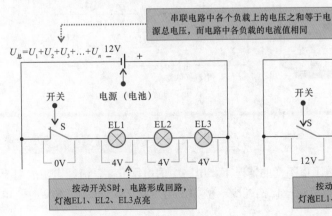
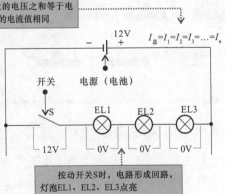

$U_{总}=U_1+U_2+U_3+...+U_n$ 12V

$I_{总}=I_1=I_2=I_3=...=I_n$

开关   电源（电池)

开关   电源（电池）

S   EL1   EL2   EL3

S   EL1   EL2   EL3

0V   4V   4V   4V

12V   0V   0V   0V

扫一扫看视频

按动开关S时，电路形成回路，
灯泡EL1、EL2、EL3点亮

按动开关S时，电路形成回路，
灯泡EL1、EL2、EL3点亮

3.1.2 并联方式

两个或两个以上负载的两端都与电源两极相连，我们称这种连接状态是并联的，该电路为并联电路。

如图 3-3 所示，在并联状态下，每个负载的工作电压都等于电源电压。不同支路中会有不同的电流通路，当支路某一点出现问题时，该支路将处于断路状态，照明灯会熄灭，但其他支路依然正常工作，不受影响。

图 3-3　电子元件的并联关系

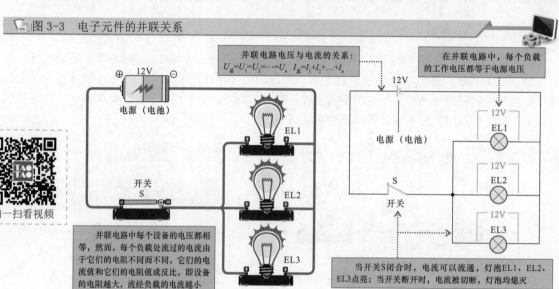

并联电路电压与电流的关系：
$U_总 = U_1 = U_2 = \cdots = U_n$　$I_总 = I_1 + I_2 + \ldots + I_n$

在并联电路中，每个负载的工作电压都等于电源电压

并联电路中每个设备的电压都相等，然而，每个负载处流过的电流由于它们的电阻不同而不同，它们的电流值和它们的电阻值成反比，即设备的电阻越大，流经负载的电流越小

当开关S闭合时，电流可以流通，灯泡EL1、EL2、EL3点亮；当开关断开时，电流被切断，灯泡均熄灭

扫一扫看视频

3.1.3 混联方式

如图 3-4 所示，将电气元件串联和并联后构成的电路称为混联电路。

图 3-4　电子元件的混联关系

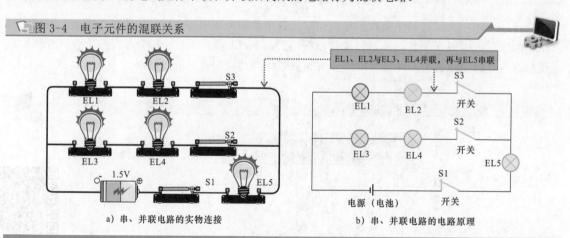

EL1、EL2与EL3、EL4并联，再与EL5串联

a）串、并联电路的实物连接　　　　　b）串、并联电路的电路原理

3.1.4 电压与电流的关系

电压与电流的关系如图 3-5 所示。电阻值不变的情况下，电路中的电压升高，流经电阻的电流也成比例增加；电压降低，流经电阻的电流也成比例减少。例如，电压从 25V 升高到 30V 时，电流值也会从 2.5A 升高到 3A。

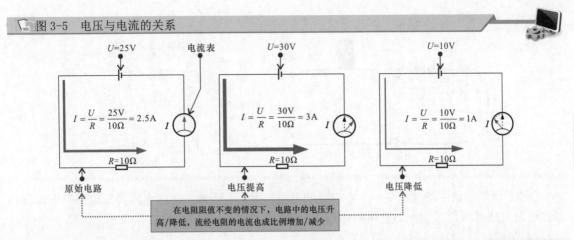

图 3-5　电压与电流的关系

在电阻阻值不变的情况下，电路中的电压升高/降低，流经电阻的电流也成比例增加/减少

3.1.5　电阻与电流的关系

电阻与电流的关系如图 3-6 所示。当电压值不变的情况下，电路中的电阻值升高，流经电阻的电流成比例减少；电阻值降低，流经电阻的电流则成比例增加。例如，电阻从 10Ω 升高到 20Ω 时，电流值会从 2.5A 降低到 1.25A。

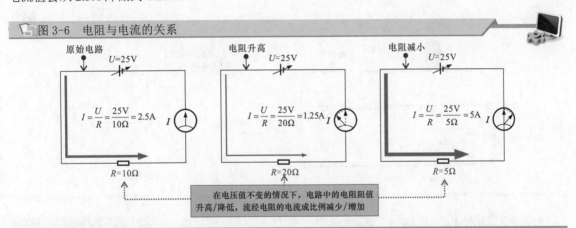

图 3-6　电阻与电流的关系

在电压值不变的情况下，电路中的电阻阻值升高/降低，流经电阻的电流成比例减少/增加

3.2　实用单元电路

3.2.1　基本 RC 电路

RC 电路（电阻和电容联合"构建"的电路）是一种由电阻器和电容器按照一定的方式连接并与交流电源组合的一种简单功能电路。下面我们先来了解一下 RC 电路的结构形式，再结合具体的电路单元弄清楚该电路的功能特点。

根据不同的应用场合和功能，RC 电路通常有两种结构形式：一种是 RC 串联电路；另一种是 RC 并联电路。

1　RC 串联电路的特征

电阻器和电容器串联后"构建"的电路称为 RC 串联电路，该电路多与交流电源连接，如图 3-7 所示。

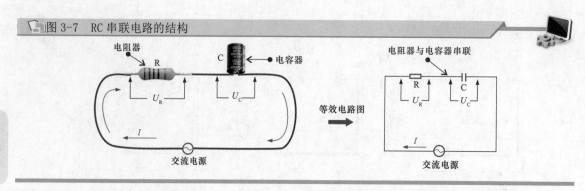

图 3-7 RC 串联电路的结构

电阻器

电容器

电阻器与电容器串联

等效电路图

交流电源

交流电源

在 RC 串联电路中的电流引起了电容器和电阻器上的电压降，这些电压降与电路中电流及各自的电阻值或容抗值成比例。电阻器电压 U_R 和电容器电压 U_C 用欧姆定律表示为（X_C 为容抗）：$U_R=IR$、$U_C=IX_C$。

2 RC 并联电路的特征

电阻器和电容器并联连接于交流电源的组合称为 RC 并联电路，如图 3-8 所示。与所有并联电路相似，在 RC 并联电路中，电压 U 直接加在各个支路上，因此各支路的电压相等，都等于电源电压，即 $U=U_R=U_C$，并且三者之间的相位相同。

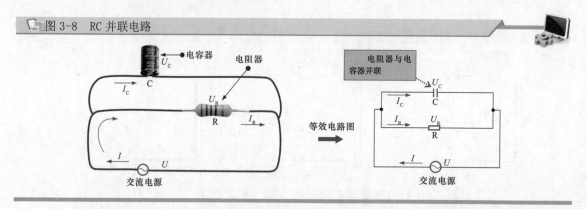

图 3-8 RC 并联电路

电容器

电阻器

电阻器与电容器并联

等效电路图

交流电源

交流电源

3.2.2 基本 LC 电路

LC 电路是一种由电感器和电容器按照一定的方式进行连接的一种功能电路。下面我们先来了解一下 LC 电路的结构形式，再结合具体的电路单元弄清楚该电路的功能特点。

由电容器和电感器组成的串联或并联电路中，感抗和容抗相等时，电路成为谐振状态，该电路称为 LC 谐振电路。LC 谐振电路又可分为 LC 串联谐振电路和 LC 并联谐振电路两种。

1 LC 串联谐振电路的特点

在串联谐振电路中，当信号接近特定的频率时，电路中的电流达到最大，这个频率称为谐振频率。

图 3-9 为不同频率信号通过 LC 串联电路的效果示意图。由图中可知，当输入信号经过 LC 串联电路时，根据电感器和电容器的特性，信号频率越高电感的阻抗越大，而电容的阻抗则越小，阻抗大对信号的衰减大，频率较高的信号通过电感会衰减很大，而直流信号则无法通过电容器。当输入信号的频率等于 LC 谐振的频率时，LC 串联电路的阻抗最小，此频率的信号很容易通过电容器和电感器输出。由此可看出，LC 串联谐振电路可起到选频的作用。

图 3-9　不同频率信号通过 LC 串联电路的效果示意图

电容对低频信号阻抗
大使其难以通过

与LC谐振频率相同的
信号能无阻碍的通过

电感对高频信号阻抗
大使其难以通过

电感器

电容器

RL

2　LC 并联谐振电路的特点

在 LC 并联谐振电路中，如果线圈中的电流与电容中的电流相等，则电路就达到了并联谐振状态。图 3-10 为不同频率的信号通过 LC 并联谐振电路时的状态，当输入信号经过 LC 并联谐振电路时，根据电感器和电容器的阻抗特性，较高频率的信号则容易通过电容器到达输出端，较低频率的流信号则容易通过电感器到达输出端。由于 LC 回路在谐振频率处的阻抗最大，谐振频率点的信号不能通过 LC 并联的振荡电路。

图 3-10　信号通过 LC 并联谐振电路前后的波形

低频信号　电感器

电感对低频信号阻抗小
低频信号易于通过

LC并联电路对谐振点
的频率阻抗理论上为无穷
大，该信号难于通过

电容对高频信号阻抗小
高频信号易于通过

RL

电容器

高频信号　与LC谐振频率
相同的信号

3　RLC 电路的特点

RLC 电路是由电阻器、电感器和电容器构成的电路单元。由前文可知，在 LC 电路中，电感器和电容器都有一定的电阻值，如果电阻值相对于电感的感抗或电容的容抗较小时，往往会被忽略；而在某些高频电路中，电感器和电容器的阻值相对较大，就不能忽略，原来的 LC 电路就变成了 RLC 电路，如图 3-11 所示。

图 3-11　RLC 电路

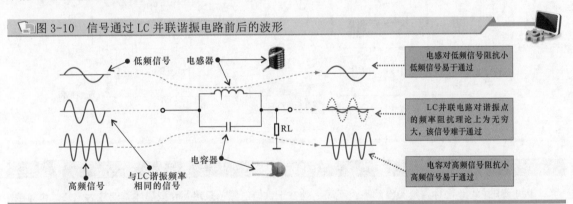

LC串联电路　　L1　C1　等效电路　　L1　C1　R1　RLC串联电路

LC并联电路　　L1　C1　等效电路　　L1　R1　C1　R2　RLC并联电路

3.2.3　基本放大电路

基本放大电路是电子电路中的基本单元电路，为了满足电路中不同元器件对信号幅度以及电流的要求，需要对电路中的信号、电流等进行放大，用来确保设备的正常工作。在这个过程中，完成对信号放大的电路被称为放大电路，而基本放大电路的核心元器件为晶体管。

晶体管主要有 NPN 型和 PNP 型两种。由这两种晶体管构成的基本放大电路各有三种，即共射极（e）放大电路、共集电极（c）放大电路和共基极（b）放大电路。

1　共射极放大电路

共射极放大电路是指将晶体管的发射极（e）作为输入信号和输出信号的公共接地端的电路。它最大特色是具有较高的电压增益，但由于输出阻抗比较高，这种电路的带负载能力比较低，不能直接驱动扬声器等器件。

图 3-12 为典型共射极（e）放大电路的结构，该电路主要由晶体管、电阻器和耦合电容器构成。

图 3-12　共射极（e）放大电路的结构

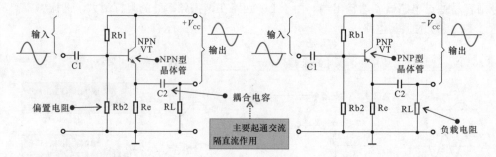

| 提示说明 |

NPN 型与 PNP 型晶体管放大器的最大不同之处在于供电电源：采用 NPN 型晶体管的放大电路，供电电源是正电源送入晶体管的集电极（c）；采用 PNP 型晶体管的放大电路，供电电源是负电源送入晶体管的集电极（c）。

图 3-12 中的晶体管 VT 是这一电路的核心部件，主要起到对信号放大的作用；电路中偏置电阻 Rb1 和 Rb2 通过电源给 VT 基极（b）供电；电阻 Re 是给 VT 发射极（e）供电；两个电容 C1、C2 都是起到通交流隔直流的作用；电阻 RL 则是承载输出信号的负载电阻。

输入信号加到晶体管基极（b）和发射极（e）之间，而输出信号取自晶体管的集电极（c）和发射极（e）之间，由此可见发射极（e）为输入信号和输出信号的公共端，因而称共射极（e）晶体管放大电路。

2　共集电极放大电路

共集电极放大电路是从发射极输出信号的，信号波形与相位基本与输入相同，因而又称射极输出器或射极跟随器，简称射随器，常用作缓冲放大器使用。

共集电极放大电路的功能和组成器件与共射极放大电路基本相同，不同之处有两点：其一是将集电极电阻 Rc 移到了发射极（用 Re 表示）；其二是输出信号不再取自集电极而是取自发射极。

图 3-13 为共集电极放大电路的结构。两个偏置电阻 Rb1 和 Rb2 是通过电源给晶体管基极（b）供电；Re 是晶体管发射极（e）的负载电阻；两个电容都是起到通交流隔直流作用的耦合电容；电阻 RL 则是负载电阻。

图 3-13 共集电极（c）放大电路的结构

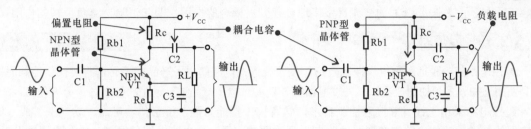

　　由于晶体管放大电路的供电电源的内阻很小，对于交流信号来说正负极间相当于短路。交流地等效于电源，也就是说晶体管集电极（c）相当于接地。输入信号相当于加载到晶体管基极（b）和集电极（c）之间，输出信号取自晶体管的发射极（e），也就相当于取自晶体管发射极（e）和集电极（c）之间，因此集电极（c）为输入信号和输出信号的公共端。

| 提示说明 |

　　共射极放大电路与共发射极放大电路一样，NPN 型与 PNP 型晶体管放大器的最大不同之处也是供电电源的极性不同。

3 共基极放大电路

　　在共基极放大电路中，信号由发射极（e）输入，由晶体管放大后由集电极（c）输出，输出信号与输入信号相位相同。它的最大特点是频带宽，常用作晶体管宽频带电压放大器。

　　共基极放大电路的功能与共射极放大电路基本相同，其结构特点是将输入信号是加载到晶体管发射极（e）和基极（b）之间，而输出信号取自晶体管的集电极（c）和基极（b）之间，由此可见基极（b）为输入信号和输出信号的公共端，因而该电路称为共基极（b）放大电路。

　　图 3-14 为共基极放大电路的基本结构。从图中可以看出，该电路主要是由晶体管 VT、电阻器 Rb1、Rb2、Rc、RL 和耦合电容 C1、C2 组成的。

图 3-14 共基极放大电路的结构

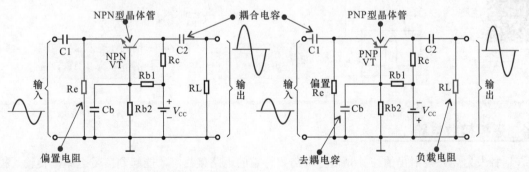

| 相关资料 |

　　共射极、共集电极和共基极放大电路是单管放大器中三种最基本的单元电路，所有其他放大电路都可以看成是它们的变形或组合，所以掌握这三种基本单元电路的性质是非常必要的。

电路中的四个电阻都是为了建立静态工作点而设置的，其中 Rc 还兼具集电极（c）的负载电阻；电阻 RL 是负载端的电阻；两个电容 C1 和 C2 都是起到通交流隔直流作用的耦合电容；去耦电容 Cb 是为了使基极（b）的交流直接接地，起到去耦合的作用，即起消除交流负反馈的作用。

3.2.4　遥控电路

遥控电路是一种远距离操作控制电路，设置有遥控电路的电子产品就不必近距离操作控制面板，只要使用遥控设备（如遥控器、红外发射器等）就能对电子产品进行远距离控制，十分方便。

遥控电路采用无线、非接触控制技术，具有抗干扰能力强、信息传输可靠、功耗低、成本低、易实现等特点。遥控电路在空调器电路有十分重要的应用，该电路根据功能划分可分为遥控发射电路和遥控接收电路两部分。

1　遥控发射电路

遥控发射电路（红外发射电路）是采用红外发光二极管来发出经过调制的红外光波，其电路结构多种多样，电路工作频率也可根据具体的应用条件而定。遥控信号有两种制式：一种是非编码形式，适用于控制单一的遥控系统中；另一种是编码形式，常应用于多功能遥控系统中。

在电子产品中，常用红外发光二极管来发射红外光信号。常用的红外发光二极管的外形与 LED 发光二极管相似，但 LED 发光二极管发射的光是可见的，而红外发光二极管发射的光是不可见光。

图 3-15 为红外发光二极管基本工作过程，图中的晶体管 VT1 作为开关管使用，当在晶体管的基极加上驱动信号时，晶体管 VT1 也随之饱和导通，接在集电极回路上的红外发光二极管 VD1 也随之导通工作，向外发出红外光（近红外光，其波长约为 0.93μm）。红外发光二极管的电压降约为 1.4V，工作电流一般小于 20mA。为了适应不同的工作电压，红外发光二极管的回路中常串有限流电阻 R2 控制其工作电流。

图 3-15　红外发光二极管基本工作电路

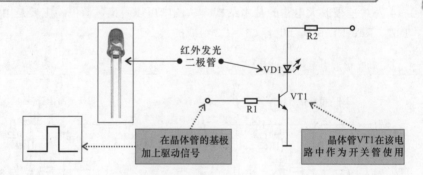

红外发光
二极管

VD1

R2

R1

VT1

在晶体管的基极
加上驱动信号

晶体管VT1在该电
路中作为开关管使用

2　遥控接收电路

遥控发射电路发射出的红外光信号，需要特定的电路接收，才能起到信号远距离传输、控制的目的，因此电子产品上必定会设置遥控接收电路，从而组成一个完整的遥控电路系统。遥控接收电路通常由红外接收二极管、放大电路、滤波电路和整形电路等组成，它们将遥控发射电路送来的红外光接收下来，并转换为相应的电信号，再经过放大、滤波、整形后，送到相关控制电路中。

图 3-16 为典型遥控接收电路。该电路主要是由运算放大器 IC1 和锁相环集成电路 IC2 为主构成的。锁相环集成电路外接由 R3 和 C7 组成具有固定频率的振荡器，其频率与发射电路的频率相

同，C5 与 C6 为滤波电容。

由遥控发射电路发射出的红外光信号由红外接收二极管 VD01 接收，并转变为电脉冲信号，该信号经 IC1 集成运算放大器进行放大，输入到锁相环电路 IC2。由于 IC1 输出信号的振荡频率与锁相环电路 IC2 的振荡频率相同，IC2 的 8 脚输出高电平，此时使晶体管 VT01 导通，继电器 K1 吸合，其触点可作为开关去控制被控负载。平时没有红外光信号发射时，IC2 的第 8 脚为低电平，VT01 处于截止状态，继电器不会工作。这是一种具有单一功能的遥控电路。

图 3-16　典型遥控接收电路

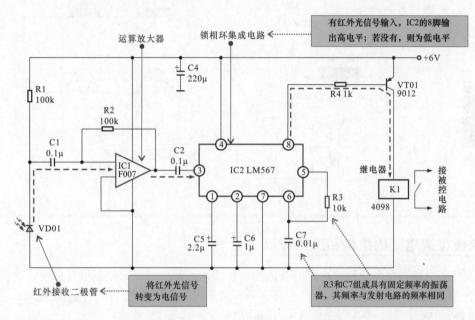

3.2.5　整流电路

整流电路是指将交流电变换成直流电的功能电路。由于二极管具有单向导电性，因此可以利用二极管组成整流电路，将交流电变成单向脉动电压，即将交流电变成直流电。二极管是整流电路中的关键器件。

在常见电子电路中，常见的整流电路有半波整流电路、全波整流电路和桥式整流电路。

1　半波整流电路

纯电阻负载的半波整流电路如图 3-17a 所示，图中 T 为电源变压器，VD 为整流二极管，RL 代表所需直流电源的负载。

在变压器二次电压 u_2 为正（极性如图所示）的半个周期（正半周）内，二极管正向偏置导通。电流经过二极管流向负载，在 RL 上得到一个极性为上正下负的电压（如图所示）。而在 u_2 为负半周时，二极管反向偏置而截止（断路），电流基本上等于零。所以在负载电阻 RL 两端得到的电压极性也是单方向的，如图 3-17b 所示。

由图中可见，由于二极管的单向导电作用，使变压器二次交流电压变换成负载两端的单向脉动电压，从而实现了整流。由于这种电路只在交流电压的半个周期内才有电流流过负载，故称为半波整流。

零基础学空调器维修

40

📖图 3-17　半波整流电路

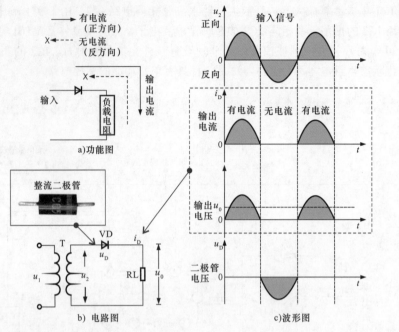

扫一扫看视频

2　全波整流电路的结构和工作原理

全波整流电路是在半波整流电路的基础上加以改进而得到的。它是利用具有中心抽头的变压器与两个二极管配合，使 VD1 和 VD2 在正半周和负半周内轮流导通，而且两者流过 RL 的电流保持同一方向，从而使正、负半周在负载上均有输出电压。

图 3-18 是具有纯电阻负载的全波整流原理电路。图中变压器 T 的两个二次电压大小相等，方向如图中所示。当 u_2 的极性为上正下负（即正半周）时，VD1 导通，VD2 截止，i_{D1} 流过 RL，在负载上得到的输出电压极性为上正下负；为负半周时，u_2 的极性与图示相反。此时 VD1 截止，VD2 导通。由图中可以看出，i_{D2} 流过 RL 时产生的电压极性与正半周时相同，因此在负载 RL 上便得到一个单方向的脉冲电压。

📖图 3-18　全波整流电路

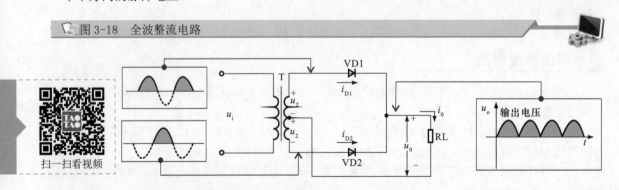

扫一扫看视频

3　桥式整流电路的结构和工作原理

图 3-19 是桥式整流电路原理图。由图可见，变压器的二次绕组只有一组线圈。但用四只二极

管互相接成桥式形式，故称为桥式整流电路。

在整流时，四个二极管两两轮流导通，正负半周内都有电流流过 RL。例如，当 u_2 为正半周时（如图中所示极性），二极管 VD1 和 VD3 因加正向电压而导通，VD2 和 VD4 因加反向电压而截止。电流 i_1（如图中实线所示）从变压器 ⊕ 端出发流经二极管 VD1、负载电阻 RL 和二极管 VD3，最后流入变压器 ⊖ 端，并在负载 RL 上产生电压降 u_o'；反之，当 u_2 为负半周时，二极管 VD2、VD4 因加正向电压导通，而二极管 VD1 和 VD3 因加反向电压而截止，电流 i_2（如图中虚线所示）流经 VD2、RL 和 VD4，并同样在 RL 上产生电压降 u_o''。由于 i_1 和 i_2 流过 RL 的电流方向是一致的，所以 RL 上的电压 u_o 为两者的和，即 $u = u_o' + u_o''$。

图 3-19 桥式整流电路

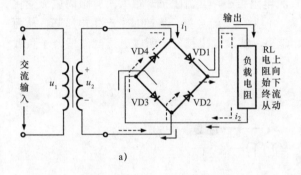
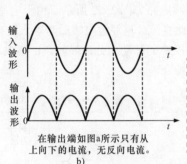

在输出端如图a所示只有从上向下的电流，无反向电流。

a) b)

扫一扫看视频

3.2.6 滤波电路

无论哪种整流电路，它们的输出电压都含有较大的脉动成分。为了减少这种脉动成分，在整流后都要加上滤波电路。所谓滤波就是滤掉输出电压中的脉动成分，使输出接近理想的直流电压。

常用的滤波元件有电容器和电感器。下面分别简单介绍电容滤波电路和电感滤波电路。

1 电容滤波电路

电容器（平滑滤波电容器）应用在直流电源电路中构成平滑滤波电路。图 3-20 为没有平滑电容器的电源电路。可以看到，交流电压变成直流后电压很不稳定，呈半个正弦波形，波动很大。图 3-21 为加入平滑滤波电容器的电源电路。由于平滑滤波电容器的加入，特别是由于电容的充放电特性，使电路中原本不稳定、波动比较大的直流电压变得比较稳定、平滑。

图 3-20 没有平滑电容器的电源电路

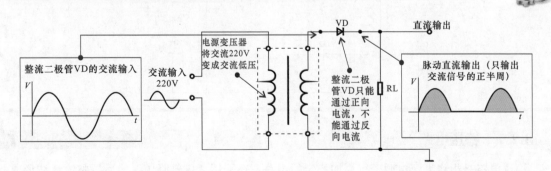

图 3-21 加入平滑滤波电容器的滤波电路

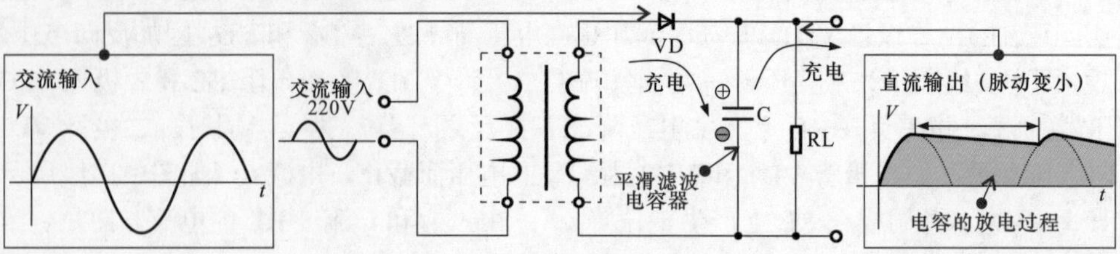

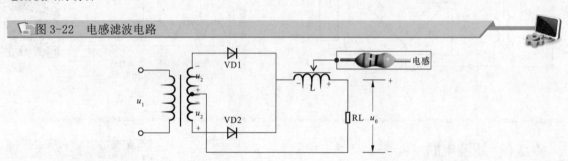

2 电感滤波电路

电感滤波电路如图 3-22 所示。由于电感的直流电阻很小，交流阻抗却很大，有阻碍电流变化的特性，因此直流分量经过电感后基本上没有损失，但对于交流分量，将在 L 上产生电压降，从而降低输出电压中的脉动成分。显然，L 越大，RL 越小，滤波效果越好，所以电感滤波适合于负载电流较大的场合。

图 3-22 电感滤波电路

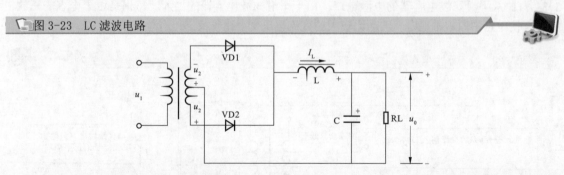

3 LC 滤波电路

为了进一步改善滤波效果，可采用 LC 滤波电路，即在电感滤波的基础上，再在负载电阻 RL 上并联一个电容器，LC 滤波电路如图 3-23 所示。

在图 3-23 所示的滤波电路中，由于 RL 上并联了一个电容器，增强了平滑滤波的作用，使 RL 并联部分的交流阻抗进一步减少。电容值越大，输出电压中的脉动成分越小，但直流分量同没有加电容器时一样大。

图 3-23 LC 滤波电路

3.2.7 稳压电路

稳压电路是指将直流电源变得更加稳定的电路。在采用变压器降压，然后再整流滤波形成低压直流的电源电路中，整流滤波电路的输出电压不够稳定，波纹较大。主要存在两方面的问题：一是由于变压器二次电压直接与电网电压有关,当电网电压波动时必然引起二次电压波动,进而使整流滤波电路的输出不稳定;二是由于整流滤波电路总存在内阻,当负载电流发生变化时,在内阻上的电压也发生变化,因而使负载得到的电压(即输出电压)不稳定。为了提供更加稳定的直流电源,需要在整流滤波后面加上一个稳压电路。

常用的稳压电路主要有稳压管稳压电路、串联型稳压电路和集成稳压电路。

1 稳压管稳压电路

最简单的稳压电路是稳压管稳压电路,如图 3-24 所示。图中 U_i 为整流滤波后所得到的直流电压,稳压管 VD 与负载 RL 并联。这种二极管当两端所加的反向电压达到一定的值时,二极管会出现反向击穿,且保持一个恒定的压降,稳压管正式利用这种特性进行工作的,值得说明的是,该二极管反向击穿时,并不会损坏。由于稳压二极管承担稳压工作时,应反向连接,因此稳压管的正极应接到输入电压的负端。

图 3-24 稳压管电路

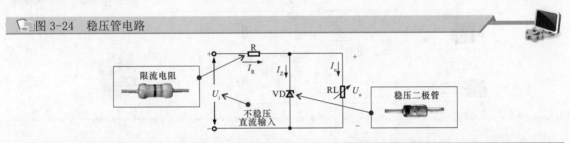

但是,这种稳压电路存在两个突出缺点:其一是当电网电压和负载电流的变化过大时,电路不能适应;其二是输出电压 U_o 不能调节。为了改进以上缺点,可以采用串联型稳压电路。

2 串联型稳压电路

(1)串联型稳压电路的基本形式

所谓串联型稳压电路,就是在输入直流电压和负载之间串入一个晶体管。其作用就是当 U_i 或 RL 发生变化引起输出电压 U_o 变化时,通过某种反馈形式使晶体管的 U_{ce} 也随之变化。从而调整输出电压 U_o,以保持输出电压基本稳定。由于串入的晶体管是起调整作用的,故称为调整管。

图 3-25a 所示为基本的调整管稳压电路,图中的晶体管 VT 为调整管。为了分析其稳压原理,将图 3-25a 的电路改画成图 3-25b 的形式,这时我们可清楚地看到,它实质上是在图 3-24 的基础上再加上射极跟随器而成的。根据电路的特点可知,U_o 和 U_z 是跟随关系,因此只要稳压管的电压 U_z 保持稳定,则当 U_i 和 I_L 在一定的范围内变化时,U_o 也能基本稳定。与图 3-24 电路相比,加了跟随器后的突出特点是带负载的能力加强了。

图 3-25 基本调整管稳压电路

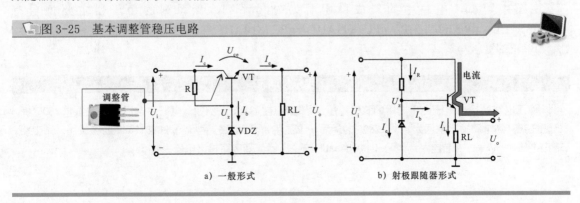

a)一般形式　　　　　　b)射极跟随器形式

（2）具有放大环节的串联型稳压电路

图 3-26 为具有放大环节的串联型稳压电路。图中 VT1 为调整管，VT2 为误差放大管，RC2 是 VT2 的集电极负载电阻。放大管的作用是将稳压电路的输出电压的变化量先放大，然后再送到调整管的基极。这样只要输出电压有一点微小的变化，就能引起调整管的电压降产生比较大的变化，因此提高了输出电压的稳定性。放大管的放大倍数越大，则输出电压的稳定性越好。而 R1、R2 和 R3 组成分压器，用于对输出电压进行取样，故称为取样电阻。其中 R2 是可调电阻。稳压管 VDZ 提供基准电压。从 R2 取出的取样电压加到 VT2 的基极，VT2 的发射极接到稳压管 VDZ 上，VDZ 为发射极提供一个稳定的基准电压。当基极电压变化时，其集电极的电流也会随之变化，从而使调整管 VT1 基极电压发生变化，自动稳定发射极的输出电压，起到稳压的作用。电阻 R 的作用是保证 VD2 有一个合适的工作电流，使 VDZ 处于稳压工作状态。

图 3-26　具有放大环节的稳压电路

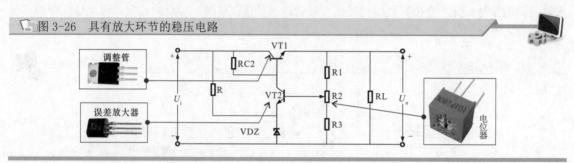

3　集成稳压电路（三端稳压器）

所谓集成稳压器是指把调整管、比较放大器和基准电源等做在一块硅片内构成的稳压器件。集成稳压器型号种类很多，有多引出端可调式和三引出端式。常用的有 7800 系列（输出正电压）和 7900 系列（输出负电压），输出固定电压有 ±5V、±8V、±12V、±18V、±20V、±24V 等。

如图 3-27 所示，采用集成稳压器构成的稳压电路具有很多优点，如电路简单、稳定性度高、输出电流大、保护电路完善等，在实际电路中得到了非常广泛的应用。

图 3-27　典型采用集成稳压器构成稳压电路的结构

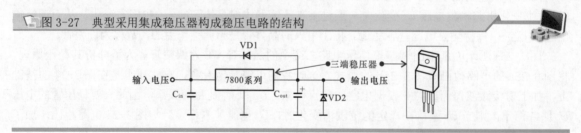

由图中可知，电路中的集成稳压器为 7800 系列，该系列的稳压器主要型号有 μPC7805AHF、μPC7808AHF、μPC7893AHF、μPC7812AHF 等。电容 C_{in} 为输入端滤波电容，C_{out} 为输出端滤波电容。

| 提示说明 |

稳压电路的输出电压由所选用的集成稳压器的输出电压决定。例如，电路中选用型号为 μPC7805AHF 的稳压器，则电路输出电压为 +5V（7805 的最后一位数字）；若电路选为 μPC7812AHF 的稳压器，则电路输出电压为 +12V；若若电路选型为 μPC7815AHF 的稳压器，则电路输出电压为 +15V。

第 **4** 章 空调器基本电路

4.1 空调器电路板

4.1.1 认识空调器电路板

空调器所有功能的实现都是由电路控制的。在空调器的室内机和室外机中都安装有不同功能的电路板，用以控制空调器内的功能部件和管路系统启动、运行、停止以及检测、显示等。

不同类型和功能级别的空调器中，电路板的数量、大小也不同。一般来说，空调器室内机中主要包括主电路板（控制电路、电源电路、通信电路等）、遥控接收及显示电路板。

图 4-1 为壁挂式空调器室内机的电路板。

图 4-1 壁挂式空调器室内机的电路板

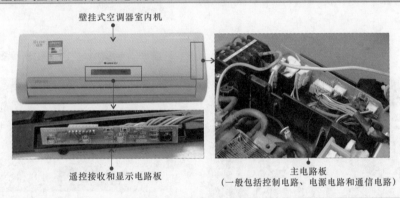

壁挂式空调器室内机

遥控接收和显示电路板

主电路板
（一般包括控制电路、电源电路和通信电路）

图 4-2 为传统柜式空调器室内机的电路板。

图 4-2 传统柜式空调器室内机的电路板

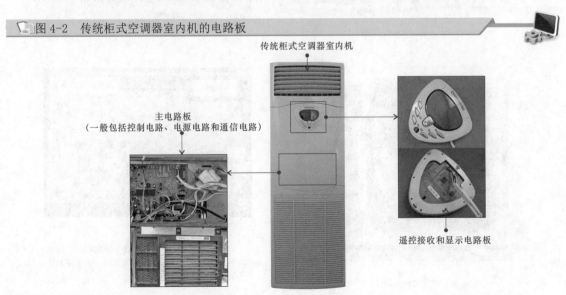

传统柜式空调器室内机

主电路板
（一般包括控制电路、电源电路和通信电路）

遥控接收和显示电路板

空调器室外机中的电路板基本都位于压缩机正上方的固定支架上，主要包括室外机主电路板（控制电路、电源电路和通信电路）或电路功能部件，变频空调器中还设有变频电路板。

图 4-3 为几种空调器室外机中的电路板。

图 4-3 几种空调器室外机中的电路板

定频空调器室外机电路部分的结构比较简单，主要由几个电气部件（起动电容、电源变压器、继电器和接线端子）构成

定频空调器室外机

变频空调器室外机的电路部分主要包括主电路板、变频电路板和一些电气部件，相对定频空调器室外机电路要复杂一些，且增设了变频电路模块

变频空调器室外机

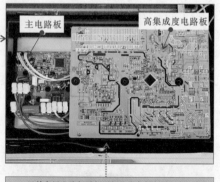

目前市场上流行的新型智能化变频空调器中，电路部分的结构的更加复杂，电路集成度高，电路的功能也更加强大、完善和智能

新型智能化变频空调器室外机

| 相关资料 |

空调器中电路板通过接口与其他功能部件或电路关联，不同品牌和型号的空调器关联部件的类型和数量有所不同，如图4-4所示。

图 4-4　不同品牌和型号的空调器中电路板的关联

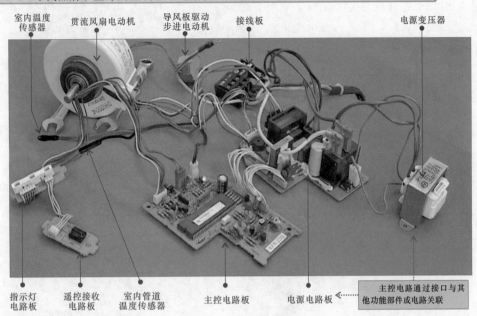

室内温度传感器　贯流风扇电动机　导风板驱动步进电动机　接线板　电源变压器

指示灯电路板　遥控接收电路板　室内管道温度传感器　主控电路板　电源电路板

主控电路通过接口与其他功能部件或电路关联

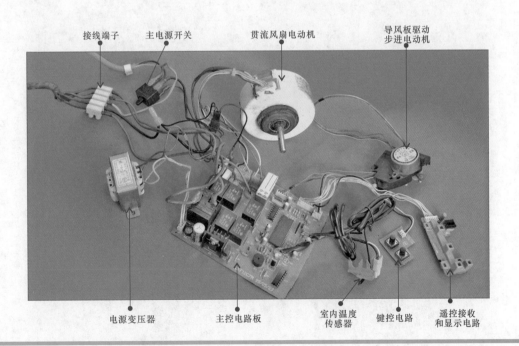

接线端子　主电源开关　贯流风扇电动机　导风板驱动步进电动机

电源变压器　主控电路板　室内温度传感器　键控电路　遥控接收和显示电路

4.1.2　认识空调器电路板上的元器件

图 4-5 为典型空调器室内机主电路板上元器件的名称和特征。

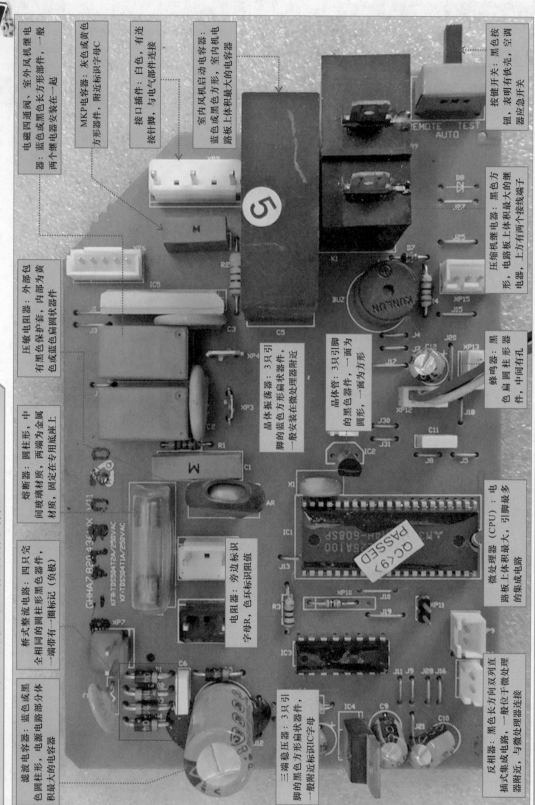

48

图 4-5 典型空调器室内机主电路板上元器件的名称和特征

电磁四通阀，室外风机继电器：蓝色或黑色长方形部件，一般两个继电器安装在一起

MKP电容器：灰色或黄色方形部件，附近标识字母C

接口插件：白色，有连接针脚，与电气部件连接

室内风机启动电容器，室内机电路板上体积最大的电容器

蓝色或黑色方形，电路板上体积最大的电容器

按键开关：黑色按钮，表明有铁壳，空调应急开关

压缩机继电器：黑色方形，电路板上体积最大的继电器，上方有两个接线端子

蜂鸣器：黑色扁圆柱形器件，中间有孔

黑色圆柱形器件，中间有孔

压敏电阻器：外部包有黑色保护壳，内部为黄色或蓝色扁圆状器件

晶体振荡器：3只引脚的蓝色方形块器件，一般安装在微处理器件附近

晶体管：3只引脚的黑色器件，一面为方形，一面为圆形

微处理器（CPU）：电路板上体积最大、引脚最多的集成电路

熔断器：圆柱形，中间玻璃材质，两端为金属材质，固定在专用底座上

桥式整流电路：四只引脚的圆柱形黑色器件，一端带有一圈标记（负极）

电阻器：旁边标识字母R，色环标识阻值

反相器：黑色长方形双列直插式集成电路器件，一般位于微处理器附近，与微处理器连接

三端稳压器：3只引脚的黑色方形扁状器件，一般标识IC字母

滤波电容器：蓝色或黑色圆柱形，电源电路部分体积最大的电容器

图 4-6 为典型空调器室内机遥控接收和显示电路板上元器件的名称和特征。图 4-7 为典型空调器遥控器电路板上元器件的名称和特征。

📷图 4-6　典型空调器室内机遥控接收和显示电路板上元器件的名称和特征

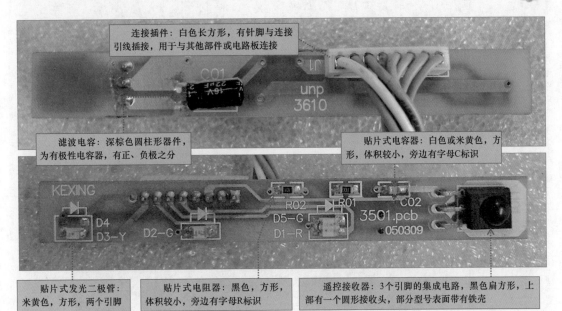

连接插件：白色长方形，有针脚与连接引线插接，用于与其他部件或电路板连接

滤波电容：深棕色圆柱形器件，为有极性电容器，有正、负极之分

贴片式电容器：白色或米黄色，方形，体积较小，旁边有字母C标识

贴片式发光二极管：米黄色，方形，两个引脚

贴片式电阻器：黑色，方形，体积较小，旁边有字母R标识

遥控接收器：3个引脚的集成电路，黑色扁方形，上部有一个圆形接收头，部分型号表面带有铁壳

📷图 4-7　典型空调器遥控器电路板上元器件的名称和特征

红外发光二极管：透明玻璃材质器件，具有2个引脚，在电路板上一般标有二极管符号

陶瓷谐振晶体振荡器：蓝色无极性器件，3个引脚，安装在微处理器旁边

贴片电容器：灰色，小体积方形器件，旁边字母标识C

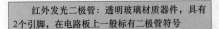

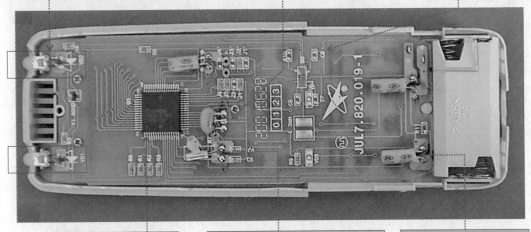

微处理器：贴片式方形集成电路，引脚较多且密集

32.768kHz晶体振荡器：圆柱形金属外壳，两个引脚，外壳上标有数字32.768

滤波电容：蓝色圆柱形器件，有极性电解电容器

　　图 4-8 为典型空调器室外机主电路板上元器件的名称和特征。

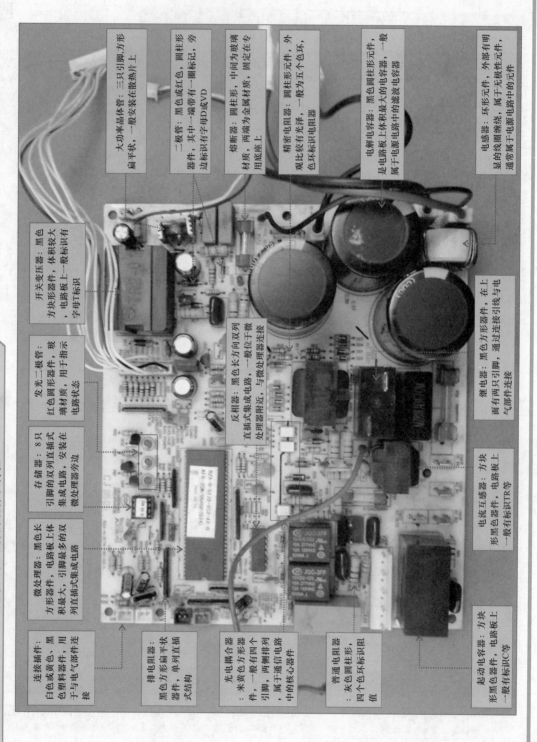

图 4-8 典型空调器室外机主电路板上元器件的名称和特征

大功率晶体管：三只引脚，方形、扁平状，一般安装在散热片上

二极管：黑色或红色，圆柱形器件，其中一端带有一圈标记，旁边标识有字母D或VD

熔断器：圆柱形，中间为玻璃材质，两端为金属材质，固定在专用底座上

精密电阻器：圆柱形元件，外观比较有光泽，一般为五个色环，色环标识电阻值

电解电容器：黑色圆柱形元件，是电路板上体积最大的电容器，一般属于电源电路中的滤波电容器

电感器：环形元件，外面有明显的线圈缠绕，属于无极性元件，通常属于电源电路中的元件

开关变压器：黑色方块形器件，体积较大，电路板上一般标识有字母T标识

发光二极管：红色圆形器件，玻璃材质，用于指示电路状态

存储器：8只引脚的双列直插式集成电路，安装在微处理器旁边

反相器：黑色长方向双列直插式集成电路，一般位于微处理器附近，与微处理器连接

继电器：黑色方形器件，在上面有两只引脚，通过连接引线与电气部件连接

微处理器：方形器件，电路板上体积最大，引脚最多的双列直插式集成电路

电流互感器：方块形黑色器件，电路板上一般标识有TR等

连接插件：白色或黄色、黑色塑料器件，用于与电气部件连接

排电阻器：黑色长方形器件，单列直插式结构

光电耦合器：米黄色方形器件，一般有四个引脚，两侧排列，属于通信电路中的核心器件

普通电阻器：灰色圆柱形，四个色环标识阻值

起动电容器：方块形黑色器件，电路板上一般有标识C等

图 4-9 为典型空调器室外机变频电路板上元器件的名称和特征

图 4-9 典型空调器室外机变频电路板上元器件的名称和特征

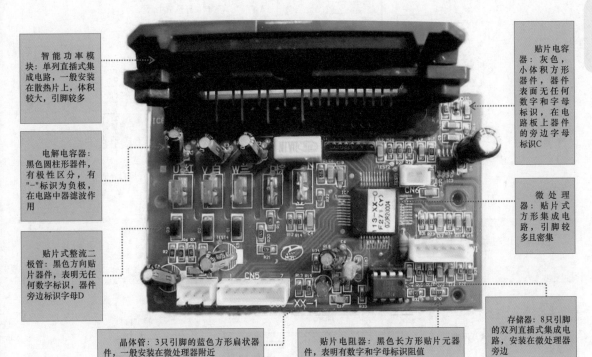

智能功率模块：单列直插式集成电路，一般安装在散热片上，体积较大，引脚较多

电解电容器：黑色圆柱形器件，有极性区分，有"-"标识为负极，在电路中器滤波作用

贴片式整流二极管：黑色方向贴片器件，表明无任何数字标识，器件旁边标识字母D

晶体管：3只引脚的蓝色方形扁状器件，一般安装在微处理器附近

贴片电阻器：黑色长方形贴片元器件，表明有数字和字母标识阻值

贴片电容器：灰色，小体积方形器件，器件表面无任何数字和字母标识，在电路板上器件的旁边字母标识C

微处理器：贴片式方形集成电路，引脚较多且密集

存储器：8只引脚的双列直插式集成电路，安装在微处理器旁边

4.2 识读空调器电路图

4.2.1 识读空调器结构框图

空调器结构框图主要是通过框图的形式，体现空调器电路的主要结构、功能和连接控制关系。

图 4-10 为典型空调器室内机的结构框图。从图中可以看到，在结构框图中，只是将空调器重点的功能部件进行标注，电路之间通过连线或箭头表示信号流程和控制关系。

图 4-10　典型空调器室内机的结构框图

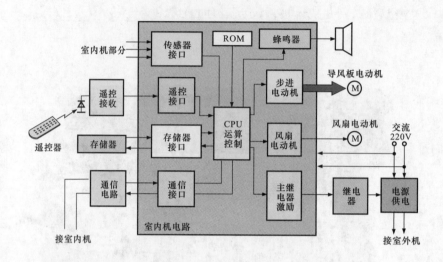

图 4-11 为典型空调器室外机的结构框图。

图 4-11　典型空调器室外机的结构框图

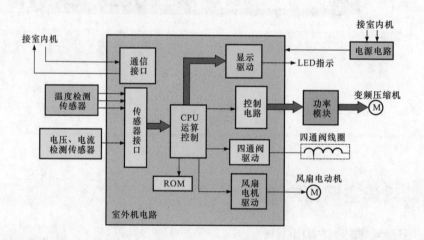

4.2.2　识读空调器电路原理图

空调器电路原理图是最重要的一种电路图。电路原理图详细、清晰、准确地记录了空调器电路中各电子元器件的连接和控制关系。空调器调试维修人员可通过电原理图完成对电路工作原理的分析，并以此作为引导，根据信号流程查找分析故障。

图 4-12 为典型空调器控制电路原理图。从图中可以看到，在该电路中，各电子元器件都通过规范的电路符号和文字进行标识，各电子元器件之间通过连线表现连接关系。

图4-12 典型空调器控制电路原理图

<p>

零基础学空调器维修

图 4-13 为典型空调器遥控器发射电路原理图。从图中可以看到，在该电路中，各电子元器件都通过规范的电路符号和文字进行标识，各电子元器件之间通过连线表现连接关系。

图 4-13 典型空调器遥控器发射电路原理图

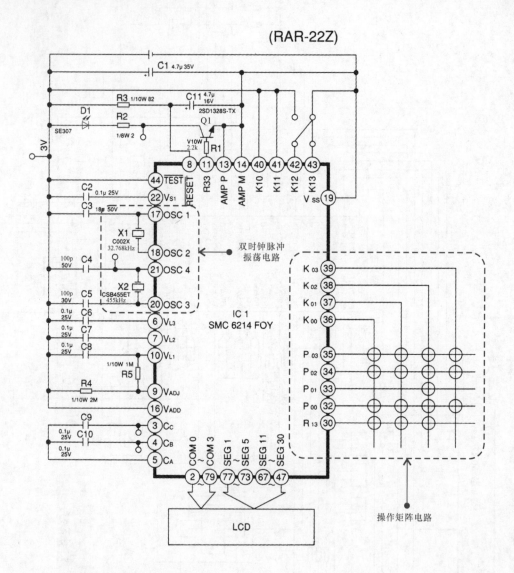

4.2.3 识读空调器电气接线图

空调器电气接线图主要反映空调器各主要功能部件之间的连接关系。图 4-14 和图 4-15 分别为典型分体式空调器室内机和室外机的电气接线图。

从图 4-14 和图 4-15 中可以看出，空调器室内机和室外机的电气接线图很好地反映了各电路及元器件之间的连接线序、接口位置和连接方式。

图 4-14 典型分体式空调器室内机的电气接线图

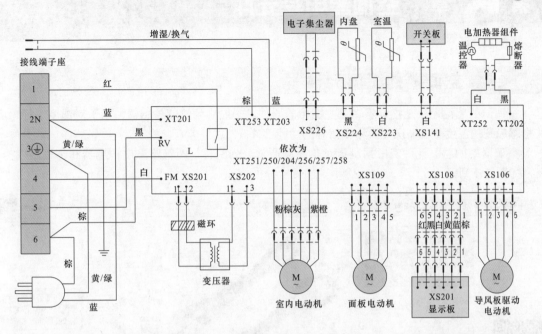

图 4-15 典型分体式空调器室外机的电气接线图

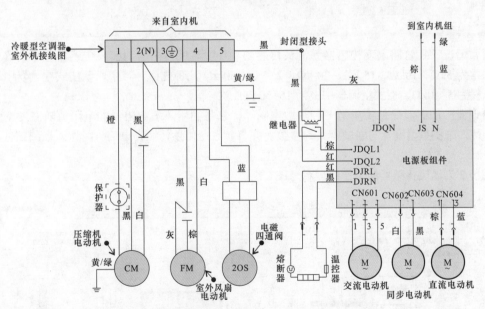

在室内机部分，清晰地标注了电路板各接口与各功能部件的连接方式和线序颜色。例如，XS224 为蒸发器盘管温度传感器的接口，XS223 为室内温度传感器的接口，XS109 连接面板电动机，XS106 连接导风板驱动电动机，XS108 则通过连线与 XS201 显示板连接。

在室外机部分中，接线端子座的引线颜色与所连接的压缩机电动机、室外风扇电动机、四通阀等功能部件都清晰标记出了连接方式和连接关系。

第5章 空调器电控元件

5.1 空调器的感温元件

空调器的感温元件是指可感知温度变化的器件，一般称为温度传感器，用于对温度进行感应，并将感应到的温度变化情况转换为电信号的功能部件。

空调器中的感温元件，根据测量对象不同通常分为两种，即管路温度传感器和环境温度传感器，如图5-1所示。

📖 图 5-1 管路温度传感器和环境温度传感器

空调器中环境温度传感器和管路温度传感器的规格常见的有5kΩ、10kΩ、15kΩ、20kΩ、25kΩ、50kΩ几种

在空调器中，环境温度传感器一般选用胶头传感器

温度传感器（胶头）

在空调器中，管路温度传感器一般选用铜头传感器

温度传感器（铜头）

扫一扫看视频

通常情况下，管路温度传感器为铜头传感器，环境温度传感器为胶头传感器。空调器中的传感器通常为5kΩ、10kΩ、15 kΩ、20 kΩ、25 kΩ、50 kΩ 几种规格，其中，壁挂式空调器中传感器规格一般为5~10kΩ，柜式空调器中多为15~50 kΩ。

空调器中的感温元件实质是一种热敏电阻器，它是利用热敏电阻器的电阻值随温度变化而变化的特性，来测量温度及与温度有关的参数，并将参数变化量转换为电信号，送入控制部分，实现自动控制。

图5-2为温度传感器的工作原理示意图。

📖 图 5-2 温度传感器的工作原理示意图

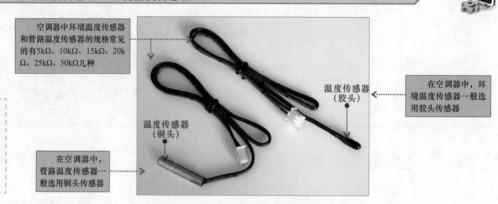

温度传感器与微处理器连接的引脚处电平发生变化

温度传感器受温度变化影响阻值发生变化

室内或管路的温度发生变化

微处理器内部程序根据引脚电平变化做出相应指示，控制空调器工作

温度传感器实质就是热敏电阻器

温度传感器根据其感应特性不同可分为 PTC 传感器和 NTC 传感器两大类。其中，NTC 传感器为负温度系数传感器，传感器的阻值随温度的升高而减小；PTC 传感器为正温度系数传感器，传感器的阻值随温度的升高而增大。

5.1.1 管路温度传感器

在空调器中，管路温度传感器是指用于测量空调器制冷管路温度的传感器。管路温度传感器的感温头通常贴装在蒸发器的管路上，由一个卡子固定在铜管中，主要用于检测蒸发器管路的温度，如图 5-3 所示。

图 5-3 空调器中的管路温度传感器

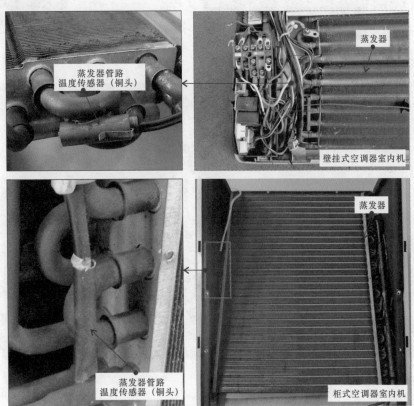

蒸发器管路温度传感器（铜头）

蒸发器

壁挂式空调器室内机

蒸发器

蒸发器管路温度传感器（铜头）

柜式空调器室内机

| 相关资料 |

在壁挂式定频空调器中，大部分只有室内机蒸发器管路安装有管路温度传感器；在柜式定频空调器中，室内机蒸发器管路和室外机冷凝器管路上大都安装有管路温度传感器。

在变频空调器中，室内机蒸发器管路和室外机冷凝器管路上都安装有管路温度传感器。

5.1.2 环境温度传感器

环境温度传感器是指用于测量环境温度的传感器。一般在空调器室内机中安装在进风口位置，用于检测室内环境的温度。室外机中环境温度传感器安装在冷凝器表面，用于检测室外环境温度。

图 5-4 为空调器中的环境温度传感器。

图 5-4 空调器中的环境温度传感器

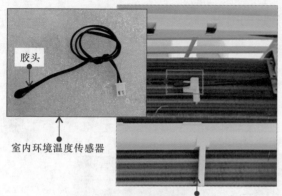

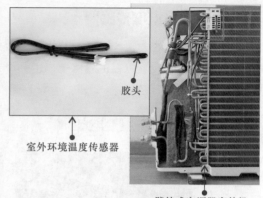

室内环境温度传感器

室外环境温度传感器

壁挂式空调器室内机

壁挂式空调器室外机

58

柜式空调器室内机

室内环境温度传感器

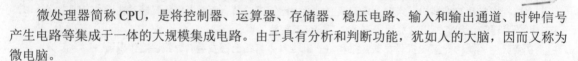

5.2　空调器的微处理器

　　微处理器简称 CPU，是将控制器、运算器、存储器、稳压电路、输入和输出通道、时钟信号产生电路等集成于一体的大规模集成电路。由于具有分析和判断功能，犹如人的大脑，因而又称为微电脑。

　　空调器中的微处理器是实现空调器自动制冷／制热功能的核心器件，其内部集成有运算器和控制器，用来对人工指令信号和传感器的检测信号进行识别，输出对控制器各电气部件的控制信号，实现空调器制冷／制热功能控制。

　　空调器中微处理器一般安装在室内机和室外机的主电路板上，如图 5-5 所示。

图 5-5　空调器中微处理器的实物外形

变频空调器室内机
主电路板

微处理器

59

5.3 空调器的压缩机组件

空调器中的压缩机组件位于空调器室外机中，主要用于对空调器中的制冷剂进行压缩，为管路中制冷剂的循环提供动力，是空调器中的重要的组成部分。

压缩机组件一般包含三大部分，即压缩机、保护继电器和起动电容器，如图 5-6 所示。

图 5-6　空调器压缩机组件的基本构成

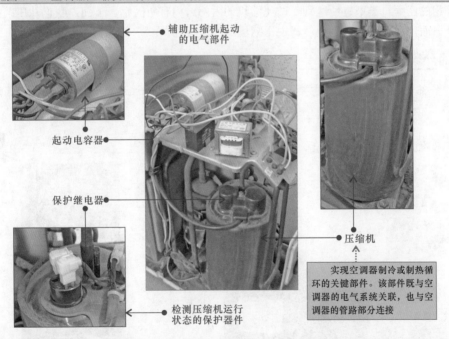

辅助压缩机起动
的电气部件

起动电容器

保护继电器

检测压缩机运行
状态的保护器件

压缩机

实现空调器制冷或制热循
环的关键部件。该部件既与空
调器的电气系统关联，也与空
调器的管路部分连接

扫一扫看视频

| 特别提示 |

在普通空调器中，压缩机组件除了基本的压缩机部件外，还包含保护继电器和起动电容器；但在变频空调器中，采用变频压缩机，该类压缩机由专门的变频电路驱动，不需要起动电容器，在检修过程中，应注意区分。

5.3.1 压缩机的安装位置和结构

　　压缩机是空调器制冷剂循环的动力源，它驱动管路系统中的制冷剂往复循环，通过热交换达到制冷或制热的目的。压缩机安装在空调器的室外机中，一般为黑色立式圆柱体外形，是室外机中体积最大的部件，被制冷器管路围绕，如图 5-7 所示。

图 5-7　压缩机的安装位置

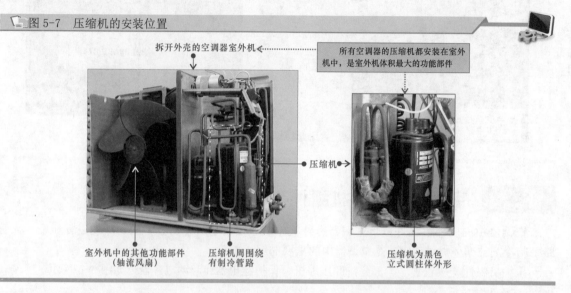

拆开外壳的空调器室外机 ◄┄┄

所有空调器的压缩机都安装在室外机中，是室外机体积最大的功能部件

压缩机 ◄

室外机中的其他功能部件（轴流风扇）

压缩机周围绕有制冷管路

压缩机为黑色立式圆柱体外形

　　不同类型的空调器其压缩机的外形都大致相同，但由于空调器所具有的制冷（或制热）能力不同，因此所采用的压缩机类型有所区别，即压缩机的内部结构有所区别。下面，我们从压缩机的外部和内部两个方面，详细讲解一下空调器中压缩机的结构特点。

1 压缩机的外部结构

　　从压缩机的外部可看到，压缩机主要是由压缩机主机、接线端子、吸气口、排气口和储液罐等部分，如图 5-8 所示。

图 5-8　压缩机的外形结构

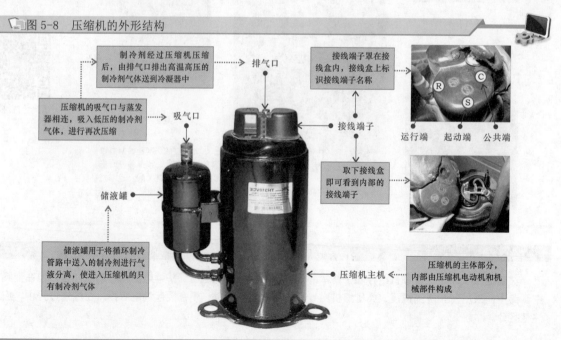

制冷剂经过压缩机压缩后，由排气口排出高温高压的制冷剂气体送到冷凝器中

排气口

接线端子罩在接线盒内，接线盒上标识接线端子名称

压缩机的吸气口与蒸发器相连，吸入低压的制冷剂气体，进行再次压缩

吸气口

接线端子

R　C　S

运行端　起动端　公共端

取下接线盒即可看到内部的接线端子

储液罐

储液罐用于将循环制冷管路中送入的制冷剂进行气液分离，使进入压缩机的只有制冷剂气体

压缩机主机

压缩机的主体部分，内部由压缩机电动机和机械部件构成

2 压缩机的内部结构

目前，空调器中的常用的压缩机主要有涡旋式压缩机、直流变速双转子压缩机以及旋转活塞式压缩机等几种。

（1）涡旋式压缩机

涡旋式压缩机主要由涡旋盘、排气腔、吸气口、排气口、电动机以及偏心轴等组成，电动机多为直流无刷电动机，也有些采用交流异步电动机如图 5-9 所示。

图 5-9 涡旋式压缩机实物及内部结构

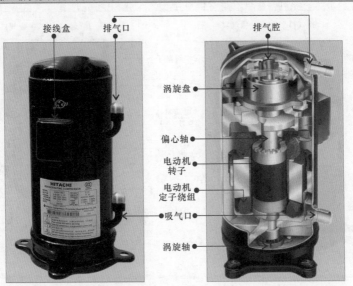

（2）直流变速双转子压缩机

直流变速双转子压缩机主要是针对环保制冷剂 R410a 设计的，其内部电动机也多为直流无刷电动机。在该类压缩机中，机械部分设计在压缩机机壳的底部，而直流无刷电动机则安装在上部，通过直流无刷电动机对压缩机的气缸进行驱动，如图 5-10 所示。

图 5-10 直流变速双转子压缩机以及内部结构

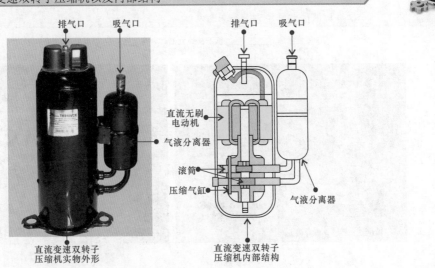

从图 5-10 中可以看到，直流变速双转子压缩机由两个气缸组成，这种结构不仅能够平衡两个偏心滚筒旋转所产生的偏心力，使压缩机运行更平稳，还使气缸和滚筒之间的作用力降至最低，从而减小压缩机内部的机械磨损。

（3）旋转活塞式压缩机

图 5-11 为旋转活塞式压缩机的实物外形以及内部结构。从图中可以看到，该类压缩机主要是由壳体、接线端子、气液分离器、排气口和吸气口等组成。

旋转活塞式压缩机内部设有一个气舱，在气舱底部设有润滑油舱，用于承载压缩机的润滑油。

图 5-11　旋转活塞式压缩机的实物外形及内部结构

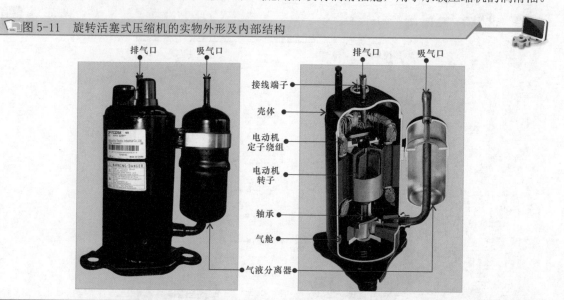

5.3.2　保护继电器的安装位置和结构

保护继电器是压缩机组件中的重要组成部件，主要用于实现过电流和过热保护。当压缩机运行电流过高或压缩机温度过高时，由保护继电器切断电源，实现停机保护。

保护继电器一般安装在压缩机顶部的接线盒内，外观为黑色圆柱形。保护继电器的感温面应紧贴在压缩机顶部外壳上，供电端子与压缩机内电动机绕组串联，如图 5-12 所示。

图 5-12　保护继电器的安装位置

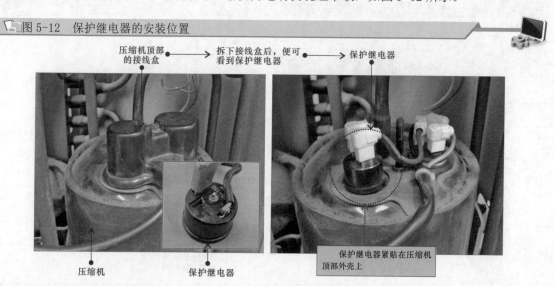

| 特别提示 |

在一些变频空调器中，保护继电器直接与电路板相连，不直接对压缩机的供电进行控制，而是由微处理器根据保护继电器的通断信号，来对压缩机的供电进行控制，如图5-13所示。

图5-13 变频空调器中的保护继电器

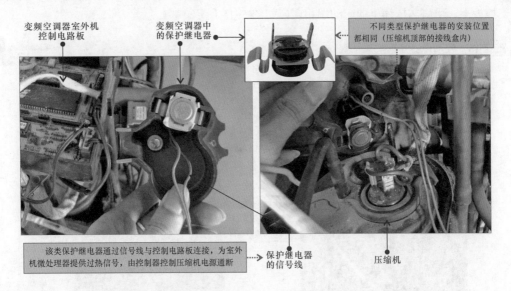

变频空调器室外机控制电路板

变频空调器中的保护继电器

不同类型保护继电器的安装位置都相同（压缩机顶部的接线盒内）

该类保护继电器通过信号线与控制电路板连接，为室外机微处理器提供过热信号，由控制器控制压缩机电源通断

保护继电器的信号线

压缩机

从外观来看，压缩机的保护继电器主要由两个接线端子、调节螺钉、底部的感温面和外壳等部分构成；内部主要由电阻加热丝、碟形双金属片、一对动/静触点组成，如图5-14所示。

图5-14 压缩机保护继电器的结构特点

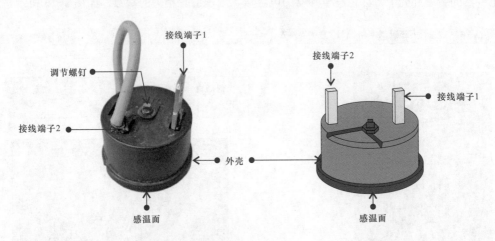

接线端子1

调节螺钉

接线端子2

外壳

感温面

接线端子2

接线端子1

感温面

其中，两个接线端子，用于连接供电（或信号）线缆；调节螺钉用于微调保护继电器实现保护的极限温度；电阻加热丝用于检测压缩机运行电流，并在运行电流过大时，发出热量，使碟形双金属片受热变形，断开触点，实现过流保护；感温面用于感测压缩机的温度变化，当压缩机温度过高时，感温面温度变高，实现对碟形双金属片高温烘烤，碟形双金属片受热变形，断开触点，实

现压缩机过热保护；碟形双金属片和动/静触点用于实现保护继电器两接线端子之间的通断状态。

另外，由于压缩机保护继电器内部的碟形双金属片结构，通常称这种保护继电器为碟形保护继电器。

5.3.3 起动电容器的安装位置和结构

起动电容器是辅助压缩机起动的重要部件。压缩机的起动电容器一般固定在压缩机上方的支架或支撑板上，引脚与压缩机的起动端相连，如图5-15所示。

图5-15 起动电容器的安装位置

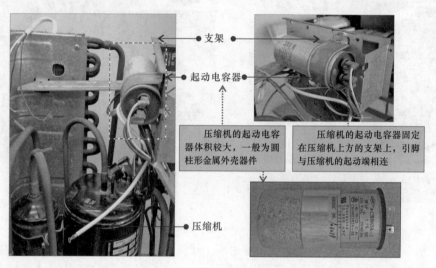

支架

起动电容器

压缩机的起动电容器体积较大，一般为圆柱形金属外壳器件

压缩机的起动电容器固定在压缩机上方的支架上，引脚与压缩机的起动端相连

压缩机

压缩机的起动电容器外形结构特征明显，多为金属外壳圆柱形器件，体积较大，很容易识别，且在电容器的金属外壳上，标识有电容器的电容量、耐压值等相关的参数，如图5-16所示。

图5-16 起动电容器的外形结构及参数标识

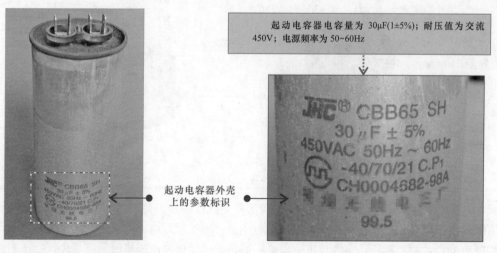

起动电容器电容量为 30μF(1±5%)；耐压值为交流450V；电源频率为 50~60Hz

起动电容器外壳上的参数标识

5.4 空调器的风扇组件

空调器的风扇组件主要包括贯流风扇组件、导风板组件和轴流风扇组件。图 5-17 所示为空调器风扇组件的基本构成。

贯流风扇组件和导风板组件位于空调器室内机中。贯流风扇组件主要用来加速房间内的空气循环，提高制冷 / 制热效率；导风板组件主要是用来改变空调器吹出的风向，扩大送风面积，使房间内的空气温度可以整体降低或升高。

轴流风扇组件位于空调器室外机中，主要是用来加速室外机的空气流通，提高冷凝器的散热或吸热效率。风扇组件是空调器中的重要的组成部分。

图 5-17 空调器风扇组件的基本构成

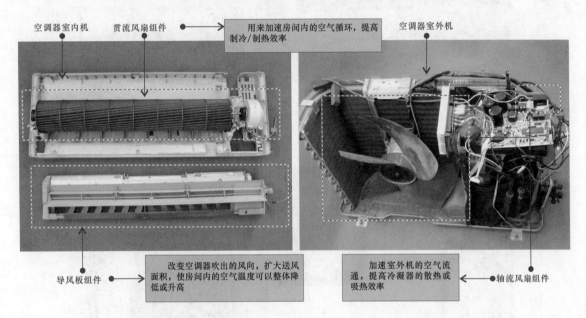

5.4.1 贯流风扇组件的安装位置和结构

空调器贯流风扇组件主要用于实现室内空气的强制循环对流，使室内空气进行热交换。它通常位于空调器蒸发器下方，横卧在室内机中。贯流风扇组件一般包含两大部分：贯流风扇扇叶、贯流风扇驱动电动机，如图 5-18 所示。目前空调器室内机多数采用强制通风对流的方式进行热交换，因此，室内机的风扇组件主要是加速空气的流动。

图 5-18　贯流风扇组件的基本构成（分体壁挂式空调器室内机）

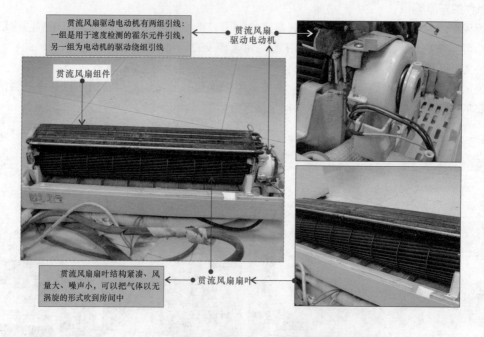

贯流风扇驱动电动机有两组引线：
一组是用于速度检测的霍尔元件引线，
另一组为电动机的驱动绕组引线

贯流风扇
驱动电动机

贯流风扇组件

贯流风扇扇叶结构紧凑、风
量大、噪声小，可以把气体以无
涡旋的形式吹到房间中

贯流风扇扇叶

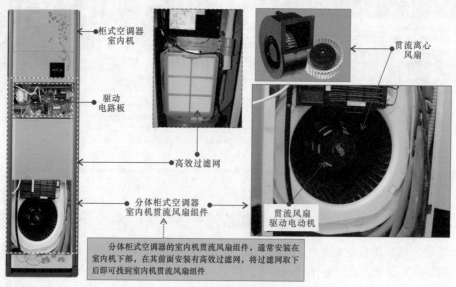

柜式空调器
室内机

驱动
电路板

高效过滤网

分体柜式空调器
室内机贯流风扇组件

贯流离心
风扇

贯流风扇
驱动电动机

分体柜式空调器的室内机贯流风扇组件，通常安装在
室内机下部，在其前面安装有高效过滤网，将过滤网取下
后即可找到室内机贯流风扇组件

1　贯流风扇扇叶

　　图 5-19 为分体壁挂式空调器室内机的贯流风扇扇叶。贯流风扇的扇叶为细长的离心叶片，具有结构紧凑，叶轮直径小、长度大、风量大、风压低、转速低、噪声小的特点。

图 5-19　空调器室内机贯流风扇扇叶

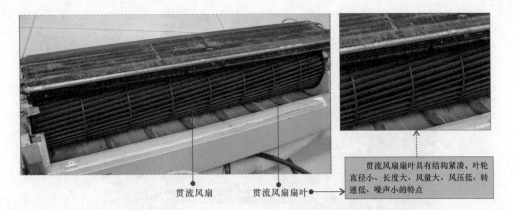

贯流风扇　　　　贯流风扇扇叶

贯流风扇扇叶具有结构紧凑、叶轮直径小、长度大、风量大、风压低、转速低、噪声小的特点

2　贯流风扇驱动电动机

图 5-20 为贯流风扇组件中的驱动电动机部分，它位于空调室内机的一端。贯流风扇驱动电动机多采用交流电动机，通过主轴直接与贯流风扇扇叶相连，用于带动贯流风扇扇叶转动。

图 5-20　贯流风扇驱动电动机

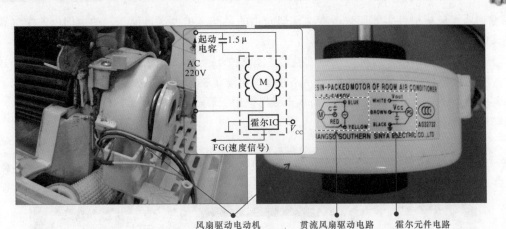

风扇驱动电动机　　　　贯流风扇驱动电路　　　霍尔元件电路

| 相关资料 |

在贯流风扇驱动电动机的内部，安装有霍尔元件，用来检测电动机转速，检测到的转速信号送入微处理器中，以便室内主控电路可准确地控制风扇电动机的转速。

在分体壁挂式变频空调器的室内风扇组件中，除了机械部件外，还包括贯流风扇驱动电机的驱动电路和风速检测电路，如图 5-21 所示。室内机微处理器通过控制固态继电器（光控双向晶闸管）的导通／截止，来控制贯流风扇驱动电动机的起停。贯流风扇驱动电动机反馈的风速检测信号会通过风速检测电路送入微处理器中。

图 5-21　贯流风扇驱动电机的驱动电路和风速检测电路

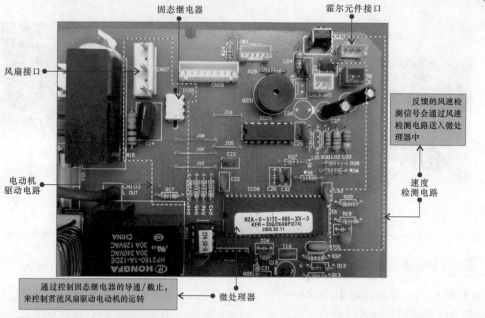

固态继电器

霍尔元件接口

风扇接口

反馈的风速检测信号会通过风速检测电路送入微处理器中

电动机驱动电路

速度检测电路

通过控制固态继电器的导通/截止，来控制贯流风扇驱动电动机的运转

微处理器

5.4.2　导风板组件的安装位置和结构

空调器导风板组件主要用来改变空调器吹出的风向，扩大送风面积，使房间内的空气温度可以整体降低或升高。

在分体柜式空调器室内机中，导风板组件通常位于上部，如图 5-22 所示，在分体壁挂式空调器中，导风板组件主要是由导风板和导风板驱动电动机构成。导风板包括垂直导风板和水平导风板，其中垂直导风板安装在外壳上，而水平导风板则安装在内部机架上，位于蒸发器的上面，由驱动电动机驱动。

 图 5-22　分体壁挂式导风板组件的安装位置

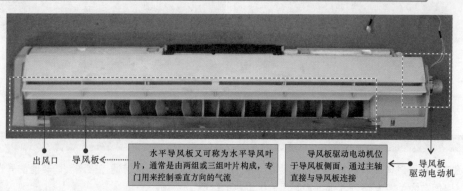

出风口　导风板

水平导风板又可称为水平导风叶片，通常是由两组或三组叶片构成，专门用来控制垂直方向的气流

导风板驱动电动机位于导风板侧面，通过主轴直接与导风板连接

导风板驱动电动机

1　导风板驱动电动机

导风板驱动电动机与导风板连接，用于带动导风板摆动从而控制气流的方向，图 5-23 为导风板驱动电动机。

图 5-23　导风板驱动电动机

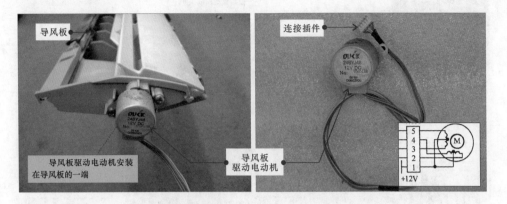

2　导风板

　　导风板通常分为水平导风板和垂直导风板，主要是用来控制水平方向和垂直方向的气流，水平导风板和垂直导风板位于室内机出风口处，在导风板驱动电动机作用下左右、上下摆动。导风板组件中的垂直导风板，也可称为垂直导风叶片，可控制水平方向的气流；水平导风板，又可称之为水平导风叶片，通常是由两组或三组叶片构成，是专门用来控制垂直方向的气流，如图 5-24 所示。

图 5-24　导风板

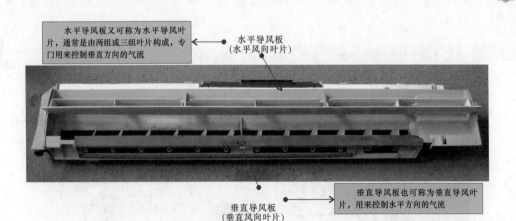

5.4.3　轴流风扇组件的安装位置和结构

　　空调器室外机轴流风扇组件通常安装在冷凝器内侧，将室外机的外壳拆下后，就可以看到轴流风扇组件。图 5-25 为空调器室外机中的轴流风扇组件。从图中可以看到，轴流风扇组件主要是由轴流风扇驱动电动机、轴流风扇扇叶和轴流风扇起动电容器组成，其主要作用是确保室外机内部热交换部件（冷凝器）良好的散热。

📷 图 5-25 轴流风扇组件的结构

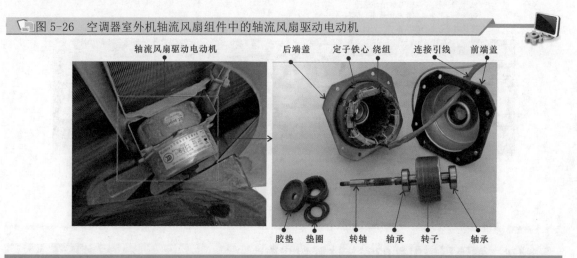

电动机轴

轴流风扇驱动电动机

取下轴流风扇扇叶后，就可以看到轴流风扇驱动电动机

轴流风扇起动电容器的体积比较小，属于抗干扰型电容

轴流风扇起动电容器

轴流风扇扇叶

轴流风扇组件

轴流风扇组件工作时，轴流风扇扇叶推动空气，使之与轴相同的方向流动

| 相关资料 |

　　无论是分体壁挂式空调器，还是分体柜式空调器，它们室外机的结构基本相同，也都采用相同或相似的轴流风扇组件加速室外机空气流动，为冷凝器散热。

1　轴流风扇驱动电动机

　　图 5-26 为典型室外机轴流风扇组件中的轴流风扇驱动电动机，主要用于带动轴流式风扇扇叶旋转。室外机轴流风扇驱动电动机多为单相交流电动机，其内部主要由转子、转轴、轴承、定子铁心、绕组等构成。

📷 图 5-26　空调器室外机轴流风扇组件中的轴流风扇驱动电动机

轴流风扇驱动电动机　　后端盖　定子铁心　绕组　　连接引线　前端盖

胶垫　垫圈　转轴　轴承　转子　轴承

| 相关资料 |

　　轴流风扇驱动电动机有两个绕组，即起动绕组和运行绕组。这两个绕组在空间位置上相位相差 90°。在起动绕组中串联了一个容量较大的交流电容器，当运行绕组和起动绕组中通过单相交流电时，由于电容器的作用，起动绕组中的电流在相位上比运行绕组中的电流超前 90°，先期达到最大值。这样在时间和空间上有相同的两个脉冲磁场，使定子在转子之间的气隙中产生了一个旋转磁场。在旋转磁场的作用下，电

动机转子中产生感应电流，该电流和旋转磁场相互作用而产生电磁场转矩，使电动机旋转起来。电动机正常运转之后，电容早已充满电，使通过起动绕组的电流减小到微乎其微。这时只有运行绕组工作，在转子的惯性作用下使电动机不停地旋转。

2 轴流风扇扇叶

图 5-27 为典型室外机轴流风扇组件中的轴流风扇扇叶，其扇叶制成螺旋桨形，对轴向气流产生很大的推力，将冷凝器散发的热量吹向机外，加速冷凝器的冷却。

图 5-27 空调器室外机轴流风扇组件中的轴流风扇扇叶

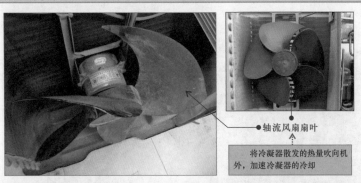

● 轴流风扇扇叶

将冷凝器散发的热量吹向机外，加速冷凝器的冷却

| 相关资料 |

轴流风扇扇叶多采用铝材压制或 ABS 工程塑料注塑而成。它形状像螺旋桨，主要是用来加速空气流动，对冷凝器进行散热；轴流风扇驱动电动机多采用单相异步电动机，用于带动轴流风扇转动加速冷凝器散热；轴流风扇起动电容器用于起动轴流风扇驱动电动机工作。

当空调器供电电路接通后，轴流风扇组件中的轴流风扇驱动电动机通过轴流风扇起动电容器起动工作，同时带动组件中的轴流风扇转动。

3 轴流风扇起动电容器

轴流风扇起动电容器一般安装在室外机的电路板上，用于起动轴流风扇驱动电路工作，也是轴流风扇组件中的重要部件，如图 5-28 所示。

图 5-28 轴流风扇组件中的起动电容器以及继电器

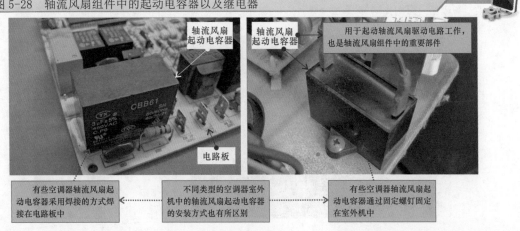

轴流风扇起动电容器

轴流风扇起动电容器

用于起动轴流风扇驱动电路工作，也是轴流风扇组件中的重要部件

电路板

有些空调器轴流风扇起动电容器采用焊接的方式焊接在电路板中

不同类型的空调器室外机中的轴流风扇起动电容器的安装方式也有所区别

有些空调器轴流风扇起动电容器通过固定螺钉固定在室外机中

71

5.5 空调器的闸阀及节流组件

空调器的闸阀和节流组件是管路系统中控制制冷剂流动的部件，这些部件多位于室外机管路中，主要包括单向阀、截止阀、电磁四通阀、毛细管和干燥过滤器，如图5-29所示。单向阀、毛细管和干燥过滤器接在制冷管路中，相互之间距离较近；电磁四通阀位于压缩机上方；截止阀位于室外机侧面的下方。

图5-29 室外管路系统

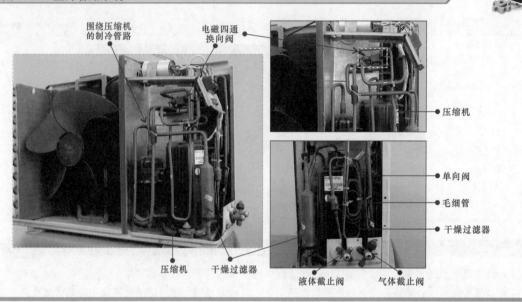

5.5.1 闸阀部件的安装位置和结构

空调器的闸阀部件包括单向阀、截止阀和电磁四通阀，这些部件全部安装在空调器室外机中。

1 单向阀的安装位置和结构

单向阀是空调器制冷管路的部件之一，主要用来控制制冷剂的流向，它通常与毛细管直接连接，如图5-30所示。

图5-30 单向阀的安装位置

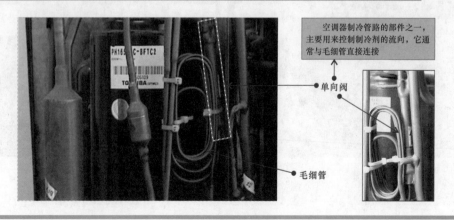

图 5-31 为单向阀的外形结构。单向阀有两种结构形式，一种为单接口式，另一种为双接口式。单接口式单向阀常用于单冷型空调器中，一端连接毛细管，另一端连接二通截止阀一侧；双接口式单向阀常用于冷暖型空调器中，两端各有一接口与副毛细管相连（副毛细管与单向阀并联），另外两接口分别与主毛细管和二通截止阀相连。

图 5-31 单向阀的实物外形

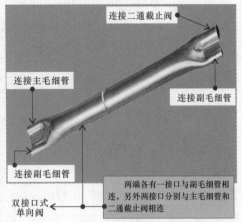

2 截止阀的安装位置和结构

截止阀是分体式空调器上的重要部件，为了安装和检修方便，分体式空调器室外机的气管和液管的连接端口上各安装了一个截止阀，如图 5-32 所示。截止阀通常有两个，即二通截止阀和三通截止阀。

图 5-32 截止阀的安装位置

截止阀是用于控制制冷管路通断的主要部件，尤其是在回收制冷剂、移机、安装以及抽真空、充注制冷剂等工艺技能操作时使用。

其中二通截止阀又叫作液体截止阀或高压截止阀等，因为制冷剂在通过该截止阀时呈液体，而且连接的制冷管路较细，制冷管路中的压强呈低压状态；三通截止阀又叫作气体截止阀或低压截止阀，因流过该截止阀的制冷剂呈气态，而且连接的制冷管路较粗，制冷管路中的压强呈高压状态。

　　二通截止阀和三通截止阀是一种开关管路的阀门，它是以手动方式进行开／闭调整的，通过开启或关闭阀芯来实现控制制冷剂在制冷管路中的流通或截止。

　　如图5-33a所示，二通截止阀主要由定位调整口和两条互相垂直的管路以及各种细小配件构成。二通截止阀通过毛细管、干燥过滤器等管路部件与冷凝器连接，与之相垂直的管路由阀帽覆盖，在使用时，可将阀帽取下，通过螺口与室内机连接管路相连。

　　如图5-33b所示，三通截止阀比二通截止阀多一个工艺管口，并且该管口中带有气门销，用来对阀门的开关实施控制。三通截止阀通过管路与压缩机连接，与之相垂直的管路由阀帽封堵，在使用时，可将阀帽取下，通过螺口与室内机连接管路相连。

📖 图5-33　二通截止阀的内部结构

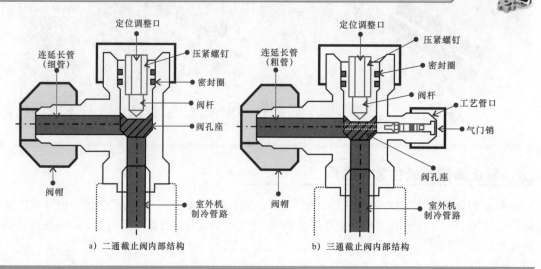

a）二通截止阀内部结构　　　　　　b）三通截止阀内部结构

3　电磁四通阀的安装位置和结构

　　电磁四通阀又叫作四通换向阀，它是一种电控阀门，主要应用在冷暖型空调器的室外机中，用来改变制冷管路中制冷剂的流向，实现制冷和制热模式的转换。其安装部位如图5-34所示。拆掉室外机外壳后，就可看到电磁四通阀位于压缩机上方，有四根管路与其主体相连。

📖 图5-34　电磁四通阀的安装位置

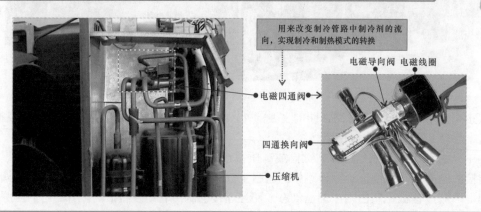

图 5-35 为电磁四通阀的内部结构图，电磁四通阀是由电磁导向阀和四通换向阀两部分构成。其中电磁导向阀由阀芯、弹簧和电磁线圈等配件组成，通过 3 根导向毛细管连接四通换向阀阀体。而四通换向阀则是由阀体、滑块、活塞等配件构成，有 4 根管路与之连接。

图 5-35　典型电磁四通阀的内部结构图

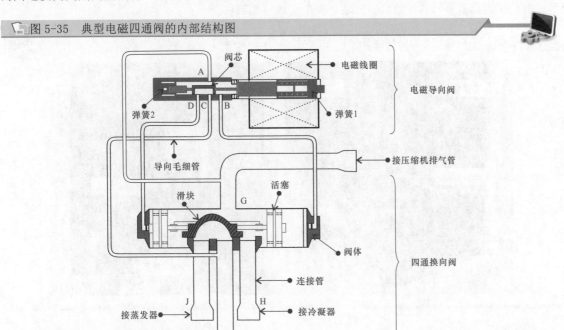

5.5.2　节流部件的安装位置和结构

空调器的节流部件包括毛细管和干燥过滤器，这些部件也全部安装在空调器室外机中。

1　毛细管的安装位置和结构

毛细管在制冷管路中是实现节流降压的部件，实际上就是一条又长又细的铜管，通常盘曲在室外机的箱体中，如图 5-36 所示。有些空调器中的毛细管采用保温措施进行覆盖。

图 5-36　毛细管的外形和安装位置

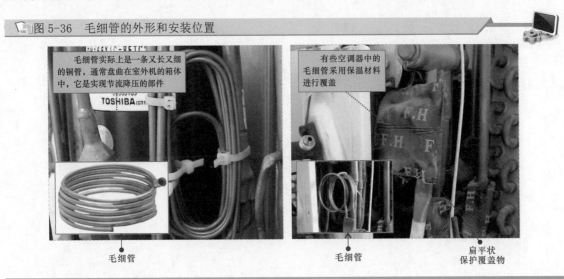

2 干燥过滤器的安装位置和结构

干燥过滤器是制冷管路中的过滤部件，通常位于毛细管和冷凝器之间的管路中，如图 5-37 所示。有些空调器室外机制冷管路中安装有多个干燥过滤器。

图 5-37 干燥过滤器的安装位置

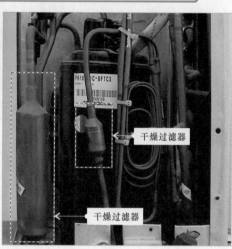

6.1 空调器充氮及检漏方法

6.1.1 充氮检漏

保压检漏是指向空调器的管路系统中充入氮气，并使空调器管路系统具有一定的压力后，保持压力表与管路构成密封的回路，通过观察压力变化，检查管路有无泄漏，用以检查空调器管路系统的密封性。

这种检漏方法通常适用于管路微漏、漏点太小的情况，通过充氮增大管路压力，最高静态压力可达 2MPa，大于制冷剂的最大静态压力 1MPa，有利于漏点检出。

| 提示说明 |

由于制冷剂在空调器管路系统中的静态压力最高为 1MPa，系统漏点较小的故障部位无法直接检漏，因此多采用充氮气增加系统压力的方法进行检测，一般向空调器管路系统充入氮气的压力为 1.5~2MPa。

实施保压检漏时，首先根据要求将相关的充氮设备与空调器连接。连接时，需要准备氮气钢瓶、减压阀、充氮用高压连接软管、三通压力表阀等，通过空调器三通截止阀工艺管口进行充氮操作，如图 6-1 所示。

图 6-1 空调器管路充氮检漏设备的连接关系示意图

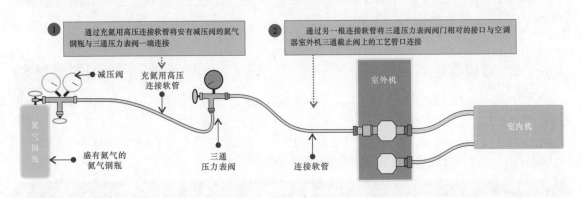

如图 6-2 所示，根据设备连接关系，将充氮设备进行连接，并向空调器管路充入氮气，当管路压力达到 2MPa 时，停止充氮，关闭三通压力表阀，取下氮气钢瓶进行保压测试。

图 6-2　空调器管路充氮检漏的操作方法

打开氮气钢瓶阀门，向空调器管路中充入氮气，压力达2MPa时，停止充氮。关闭三通压力表阀，保持其与三通截止阀工艺管口连接进行保压。

三通截止阀

二通截止阀

用扳手关闭二通截止阀和三通截止阀阀门，使室内机与室外机制冷管路形成两个独立的密闭空间，即分开保压。

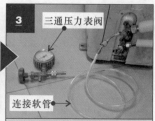

三通压力表阀

连接软管→

保持三通压力表阀与空调器三通截止阀工艺管口连接，根据压力表压力变化判断空调器的漏点范围。

| 提示说明 |

　　根据维修经验，充氮后管路内压力较大，一些较小的漏点也能够检出。保持三通压力表阀连接关系一段时间后（一般不小于20min），观察压力表压力值有无变化。

　　若压力表数值减小，说明空调器室内机有漏点（分开保压后，根据三通截止阀内部结构关系，即使阀芯关闭，工艺管口被三通压力表阀连接软管的阀针顶开。此时，相当于三通压力表阀连接室内机管路，即监测室内机管路有无泄漏），应重点检查蒸发器和连接管路。

　　若压力表数值不变，说明空调器室内机管路正常，此时分别打开三通截止阀和二通截止阀的阀门，使室内、外机管路形成通路，此时若压力表数值减小，则说明空调器室外机管路存在漏点，应重点检查冷凝器和室外机管路。

　　若压力表数值一直保持不变，打开三通截止阀和二通截止阀的阀门后，压力表数值仍不变，则说明空调器室内机与室外机管路均无泄漏。

　　值得注意的是，严禁将氧气充入制冷系统进行检漏。压力过高的氧气遇到压缩机的冷冻油会有爆炸的危险。

6.1.2　常规检漏

　　常规检漏是指用洗洁精水（或肥皂水）检查管路各焊接点有无泄漏，以检验或确保空调器管路系统的密封性。

　　检漏前首先了解一下空调器易发生泄漏故障的重点检查部位，可重点在这些部位检查有无泄漏。

　　图6-3为空调器管路系统易发生泄漏故障的重点检查部位。

| 提示说明 |

　　当空调器出现不制冷或制冷效果差的故障时，若经检查确认是由于系统制冷剂不足引起的，则需在充注制冷剂前，首先查找泄漏点并进行处理。否则，即使补充制冷剂，则由于漏点未处理，在一段时间后，空调器仍会出现同样的故障。

图 6-3 空调器管路系统易发生泄漏故障的重点检查部位

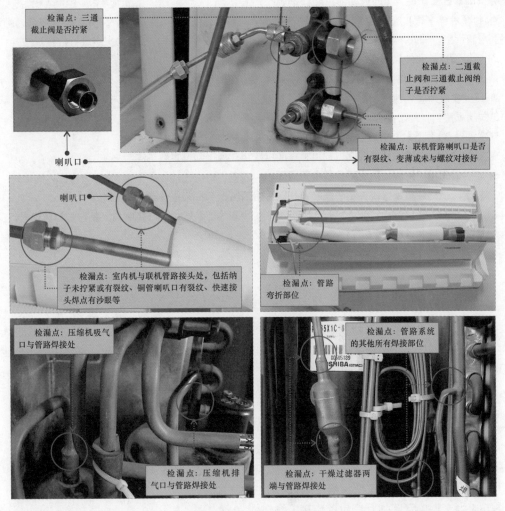

检漏点：三通截止阀是否拧紧

喇叭口

检漏点：二通截止阀和三通截止阀纳子是否拧紧

检漏点：联机管路喇叭口是否有裂纹、变薄或未与螺纹对接好

喇叭口

检漏点：室内机与联机管路接头处，包括纳子未拧紧或有裂纹、铜管喇叭口有裂纹、快速接头焊点有沙眼等

检漏点：管路弯折部位

检漏点：压缩机吸气口与管路焊接处

检漏点：管路系统的其他所有焊接部位

检漏点：压缩机排气口与管路焊接处

检漏点：干燥过滤器两端与管路焊接处

配制检漏用的泡沫水，涂抹在检漏部位进行检漏，如图 6-4 所示。

图 6-4 常规检漏的具体操作方法

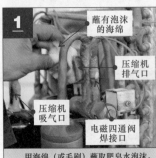

1 蘸有泡沫的海绵／压缩机排气口／压缩机吸气口／电磁四通阀焊接口

用海绵（或毛刷）蘸取肥皂水泡沫，涂抹在压缩机吸气口、排气口的焊接口、电磁四通阀各焊接口处。

2 毛细管／干燥过滤器焊接口

用海绵（或毛刷）蘸取肥皂水泡沫，涂抹在干燥过滤器、单向阀各焊接口处。

3 蘸有泡沫的海绵／压缩机排气口／压缩机吸气口

观察涂有泡沫的接口处是否向外冒泡。若有冒泡现象，则说明检查部位有泄漏，没有冒泡，则说明检查部位正常。

| 提示说明 |

根据维修经验，将常见的泄漏部位汇总如下：

● 制冷系统中有油迹的位置（空调器制冷剂 R22 能够与压缩机润滑油互溶，如果制冷剂泄漏，则通常会将润滑油带出，因此，制冷系统中有油迹的部位就很有可能有泄漏点，应作为重点进行检查）。

● 联机管路与室外机的连接处。

● 联机管路与室内机的连接处。

● 压缩机吸气管、排气管焊接口、四通阀根部及连接管道焊接口、毛细管与干燥过滤器焊接口、毛细管与单向阀焊接口（冷暖型空调器）、干燥过滤器与系统管路焊接口等。

对空调器管路泄漏点的处理方法一般如下：

● 若管路系统中焊点部位泄漏，则可补焊漏点或切开焊接部位重新气焊。

● 若四通阀根部泄漏，则应更换整个四通阀。

● 若室内机与联机管路接头纳子未旋紧，则可用活络扳手拧紧接头纳子。

● 若室外机与联机管路接头处泄漏，则应将接头拧紧或切断联机管路喇叭口，重新扩口后连接。

● 若压缩机工艺管口泄漏，则应重新进行封口。

6.2 空调器抽真空方法

在空调器的管路检修中，特别是在进行管路部件更换或切割管路操作后，空气很容易进入管路中，进而造成管路中高、低压力上升，增加压缩机负荷，影响制冷效果。另外，空气中的水分也可能导致压缩机线圈绝缘下降，缩短使用寿命；制冷时，水分容易在毛细管部分形成冰堵引起空调器故障。因此，在空调器的管路维修完成后，在充注制冷剂之前，需要对整体管路系统进行抽真空处理。

1 连接抽真空设备

抽真空设备主要包括真空泵、三通压力表阀、连接软管及转接头等设备。

在空调器的抽真空前，应先根据要求连接相关的抽真空设备，这也是维修空调器过程中的关键操作环节。空调器管路通过空调器压缩机的工艺管口抽真空。

图 6-5 为空调器管路抽真空设备连接关系。

图 6-5 空调器管路抽真空设备连接关系

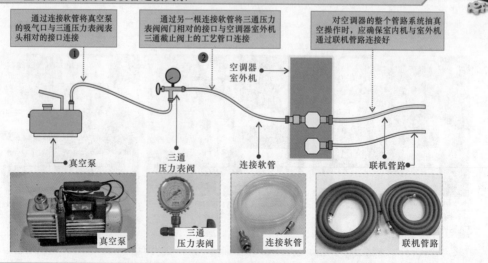

如图 6-6 所示，根据要求将相关的抽真空设备与空调器连接。

图 6-6 空调器抽真空设备的连接操作

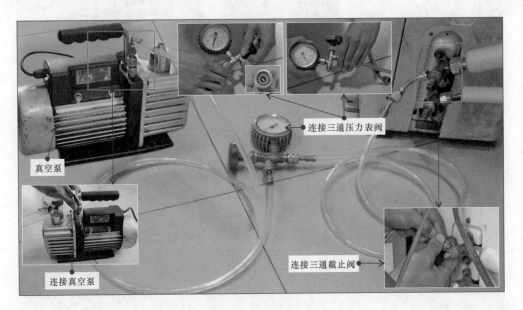

真空泵

连接真空泵

连接三通压力表阀

连接三通截止阀

2 抽真空的操作方法

抽真空设备连接完成后，需要根据操作规范按要求的顺序打开各设备开关或阀门，然后开始对空调器管路系统抽真空。

图 6-7 为空调器管路抽真空的操作顺序。

图 6-7 空调器管路抽真空的操作顺序

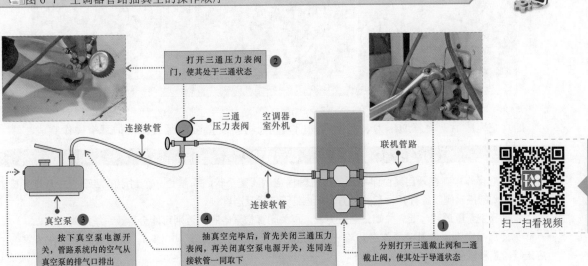

② 打开三通压力表阀门，使其处于三通状态

连接软管

三通压力表阀

空调器室外机

联机管路

真空泵

③ 按下真空泵电源开关，管路系统内的空气从真空泵的排气口排出

连接软管

④ 抽真空完毕后，首先关闭三通压力表阀，再关闭真空泵电源开关，连同连接软管一同取下

① 分别打开三通截止阀和二通截止阀，使其处于导通状态

扫一扫看视频

如图 6-8 所示，根据操作规范要求的顺序打开各设备开关或阀门，开始抽真空操作。

图6-8　抽真空操作的具体方法

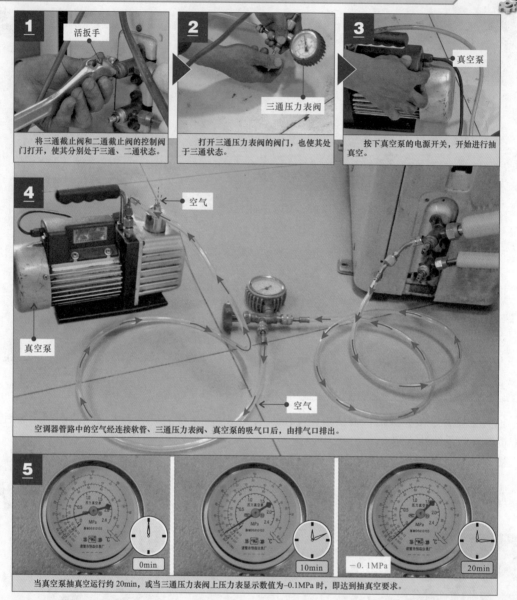

当真空泵抽真空运行约20min，或当三通压力表阀上压力表显示数值为-0.1MPa时，即达到抽真空要求。

抽真空完成后，将三通压力表阀上的阀门关闭，再将真空泵电源关闭，抽真空操作完成。

| 提示说明 |

抽真空操作中，在开启真空泵电源前，应确保空调器整个管路系统是一个封闭的回路；二通截止阀、三通截止阀的控制阀门应打开；三通压力表阀也处于三通状态。

关闭真空泵电源时，要先关闭三通压力表，再关闭真空泵电源，否则可能会导致系统进入空气。

另外，在空调器抽真空操作中，若一直无法将管路中的压力抽至-0.1MPa，表明管路中存在泄漏点，应进行检漏和修复。

在空调器抽真空操作结束后，可保留三通压力表阀与空调器室外机三通截止阀工艺管口的连接，观察压力表指针指示状态，正常情况下应为-0.1MPa持续不变。若放置一段时间后发现三通压力表阀压力变大或抽真空操作一直抽不到-0.1MPa状态，则说明管路系统存在泄漏。

6.3 空调器充注制冷剂方法

充注制冷剂是检修空调器制冷管路的重要技能。空调器管路中制冷剂泄漏或管路检修之后等都需要充注制冷剂。

充注制冷剂的量和类型一定要符合空调器的标称量，充入的量过多或过少都会对空调器的制冷效果产生影响。因此，在充注制冷剂前，可首先根据空调器上的铭牌标识识别制冷剂的类型和标称量，如图6-9所示。

图6-9 通过空调器的铭牌标识识别制冷剂的类型和标称量

1 充注制冷剂设备的连接

充注制冷剂设备包括盛放制冷剂的钢瓶、三通压力表阀、连接软管等。按照要求将这些设备与空调器室外机三通截止阀上的工艺管口连接即可，如图6-10所示。

图6-10 空调器充注制冷剂设备的连接顺序示意图

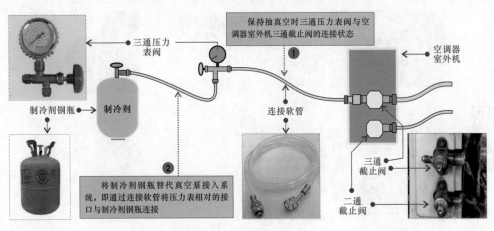

| 提示说明 |

　　在空调器维修操作中，抽真空、重新充注制冷剂是完成管路部分检修后必需的、连续性的操作环节。因此，在抽真空操作时，三通压力表阀阀门相对的接口已通过连接软管与空调器室外机三通截止阀上的工艺管口接好，操作完成后，只需将氮气瓶连同减压器取下即可，其他设备或部件仍保持连接。这样在下一个操作环节时，相同的连接步骤无需再次进行，可有效减少重复性操作步骤，提高维修效率。

　　如图 6-11 所示，根据充注制冷剂设备的连接关系图，将制冷剂钢瓶与三通压力表、空调器室外机连接。

图 6-11　充注制冷剂设备的连接方法

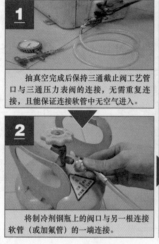
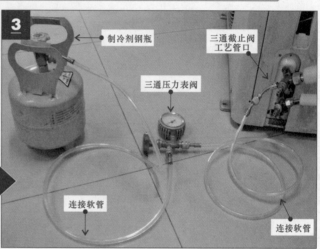

2　充注制冷剂的操作方法

　　充注制冷剂的设备连接完成后，需要根据操作规范按要求的顺序打开各设备开关或阀门，开始对空调器管路系统充注制冷剂。

　　图 6-12 为空调器充注制冷剂设备的操作顺序示意图。

图 6-12　空调器充注制冷剂设备的操作顺序示意图

扫一扫看视频

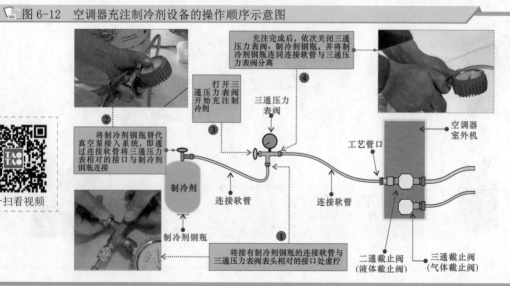

如图 6-13 所示，根据规范要求顺序打开各设备开关或阀门，开始充注制冷剂。

图 6-13 充注制冷剂的具体操作方法

1 将接有制冷剂钢瓶的连接软管与三通压力表阀表头相对的接口处虚拧。

2 打开制冷剂钢瓶阀门，制冷剂将连接软管中的空气从虚拧处排出。

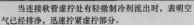

3 当连接软管虚拧处有轻微制冷剂流出时，表明空气已经排净，迅速拧紧虚拧部分。

4 将虚拧的连接软管拧紧，打开三通压力表阀，使其处于三通状态，开始充注制冷剂。

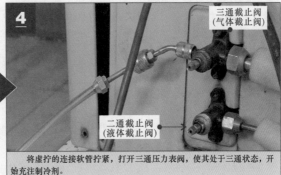

三通压力表阀

三通截止阀（气体截止阀）

二通截止阀（液体截止阀）

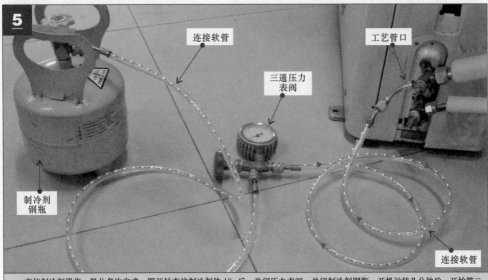

5

连接软管

三通压力表阀

工艺管口

制冷剂钢瓶

连接软管

充注制冷剂操作一般分多次完成，即开始充注制冷剂约 10s 后，关闭压力表阀、关闭制冷剂钢瓶，开机运转几分钟后，开始第二次充注。充注第二次时同样，充注 10s 左右后，停止充注，运转几分钟后，再开始第三次充注。制冷剂充注完成后，依次关闭三通压力表阀、制冷剂钢瓶，并将制冷剂钢瓶连同连接软管与三通压力表阀分离。

| 提示说明 |

在充注制冷剂时，将空调器打开，在制冷模式下运行。空调器室外机上的三通截止阀和二通截止阀应保持在打开的状态。充注时，应严格按照待充注制冷剂空调器铭牌标识上标注的制冷剂类型和充注量进行充注。若充入的量过多或过少，都会对空调器的制冷效果产生影响。

制冷剂可在夏季空调器制冷状态下充注，也可在冬季制热状态下充注，两种工作模式下制冷剂的充注要点如下。

夏季制冷模式下充注制冷剂：

● 要在监测三通压力表阀的同时充注，当制冷剂充注至 0.4~0.5MPa 时，用手触摸三通截止阀感受其温度，若温度低于二通截止阀，则说明系统内制冷剂的充注量已经达到要求。

● 制冷系统管路有裂痕导致系统内无制冷剂引起空调器不制冷的故障，或更换压缩机后系统需要充注制冷剂时，如果开机在液态充注，则压力达到 0.35MPa 时应停止充注，将空调器关闭，等待 3~5min，系统压力平衡后再开机运行，根据运行压力决定是否需要补充制冷剂。

冬季制热模式下充注制冷剂：

● 空调器在制热运行时，由于系统压力较高，空调器在开机之前最好将三通压力表连接完毕。在连接三通压力表的过程中，最好佩戴上胶手套，以防止喷出的制冷剂将手冻伤。维修完毕后还要取下三通压力表，在取下三通压力表阀之前，建议先将制热模式转换成制冷模式后，再将三通压力表阀取下。

● 在冬季充注制冷剂时，最好将模式转换为制冷模式，若条件有限，则可直接将电磁四通阀线圈的零线拔下，确认无误后再操作。

空调器充注制冷剂一般可分为 5 次进行，充注时间一般在 20min 以内，可同时观察压力表显示的压力，判断制冷剂充注是否完成。根据检修经验，制冷剂充注完成后，开机一段时间（至少20min），将出现以下几种情况，表明制冷剂充注成功。

夏季制冷模式下：

● 空调器充注制冷剂时，压力表显示的压力值在 0.4 ~ 0.45MPa 之间。

● 整机运行电流等于或接近额定值。

● 空调器二通截止阀和三通截止阀都有结霜现象，用手触摸三通截止阀时感觉冰凉，并且温度低于二通截止阀的温度。

● 蒸发器表面有结霜现象，用手触摸，整体温度均匀并且偏低。

● 用手触摸冷凝器时，温度为热→温→接近室外温度。

● 室内机出风口吹出的温度较低，进风口温度减去出风口温度大于 9℃，并且房间内温度可以达到制冷要求，室外机排水管有水流出。

冬季制热模式下：

● 系统运行压力接近 2MPa。

● 整机运行电流等于或接近额定值。

● 用手触摸二通截止阀时，温度较高，蒸发器温度较高并且均匀，冷凝器表面有结霜现象。

● 出风口温度高，出风口温度减去进风口温度大于 15℃。

空调器充注制冷剂完成后，保持三通压力表阀连接在空调器三通截止阀工艺工口上，在空调器运行 20min 后，通过观察三通压力表阀上显示的压力变化情况（在正常情况下，运行 20min 后，运行压力应维持在 0.45MPa，夏季制冷模式下最高不超过 0.5MPa），通过保压测试判断空调器管路系统的运行状况。

3 补充制冷剂的操作方法

当空调器管路系统因泄漏而缺少部分制冷剂时，需要向空调器中补充制冷剂。这种情况下仅需要补充部分制冷剂即可，如图 6-14 所示。

图 6-14　空调器管路系统补充制冷剂的操作方法

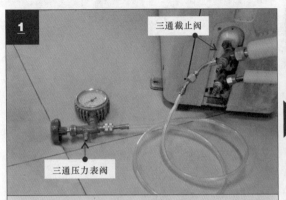

关闭三通压力表阀的阀门，使用一根连接软管一端连接三通压力表阀，带阀针的一端连接三通截止阀工艺管口，此时压力表显示空调器的系统压力。

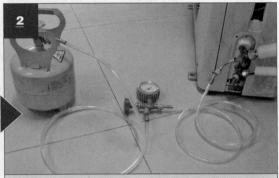

另外选取一根连接软管连接制冷剂钢瓶和三通压力表阀。将空调器制冷模式下开机，运行一段时间后，观察压力表，若压力低于正常压力，则打开制冷剂钢瓶和三通压力表阀阀门（注意排空气），依靠压力差，向空调器系统中补充制冷剂。

87

| 提示说明 |

根据检修经验，空调器制冷剂少和制冷剂充注过量的一些基本表现归纳如下。

制冷模式下：

● 空调器室外机二通截止阀结露或结霜，三通截止阀是温的，蒸发器凉热分布不均匀，一半凉、一半温，室外机吹风不热，系统压力低于 0.35MPa 以下，多表明空调器缺少制冷剂。

● 空调器室外机二通截止阀常温，三通截止阀较凉，室外机吹风温度明显较热，室内机出风温度较高，制冷系统压力较高等，多为制冷剂充注过量。

制热模式下：

● 空调器蒸发器表面温度不均匀，冷凝器结霜不均匀，三通截止阀温度高，而二通截止阀接近常温（正常温度应较高，重要判断部位）；室内机出风温度较低（正常出风口温度应高于入风口温度 15℃以上），系统压力运行较低（正常制热模式下运行压力为 2MPa 左右）等，多表明空调器缺少制冷剂。

● 空调器室外机二通截止阀常温，三通截止阀温度明显较高（烫手）；系统压力较高，运行电流较大；室内机出风口为温风；系统运行压力较高，多为制冷剂充注过量。

6.4　空调器电路检测方法

6.4.1　空调器电流检测方法

空调器电流检测方法是借助钳形表检测空调器整机的起动和运行电流、压缩机运行电流等，用以实现在不深度拆机的情况下，检测空调器的动态参数，并对其工作状态进行初步判断，对锁定故障范围、推断故障原因十分重要。

例如，图 6-15 为借助钳形表检测空调器的运行电流。通过将实测运行电流的大小与空调器额定电流大小相比较可判断出空调器的工作状态。

图 6-15 空调器整机运行电流的检测方法

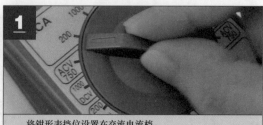

将钳形表挡位设置在交流电流档。

用钳口套住启动一根供电线缆。

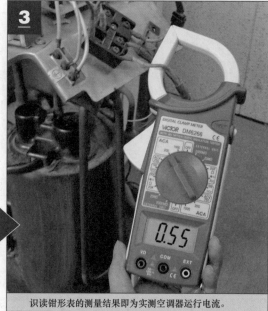

识读钳形表的测量结果即为实测空调器运行电流。

| 提示说明 |

空调器的电流参数包括额定电流、起动电流和运行电流三种。

额定电流是在额定工况下测得的电流，是在实验室环境下测得，是一个固定的理论数值。

起动电流是指空调器压缩机起动瞬间的电流，其值一般是额定的 3~5 倍。

运行电流是在空调在工作时测得的实际电流，空调设定的工作模式不同，电流也会随之改变。该电流值一般低于额定电流值。

一般情况下，空调器的额定电流可通过识读空调器室外机铭牌或按公式粗略计算。

空调器的额定电流公式：$I = P / (U \times$ 功率因数$)$。

例如，1 匹的空调器，耗电功率约为 735W，则其额定电流 $I = 735 / (220 \times 0.8) \approx 4.17A$，起动电流为其 3~5 倍，即 12.5~20.85A（瞬间电流，安装空调器选择空气开关时，按照其额定电流选择供电线路的线径、电源插座规格等）。

1.5 匹的空调器，耗电功率约为 1100W，则其额定电流 $I = 1100 / (220 \times 0.8) \approx 6.25A$，起动电流为其 3~5 倍，即 18.75~31.25A。

2 匹的空调器，耗电功率约为 1470W，则其额定电流 $I = 1470 / (220 \times 0.8) \approx 8.35A$，起动电流为其 3~5 倍，即 25.05~41.75A。

空调器在正常运行状态下，其运行电流应接近额定电流，运行电流太高、太低都表示空调器运行不正常。以 1.5 匹，管路系统制冷剂为 R22 的定频空调器为例，其运行电流的大小对应可能的故障原因如图 6-16 所示。

图6-16 根据空调器运行电流的大小判断空调器的大致故障

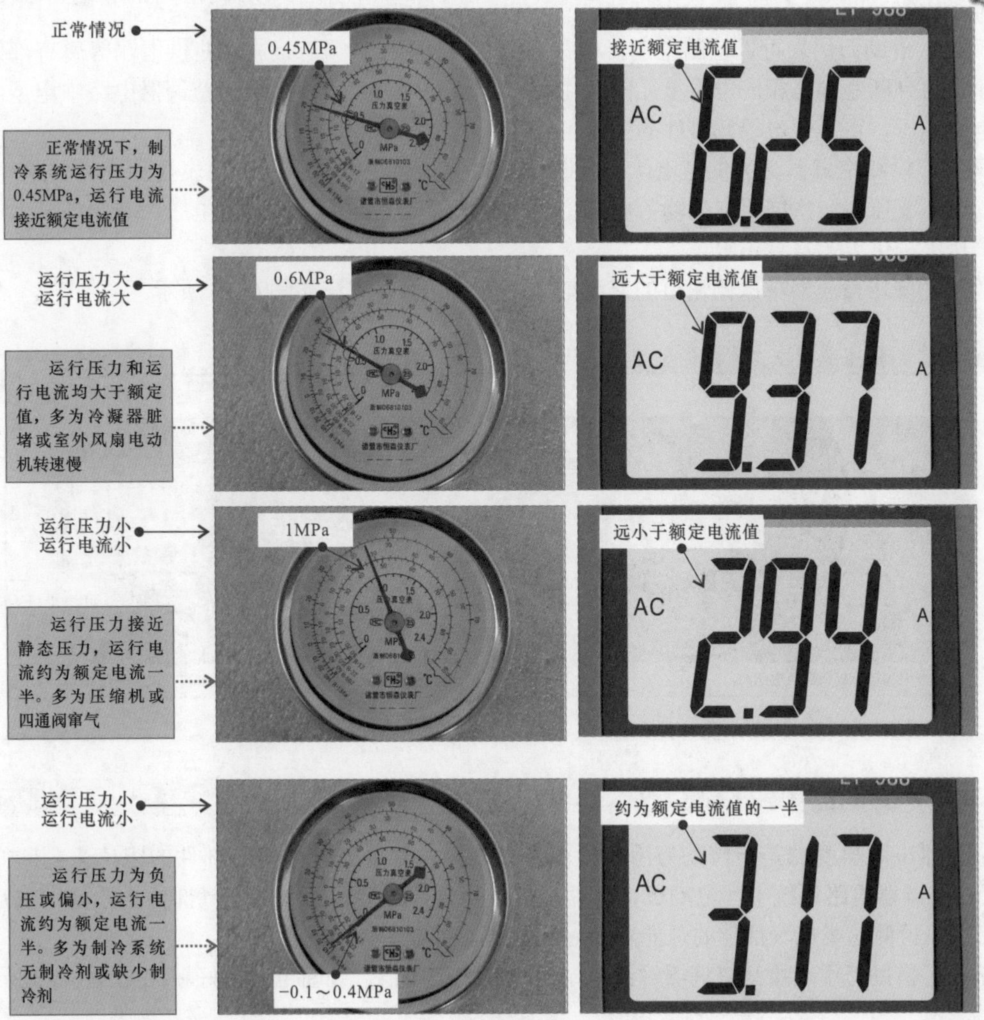

正常情况 →

0.45MPa

接近额定电流值

AC 6.25 A

正常情况下，制冷系统运行压力为0.45MPa，运行电流接近额定电流值

运行压力大 →
运行电流大

0.6MPa

远大于额定电流值

AC 9.37 A

运行压力和运行电流均大于额定值，多为冷凝器脏堵或室外风扇电动机转速慢

运行压力小 →
运行电流小

1MPa

远小于额定电流值

AC 2.94 A

运行压力接近静态压力，运行电流约为额定电流一半。多为压缩机或四通阀窜气

运行压力小 →
运行电流小

约为额定电流值的一半

AC 3.17 A

运行压力为负压或偏小，运行电流约为额定电流一半。多为制冷系统无制冷剂或缺少制冷剂

−0.1~0.4MPa

空调器正常运转5min以上时，可通过检测其运行压力大致判断制冷管路的状态。

空调器的运行压力与空调器的匹数无关，而与制冷剂的类型、工况条件、空调器类型等参数有关。

若管路系统为R22制冷剂，其运行压力一般为

制冷模式下（低压压力）运行压力为0.4~0.6MPa。

制热模式下（高压压力）运行压力为1.6~2.1MPa。

停机时的静止压力在1MPa左右。

若管路系统为R410A制冷剂，其运行压力一般为

制冷模式下（低压压力）运行压力为0.6~0.9MPa。

制热模式下（高压压力）运行压力为2.2~2.6MPa。

停机时的静止压力为0.8~1.1MPa。

值得注意的是，上述电流关系适用于定频空调器。变频空调器会自动控制频率由低升至高（如0Hz → 60Hz，1Hz/s），其起动电流很小，运行电流则随着工作状态变化不断发生变化，因此变频空调器不存在起动电流大的问题。

6.4.2　空调器电压检测方法

空调器电压检测法是指通过检测空调器电路系统中的电压参数，判断空调器供电条件和工作状态是否正常。

例如，借助万用表可以检测空调器电路中的5V端、12V端、集成电路供电端等所有部位的直流电压，可判断空调器相应电路单元的工作状态，从而排查故障点；检测空调器电路中电子元器件的供电端电压，可了解电子元器件的工作条件能否满足等。

又如，检测空调器交流供电电压可判断整机供电是否正常。借助万用表检测空调器单相220V电源、降压变压器一次绕组交流输入电压、降压变压器二次绕组交流输出电压、室内外风扇电动机供电、压缩机供电等是否正常。

以检测降压变压器二次侧输出的交流电压为例，其检测方法如图6-17所示。

📖图6-17　降压变压器二次侧输出交流电压的检测方法

将万用表挡位旋钮调至电压档。

红、黑表笔插接在输出端插件上

可测得11V交流电压

将万用表的红、黑表笔搭在降压变压器二次绕组引出端，识读测量结果。

6.4.3　空调器电阻检测方法

空调器电阻检测法是指借助万用表检测空调器中电子元器件或电气部件的阻值来判断好坏的方法．在空调器电路系统中，电动机、压缩机、继电器、温度传感器等电气部件是检修的重点，可借助万用表检测这类电气部件的性能判断好坏，进而排查空调器的故障。

例如，借助万用表检测空调器轴流风扇电动机绕组阻值，判断电动机好坏，如图6-18所示。

📖图6-18　借助万用表检测空调器轴流风扇电动机绕组阻值

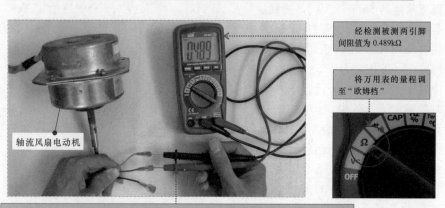

经检测被测两引脚间阻值为0.489kΩ

将万用表的量程调至"欧姆档"

轴流风扇电动机

将万用表红、黑表笔分别搭在轴流风扇电动机引出线其中的两根引线上（电动机绕组引出线），识读万用表显示屏结果可知，被测两引脚间阻值为0.489kΩ

可以看到,借助检测仪表检测电气部件的电阻等性能参数,根据检测结果可大致判断电气部件的性能状态,由此排查空调器电路系统的故障。

6.4.4 空调器信号检测方法

空调器信号检测法是指借助示波器在空调器能够通电开机的状态下,检测电路中关键信号的波形,如变频驱动信号、晶体振荡信号、遥控信号、脉冲信号、开关变压器振荡信号、变频电路输入侧的 PWM 调制信号,用以准确判断电路中关键部位有无异常。

如图 6-19 所示,借助示波器检测空调器电路中的信号波形。

图 6-19 检测空调器变频电路中的 PWM 调制信号

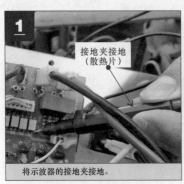
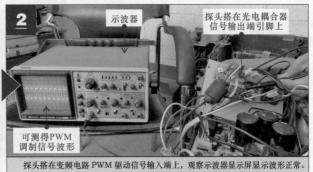

6.4.5 空调器温度检测方法

空调器温度检测法是指借助万用表感温头或电子温度计测量空调器出风温度、环境温度或室外机排风温度等来判断空调器工作状态的方法。

例如,图 6-20 为使用电子温度计检测空调器出风口温度的操作方法和步骤。

图 6-20 电子温度计的使用方法

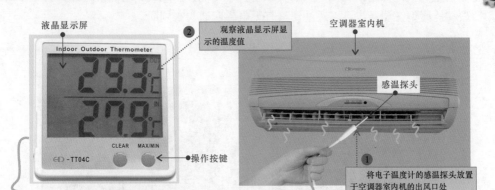

7.1 定频空调器的结构

定频空调器是指内部压缩机只能输入固定频率和大小的电压，转速和输出功率固定不变，且驱动频率和电压幅度为恒定的空调器。定频空调器主要是由室内机和室外机构成的。

7.1.1 定频空调器室外机结构

定频空调器的室外机从外形结构上看，非常相似，如图 7-1 所示。室外机外形呈长方体，正前方可看到室外机出风口，侧面可找到截止阀和接线部位。

图 7-1 典型分体式空调器室外机外形结构

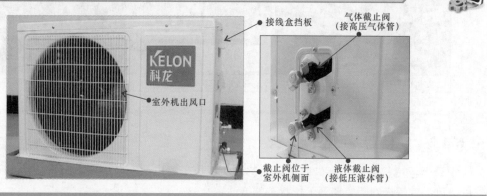

将定频空调器室外机的机壳拆开后，就可以看到内部的结构，如图 7-2 所示。不同型号、品牌的定频空调器室外机内部结构相似，风扇基本上位于左侧，压缩机、管路及电路部件位于右侧。而区分单冷型和冷暖型空调器，可以通过观察有无电磁四通阀来判断。

图 7-2 分体式空调器室外机内部结构

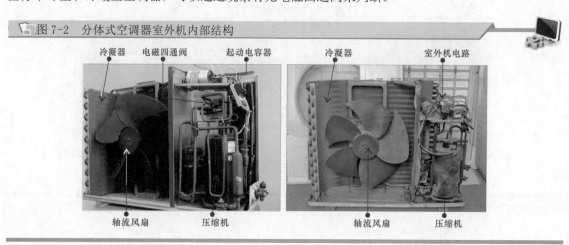

图 7-3 为定频空调器室外机结构分解图，可看到空调器室外机各组成部件的安装位置。

图7-3　分体式空调器室外机内部结构分解图

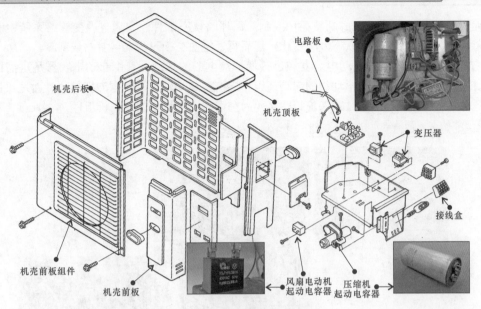

机壳后板

机壳顶板

电路板

变压器

接线盒

机壳前板组件

机壳前板

风扇电动机
起动电容器

压缩机
起动电容器

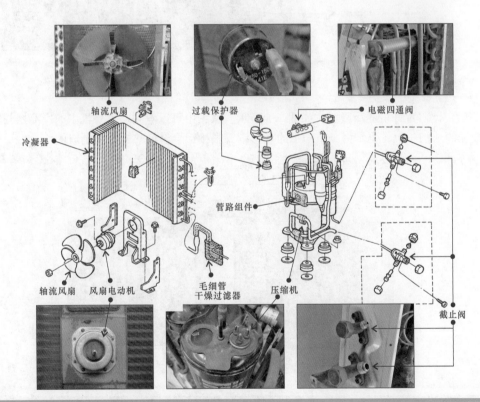

轴流风扇

过载保护器

电磁四通阀

冷凝器

管路组件

轴流风扇　风扇电动机

毛细管
干燥过滤器

压缩机

截止阀

│特别提示│

　　在定频空调器室外机中，只有冷暖型空调器的室外机才会安装有电磁四通阀，用于切换空调器的制冷／制热状态，而对于单冷型空调器，则没有该部件。

1 压缩机组件

压缩机是定频空调器中完成制冷循环或制热循环的核心部件，它通过改变管路系统中制冷剂的温度和压力，从而使其物理状态发生变化，然后再通过热交换过程实现制热或制冷。

压缩机正常工作还需要起动电容器和过热保护继电器的辅助，其中起动电容器是压缩机电动机的起动元件，起动电容器与电动机的起动绕组相连产生起动转矩，使电动机起动；而过热保护继电器则是对压缩机提供过热、过载保护。图 7-4 为空调器室外机中的压缩机组件。

图 7-4 定频空调器室外机中的压缩机组件

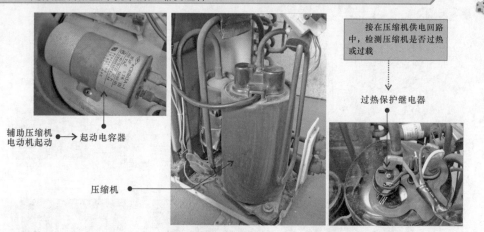

接在压缩机供电回路中，检测压缩机是否过热或过载

过热保护继电器

辅助压缩机电动机起动 → 起动电容器

压缩机

2 冷凝器

定频空调器室外机的冷凝器，如图 7-5 所示。从图中可以看到，室外机中的冷凝器与室内机中的蒸发器的结构相似，也是由一组一组的 S 形铜管胀接铝合金散热翅片而制成的。

图 7-5 定频空调器室外机中的冷凝器

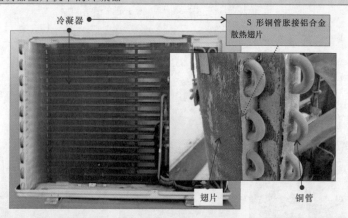

冷凝器

S 形铜管胀接铝合金散热翅片

翅片

铜管

| 相关资料 |

事实上，定频空调器的蒸发器和冷凝器都是用于空气调节的热交换部件，现在所说的名称都是以制冷状态为前提的。严格地说，定频空调器室内机的热交换器被用于制冷时就作为蒸发器，同时室外机中的热交换器主要被用作冷凝器。而当定频空调器处于制热状态时，室内机中的热交换器就相当于冷凝器，而室外机中的热交换器则起蒸发器的作用。

在制冷和制热过程中，蒸发器和冷凝器本身并没有改变，只是通过四通阀改变制冷剂的流向，使冷凝器、蒸发器与制冷剂流动的相对位置发生了改变，因而，蒸发器变成了冷凝器，冷凝器变成了蒸发器。

3 轴流风扇组件

定频空调器的轴流风扇组件安装在室外机内，位于冷凝器的内侧，轴流风扇组件主要由轴流风扇驱动电动机、轴流风扇扇叶和轴流风扇起动电容器组成，如图 7-6 所示，其主要作用是确保室外机内部热交换部件（冷凝器）良好的散热。

图 7-6 定频空调器室外机轴流风扇组件的实物外形

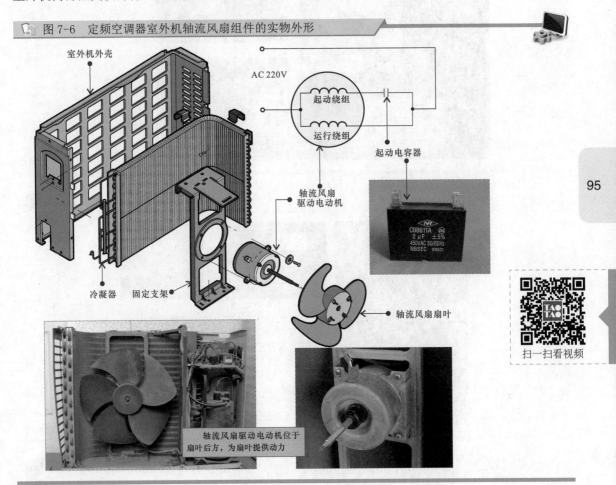

4 电磁四通阀

空调器室外机中电磁四通阀是一种由电流来进行控制的电磁阀门，该部件主要用来控制制冷剂的流向，从而改变空调器的工作状态，实现制冷或制热。图 7-7 为电磁四通阀的实物外形，由图可知电磁四通阀主要是由导向阀、换向阀、线圈以及管路等构成的。

5 毛细管

毛细管是制冷系统中的部件之一，实际上毛细管是一段又细又长的铜管，通常盘在室外机的箱体中，起到节流降压的作用。图 7-8 为毛细管的实物外形，在毛细管的外面通常包裹有隔热层。

6 干燥过滤器

干燥过滤器是空调器制冷系统中的辅助部件之一，通常情况下，干燥过滤器位于冷凝器和毛细管之间，主要过滤和干燥制冷剂，防止制冷系统出现堵塞现象，图 7-9 为空调器室外机干燥过滤器的实物外形。常见的干燥过滤器主要有单入口单出口和单入口双出口两种。

📷 图 7-7　室外机电磁四通阀的实物外形

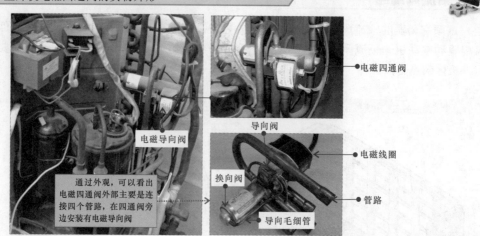

电磁四通阀

导向阀

电磁线圈

换向阀

管路

电磁导向阀

导向毛细管

通过外观，可以看出电磁四通阀外部主要是连接四个管路，在四通阀旁边安装有电磁导向阀

📷 图 7-8　毛细管的实物外形

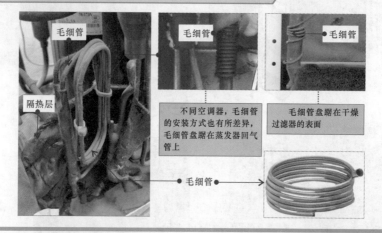

毛细管

毛细管

毛细管

隔热层

不同空调器，毛细管的安装方式也有所差异，毛细管盘踞在蒸发器回气管上

毛细管盘踞在干燥过滤器的表面

毛细管

📷 图 7-9　空调器室外机干燥过滤器的实物外形

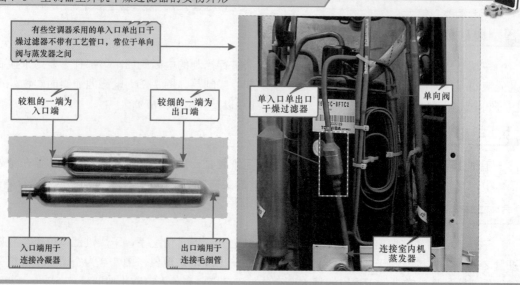

有些空调器采用的单入口单出口干燥过滤器不带有工艺管口，常位于单向阀与蒸发器之间

较粗的一端为入口端

较细的一端为出口端

单入口单出口干燥过滤器

单向阀

入口端用于连接冷凝器

出口端用于连接毛细管

连接室内机蒸发器

7 单向阀

单向阀与毛细管相连，用来防止制冷剂回流。通常在单向阀的壳体上标注有制冷剂的流动方向，方便维修人员在安装和维修过程中识别其连接方向，如图7-10所示。

図 图7-10 空调器室外机单向阀的实物外形

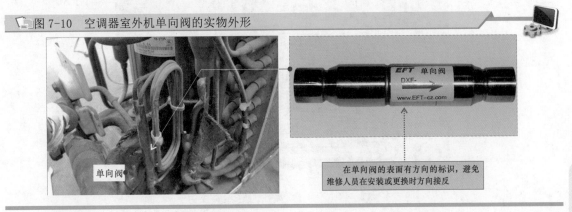

单向阀

在单向阀的表面有方向的标识，避免维修人员在安装或更换时方向接反

97

8 电路板

普通空调器室外机的电路部分较为简单，主要由多个起动电容器、变压器以及相关插件构成，如图7-11所示。

図 图7-11 普通空调器室外机电路板

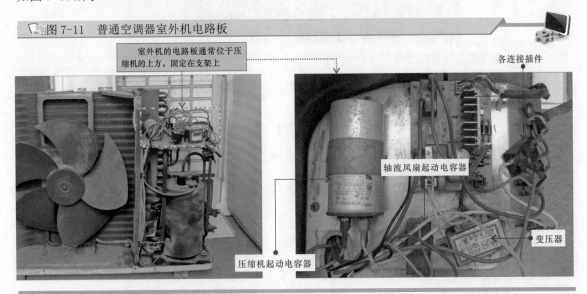

室外机的电路板通常位于压缩机的上方，固定在支架上

各连接插件

轴流风扇起动电容器

变压器

压缩机起动电容器

7.1.2 定频空调器室内机结构

图7-12为定频空调器室内机分解图，从图中可以看到空调器室内机主要包括蒸发器、风扇组件、电路板和清洁部件。

1 蒸发器

蒸发器安装在空调器室内机中，它是空调器制冷/制热系统中的重要组成部分。蒸发器是在弯成S状的铜管上胀接翅片制成的。目前，分体壁挂式空调器中的蒸发器多采用这种强制通风对流的方式，以加快空气与蒸发器之间的热交换，如图7-13所示。由图可知，蒸发器主要是由翅片、铜管等构成。

图7-12　空调器室内机外壳和电路部分

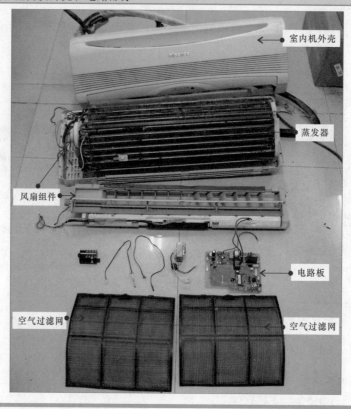

室内机外壳

蒸发器

风扇组件

电路板

空气过滤网　　　　　　　　　　　空气过滤网

图7-13　普通空调器室内机蒸发器的实物外形

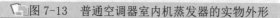

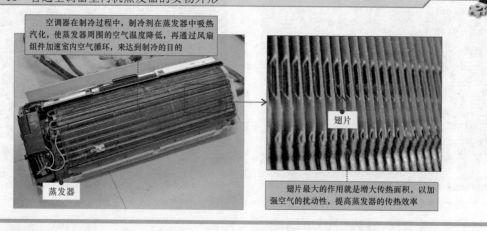

空调器在制冷过程中，制冷剂在蒸发器中吸热汽化，使蒸发器周围的空气温度降低，再通过风扇组件加速室内空气循环，来达到制冷的目的

翅片

蒸发器

翅片最大的作用就是增大传热面积，以加强空气的扰动性，提高蒸发器的传热效率

2　风扇组件

　　普通空调器室内机的风扇组件主要可以分为贯流风扇、导风板组件。

　　（1）贯流风扇

　　贯流风扇组件安装在蒸发器下方，横卧在室内机中，用来实现室内空气的强制循环对流，使室内空气进行热交换。

　　图7-14为普通空调器室内机的贯流风扇组件，由图可知该组件包含有两大部分：贯流风扇扇叶和贯流风扇驱动电动机。

图 7-14　普通空调器室内机的贯流风扇组件

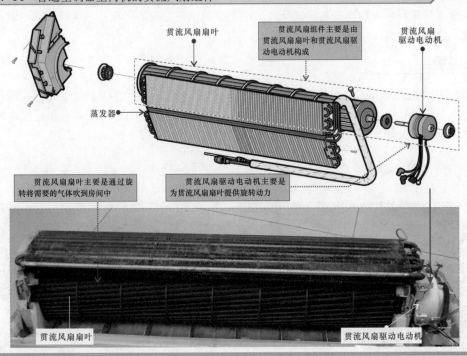

贯流风扇扇叶

贯流风扇组件主要是由贯流风扇扇叶和贯流风扇驱动电动机构成

贯流风扇驱动电动机

蒸发器

贯流风扇扇叶主要是通过旋转将需要的气体吹到房间中

贯流风扇驱动电动机主要是为贯流风扇扇叶提供旋转动力

贯流风扇扇叶

贯流风扇驱动电动机

（2）导风板组件

空调器导风板组件主要用来改变空调器吹出的风向，扩大送风面积，增强房间内空气的流动性，使温度均匀。在空调器室内机中，导风板组件通常位于上部，如图 7-15 所示，导风板组件主要是由导风板和导风板驱动电动机构成。导风板包括垂直导风板和水平导风板，其中垂直导风板安装在外壳上，而水平导风板则安装在内部机架上，位于蒸发器的侧面，由驱动电动机驱动。

图 7-15　普通空调器室内机导风板组件的实物外形

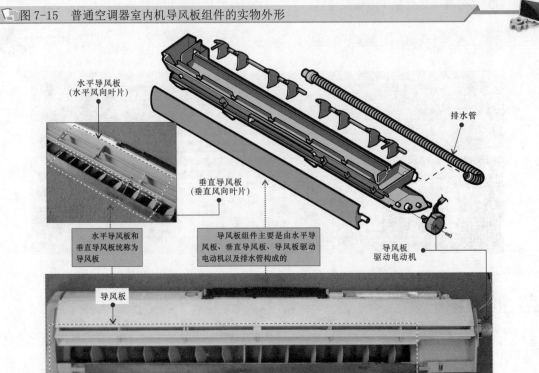

水平导风板
（水平风向叶片）

排水管

垂直导风板
（垂直风向叶片）

水平导风板和垂直导风板统称为导风板

导风板组件主要是由水平导风板、垂直导风板、导风板驱动电动机以及排水管构成的

导风板驱动电动机

导风板

水平导风板又可称为水平导风叶片，通常是由两组或三组叶片构成，专门用来控制垂直方向的气流；垂直导风板也可称为垂直导风叶片，用来控制水平方向的气流；导风板驱动电动机位于导风板侧面，通过主轴直接与导风板连接。

3 电路板

空调器室内机的电路部分是空调器中非常重要的部件，它主要包括主电路板、显示和遥控电路板，如图7-16所示，通常主电路板位于空调器室内机一侧的电控盒内；显示和遥控电路板位于空调器室内机前面板处，通过连接引线与主电路板相连。

图7-16　普通空调器室内机的电路板外形

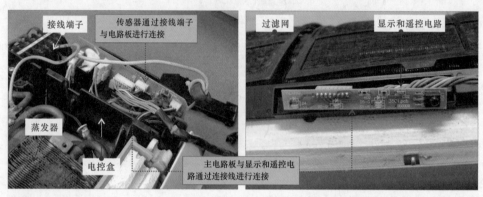

由图7-16可知，在电路板中的连接插件中除供电端外，还有两个插件用来连接温度传感器，分别为室温传感器和管温传感器，这两个传感器的主要作用就是检测当前室温及管路的工作温度，并将检测到的温度信息直接传给微处理器，图7-17为温度传感器的实物外形。

图7-17　温度传感器的实物外形

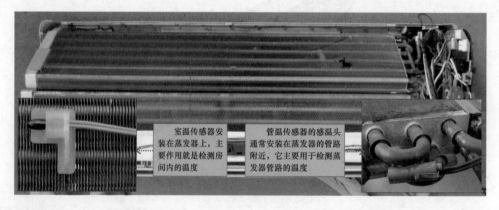

4 清洁部件

在空调器中通常安装有清洁部件，如空气过滤网、清洁滤尘网，主要是用来对空调器室内机送出的空气进行清洁过滤，通常安装在蒸发器的上方，如图7-18所示。

图 7-18 普通空调器中清洁部件的实物外形

7.2 定频空调器的工作原理

7.2.1 定频空调器的控制原理

定频空调器是由各单元电路协同工作，完成信号的接收、处理和输出，并控制相关的部件工作，从而完成制冷／制热的目的，这是一个非常复杂的过程。

图 7-19 为定频空调器整机控制关系示意图。

图 7-19 定频空调器整机控制关系示意图

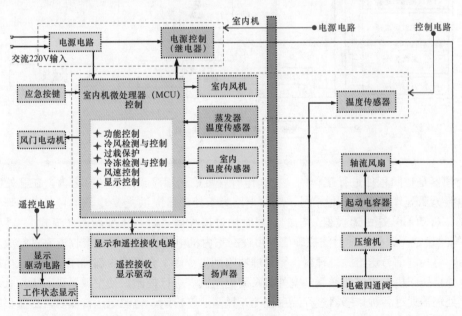

图 7-20 为定频空调器整机控制框图。微处理器是整个电路的控制中心。交流 220V 输入电压经变压器和整流滤波稳压电路为微处理器提供 +5V 工作电压，复位电路为微处理器提供复位信号，晶体振荡电路为微处理器提供时钟信号。室内机的风扇电动机、导风板方向控制电动机、室外机的压缩机电动机、室外风扇电动机、电磁四通阀等都受微处理器的控制。

图 7-20　定频空调器整机控制框图

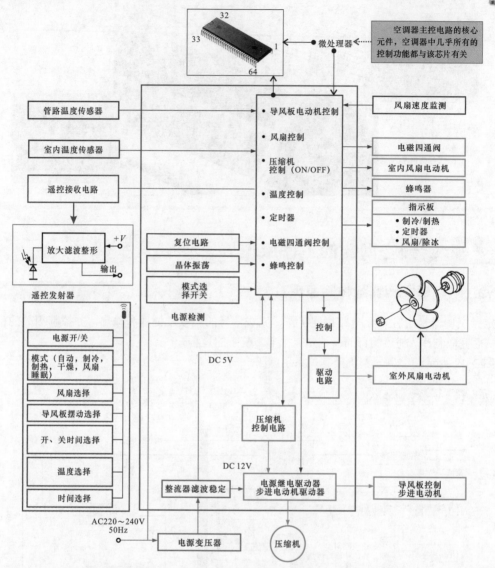

　　微处理器是按照程序进行工作的，在制作时就将控制程序集成在芯片之内。在开始工作之前由复位电路为微处理器提供复位信号，电源电路为微处理器提供 +5V 电压信号，微处理器便处于等待状态。启动信号是由遥控器发出的，同时通过遥控器可进行工作状态（模式）、温度、风速（风量）等的设定。遥控器发射的控制信号由设在室内机电路板上的遥控接收电路进行放大、滤波和整形后，将控制信号送给微处理器，微处理器收到指令后，会根据内部程序分别对室内机风扇电动机、室外机压缩机、电磁四通阀、室外机风扇电动机等进行控制，使空调器进入工作状态。与此同时，微处理器通过各种传感器进行温度检测、风扇速度检测、电源电压检测等，这些参数作为控制程序的判别依据，以便能自动进行控制。空调器的工作状态指示灯和蜂鸣器也受微处理器控制，为用户提供状态指示和控制动作的响应音响。

　　通过图 7-19、图 7-20，我们大体上对空调器各电路的控制关系有了初步的了解。事实上，整个控制过程非常细致、复杂。为了能够更好地理清关系，我们以信号的处理过程作为主线，深入探究各单元电路之间是如何配合工作的。

1 电源电路与其他电路的关系

电源电路是空调器的能量供给电路，它将交流 220V 市电处理后，输出各级直流电压为其他各单元电路或元器件提供工作电压。

图 7-21 为电源电路与其他电路的关系。

图 7-21 电源电路与其他电路的关系

电源电路对交流 220V 电压进行处理后由二次整流滤波电路输出各级直流电压为控制电路、遥控电路供电

变压器

交流 220V 电压经变压器处理后，输出交流低压，送入后级电路

2 控制电路与其他电路的关系

控制电路是由电源电路提供工作电压，并接收显示和遥控电路送来的控制信号，对该信号进行处理后，输出控制信号对相关电路或元器件进行控制。

图 7-22 为控制电路与其他电路的关系。

图 7-22 控制电路与其他电路的关系

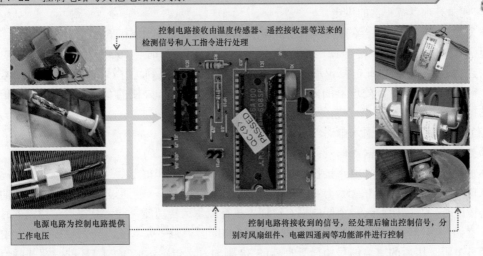

控制电路接收由温度传感器、遥控接收器等送来的检测信号和人工指令进行处理

电源电路为控制电路提供工作电压

控制电路将接收到的信号，经处理后输出控制信号，分别对风扇组件、电磁四通阀等功能部件进行控制

3 遥控电路与其他电路的关系

显示和遥控电路主要是将外界或遥控器送来的人工指令进行处理后，送到控制电路中，间接控制空调器的工作状态。

图 7-23 为显示和遥控电路与其他电路的关系。

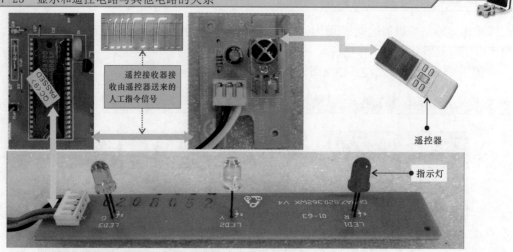

图 7-23　显示和遥控电路与其他电路的关系

遥控接收器接收由遥控器送来的人工指令信号

遥控器

指示灯

104

7.2.2　定频空调器的电路原理

图 7-24 为典型定频空调器电路原理图。该空调器的控制电路采用 CM93C-0057 微处理器为主控芯片。

（1）微处理器的电源电路

交流 220V 市电经变压器 T01 降压、D01 整流和 C2 滤波后得到约 +12V 的直流电压。该电压分为两路输出，一路为继电器供电，另一路经 7805 三端稳压器稳压后，输出 +5V 的稳定电压为微处理器供电。

（2）CPU 的基本电路

● +5V 供电电路。由 7805 三端稳压器输出的 +5V 直流稳定电压送至微处理器的 64 脚（32 脚接地），使微处理器有正常的供电。

● 复位电路。微处理器的复位电压由 20 脚输入，该复位电压由 T600D 电路产生。当 +5V 电压不足于 4.5V 时，T600D 输出低电平；当 +5V 电压高于 4.5V 时，T600D 输出高电平。由于 +5V 电压的建立有个过程，因此，复位端的供电比 +5V 电压滞后，从而使微处理器完成了复位动作。

● 时钟振荡电路。微处理器的内部振荡电路和 18 脚、19 脚外接的石英晶体构成时钟信号发生器，其振荡频率为 6.0MHz，为微处理器提供准确的时钟信号。

（3）微处理器的信号输入电路

微处理器有如下 7 路输入信号：

● 遥控信号。遥控接收电路接收的控制信号经放大、滤波和整形后送至微处理器的 46 脚。

● 应急运行控制输入信号。应急按键 SW 的一端接地，另一端通过 R45 接微处理器的 62 脚。当按动按键时，62 脚便输入一个低电平，空调器执行应急运转功能（通常是在检测空调器时进行）。

● 室温传感器输入信号。室温传感器 ROOM TH 一端接 +5V 电压，另一端接 R31 和 R33，经过这两只电阻分压后的室温信号由微处理器的 38 脚输入。传感器 ROOM TH 的两端并联一个电容 C16，在正常温度下该温度传感器输入端的电压约为 2V。

● 室内管温传感器输入信号。室内管温传感器 PIPE TH 的输出信号经电阻 R30 和 R32 分压后，由微处理器的 37 脚输入，该电压信号反映了室内机盘管的温度。在正常情况下，室内管温传感器输入的电压约为 3V。

● 交流过零检测信号。为了防止晶闸管损坏，在控制时必须让其在交流电的零点附近导通，微处理器必须输入一个体现交流电零点的信号。该信号由 DQ1 等产生，从微处理器的 44 脚输入。

图7-24 典型定频空调器电路原理图

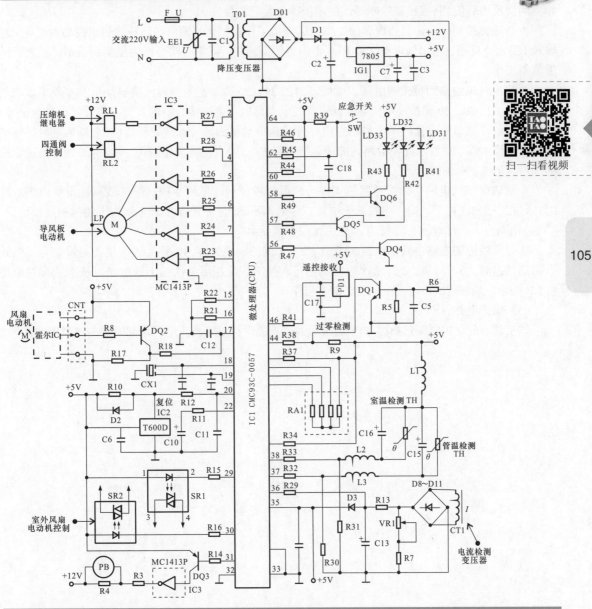

105

● 压缩机过电流信号。为了防止因交流电过电流而损坏空调器，信号输入回路中设有过电流保护电路，由互感器CT1等组成，检测的压缩机过电流信号由微处理器的35脚输入。

● 室内风扇电动机速度检测信号。为了精确控制室内风扇电动机转速，风扇电动机必须给微处理器反馈一个运转速度信号。该信号由室内风扇电动机的霍尔元件产生，经CNT由晶体管DQ2放大后从微处理器的17脚输入。

（4）微处理器的输出控制

● 指示灯控制电路。该电路是由DQ4～DQ6等组成，分别由微处理器的56、57、58脚控制。其中，56脚控制的是电源灯LD31，为绿色；57脚控制的是定时灯LD32，为黄色；58脚控制的是压缩机运行指示灯LD33，为绿色。当微处理器相应的引脚输出高电平时，对应的指示灯发光。

● 蜂鸣器控制电路。蜂鸣器PB与R3、R4、IC3、DQ3及微处理器的31脚构成蜂鸣器控制电路。

在开机和主芯片接收到有效控制信号后输出各种命令的同时，31 脚输出低电平，经 DQ3 和 IC3 反相器两次反相后使 PB 发出蜂鸣叫声，提示操作信号已被接收。

● 压缩机控制电路。微处理器的 2 脚为压缩机工作控制信号输出端，该脚输出的高电平经 R27 输入 IC3，经反相后输出低电平，使 RL1 继电器线圈通电，其触点吸合，为压缩机供电；反之，压缩机不工作。

● 室内外风扇电动机控制电路。微处理器的 29、30 脚分别为室内风扇电动机和室外风扇电动机控制端，当 29、30 脚按设定值输出低电平控制信号时，光电耦合器的发光二极管发出脉冲信号，光电耦合器即按微处理器的指令控制室内、外风扇电动机的运转。微处理器的 17 脚为室内风扇电动机转速检测端，由霍尔元件检测到的转速信号经 DQ2 输入微处理器的 17 脚，从而使微处理器控制室内风扇电动机的转速。

● 四通阀控制电路。微处理器的 4 脚为四通阀控制端，在制冷模式下，该脚输出低电平，经 IC3 反相后输出高电平，RL2 中线圈无电流，四通阀不动作；在制热模式下，与上述控制过程相反，4 脚输出高电平，继电器 RL2 吸合，四通阀因得电而换向。

● 导风板控制电路由微处理器的 5、6、7、8 脚控制导风板的摇摆。当用遥控器设定导风板处于摇摆状态时，5、6、7、8 脚依次输出高电平，经 IC3 反相后依次输出低电平，从而使摇摆电动机 LP 的 4 个线圈依次得电工作，反之则不工作。

（5）保护电路

该空调器的保护电路包括由 CT1 等组成的过电流保护电路及压缩机顶部安装的过载保护器等。

8.1 春兰典型定频空调器电源电路分析

图 8-1 为春兰某型号定频空调器的电源电路原理图，可以看到，该电路主要是由熔断器 FUSE1、过电压保护器 VAR、降压变压器 T1、桥式整流电路 D1 ～ D4、滤波电容器 C2、三端稳压器 IC4（7805）等元器件构成的。

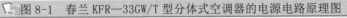

图 8-1 春兰 KFR—33GW/T 型分体式空调器的电源电路原理图

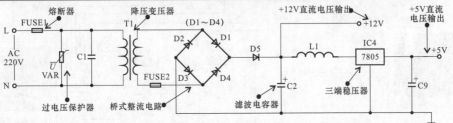

交流 220V 电源经熔断器 FUSE1、过电压保护器 VAR 后，为降压变压器一次绕组供电，变压器降压后，由其二次绕组输出约 11V 的交流低压，该电压经桥式整流电路 D1 ～ D4、整流二极管 D5 和滤波电容 C2 变成约 12V 的直流电压。

12V 的直流电压分为两路，一路直接送往后级电路为需要 12V 电压的器件供电，如继电器线圈、步进电动机等；另一路送入三端稳压器 IC4（7805）的输入端，稳压后输出 +5V 直流电压，为需要 5V 电压的器件供电，如微处理器、遥控接收头、温度传感器、发光二极管等。

｜相关资料｜

在空调器的电气系统中，除了电路板上的一些电子元器件需要直流电压供电外，空调器的压缩机、室内外机风扇电动机等需要 220V 电压直接供电，该电压一般由市电 220V 经室内外机之间的插件后直接送入室外机中，图 8-2 为典型空调器中的交直流电源电路。

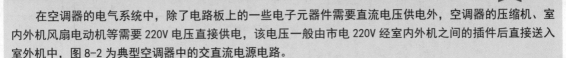

图 8-2 典型空调器中的交直流电源电路

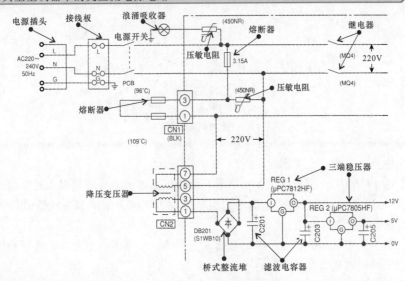

8.2 春兰典型定频空调器控制电路分析

图 8-3 为春兰典型定频空调器的控制电路原理图。

图 8-3 春兰典型空调器控制电路部分的检修示意图

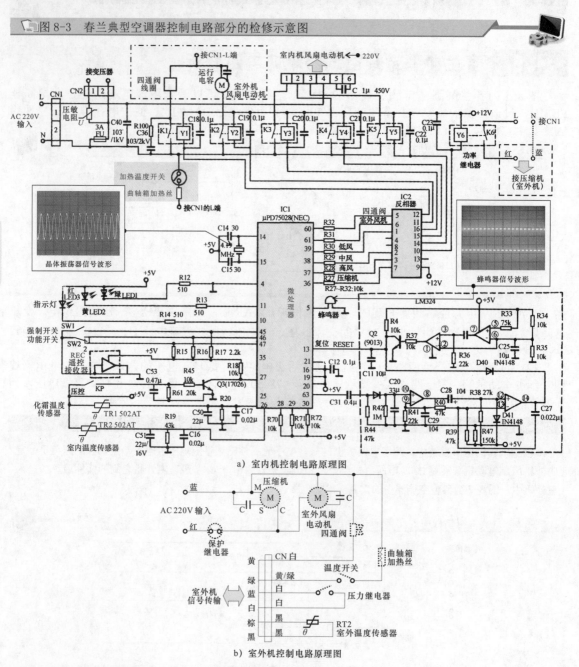

a）室内机控制电路原理图

b）室外机控制电路原理图

● 控制电路中微处理器正常工作时，需要 +5V 的供电电压。

● 微处理器的 14 脚和 15 脚外接晶体振荡器，晶体振荡器为微处理器提供时钟信号波形。

● 微处理器的 39 脚、38 脚和 37 脚输出的信号分别为低风、中风和高风信号，该信号通过反相器驱动相应的继电器对室外机进行控制。

● 遥控接收器主要是用来接收遥控器送来的人工指令，并将该指令送往微处理器中。

● 蜂鸣器主要是用来发出警报或提示音。

- 交流 220V 供电电压送入室内机风扇电动机中，为其提供工作电压，使电动机可以正常运转。
- 在室内机控制电路中安装有多个继电器，主要是用来控制不同功能部件的工作状态。
- 室外机主要是由室内机控制电路对其进行控制，室内机将控制信号通过连接插件送往室外机。室内机通过功率继电器控制室外机风扇电动机和压缩机进行工作。

同时交流 220V 供电为室外机风扇电动机进行供电，使风扇电动机正常工作。

8.3 三星典型定频空调器电源电路分析

图 8-4 为三星典型定频空调器电源电路原理图，可以看到，该电路主要是由熔断器 F701、过电压保护器 VA71、互感滤波器 FT71、降压变压器、桥式整流堆 BD71、整流二极管 D105、滤波电容器 C101、三端稳压器 IC01（KA7812A）、IC02（KA7805A）等元器件构成的。

图 8-4 三星典型定频空调器电源电路原理图

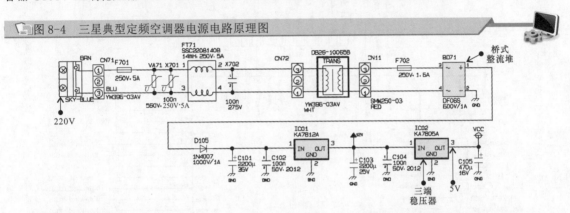

交流 220V 电源经熔断器 F701、过电压保护器 VA71、互感滤波器 FT71 后，经插件送入降压变压器的一次绕组，经变压器降压后，由其二次绕组输出交流低压，该交流低压经桥式整流堆 BD7整流、滤波电容 C101 滤波后送入三端稳压器 IC01（KA7812A）的输入端，经 IC01 稳压后，由其输出端输出 12V 的直流电压。

12V 的直流电压分为两路，一路直接送往后级电路为需要 12V 电压的器件供电，如继电器线圈、步进电动机等；另一路送入三端稳压器 IC02（KA7805A）的输入端，稳压后输出 +5V 直流电压，为需要 5V 电压的器件供电，如微处理器、遥控接收头、温度传感器、发光二极管等。

8.4 三星典型定频空调器控制电路分析

图 8-5 为三星典型定频空调器控制电路原理图。

对于该空调器电源及控制电路部分的检修，重点检测电源部分的输出、控制部分微处理器的相关工作条件及主要的输入和输出信号。

- 交流 220V 经变压器、桥式整流堆、整流二极管和三端稳压器，输出 12V 供电电压，该电压经三端稳压器处理后输出 5V 电压，为微处理器等器件进行供电。
- 微处理器是室内机控制电路中的核心器件，该器件工作时，需要具备三个条件：5V 供电电压、晶振提供的时钟信号、复位信号。若有一个条件不正常，则微处理器不能进入正常的工作状态。
- 在开机瞬间使用万用表检测微处理器的复位信号端，通常有 0 ~ 5V（或 5 ~ 0V）的跳变。
- 微处理器输出的蜂鸣器驱动信号，送入蜂鸣器驱动电路中，由该电路将信号处理后，驱动蜂鸣器发声。

109

● 存储器电路与微处理器相连，主要是用来存储大量的数据，供微处理器进行调用。

● 由遥控器输入的人工指令送入遥控接收器中，若该信号异常，则会造成空调器无法正常接收人工指令的故障，可在按下遥控器按键的同时检测遥控器输出的信号是否正常，若该信号正常，则表明遥控器本身及遥控接收器正常。

📖 图 8-5 三星 EH071EZVAC 型空调器电源及控制电路部分的检修示意图

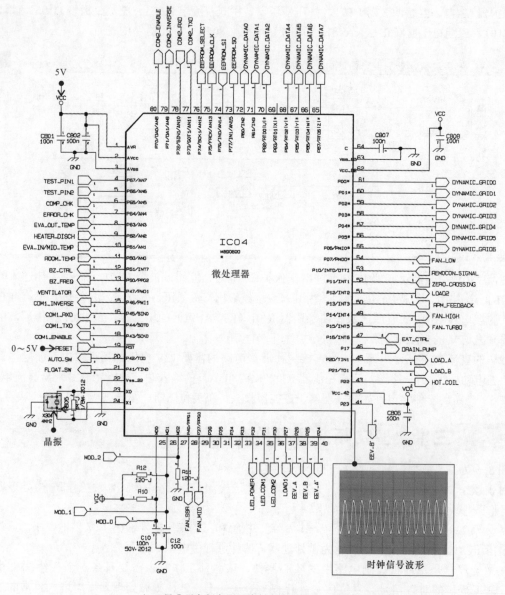

a) 三星典型定频空调器控制电路原理图（微处理器部分）

图 8-5 三星 EH071EZVAC 型空调器电源及控制电路部分的检修示意图（续）

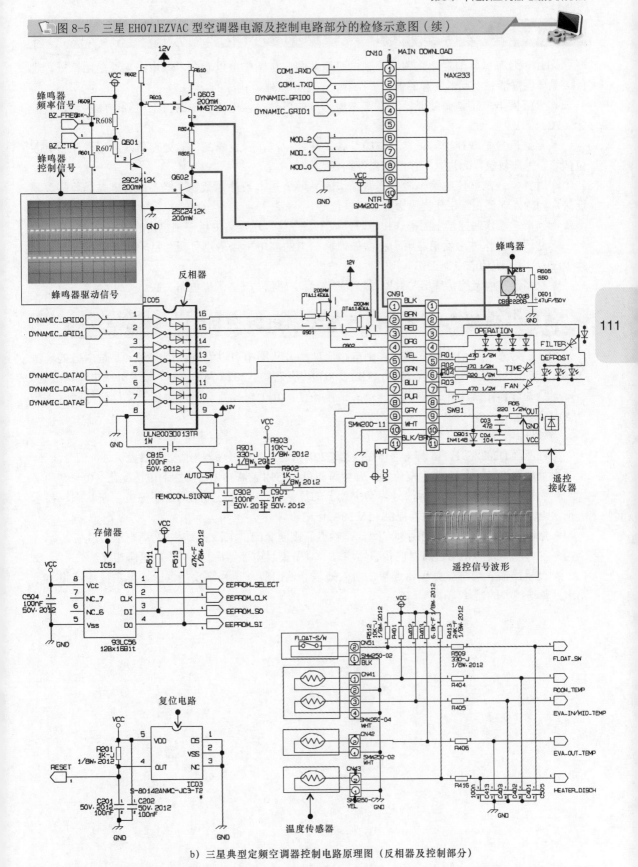

b) 三星典型定频空调器控制电路原理图（反相器及控制部分）

8.5　海尔典型定频空调器控制电路分析

图 8-6 为海尔典型定频空调器控制电路原理图。从图中可以看到，该电路主要是由微处理器 IC、晶体振荡器、反相器、存储器、变压器、三端稳压器等构成的。

● 直流供电电压是微处理器正常工作最基本的条件。该电压由电路板上电源电路提供，一般为 +5V。

● 复位信号是微处理器正常工作的必备条件之一，在开机瞬间，微处理器复位信号端得到复位信号，内部复位，为进入工作状态做好准备。

● 时钟信号是主控电路中微处理器工作的另一个基本条件。微处理器芯片引脚与晶体振荡器连接，为微处理器正常工作提供必需的时钟信号。

● 当用户操作遥控器上的操作按键时，人工指令信号送至室内机控制电路的微处理器中。

● 空调器工作时，反相器用于将微处理器输出的高电平信号进行反相后输出低电平（一般约为 12V），用于驱动继电器工作。

● 空调器室内温度传感器与管路温度传感器经电感器与 5V 供电电路关联。

8.6　海信典型定频空调器控制电路分析

图 8-7 为海信典型定频空调器控制电路原理图。从图中可以看到，该电路主要是由微处理器 D202（R5G0C314DA）、反相器 N206（ULN2003）、存储器 N202（74HC595）以及外围电路构成的。

● 微处理器正常工作需要满足一定的工作条件，其中包括直流供电电压、复位信号和时钟信号等。

微处理器 D202 的 13 脚为 +5V 供电端。

微处理器 D202 的 14、15 脚与晶体振荡器 G201 相连，晶体振荡器为微处理器提供时钟信号波形。

微处理器 D202 的 11 脚为复位端。开始瞬间可用万用表监测该引脚端的电压变化（0 ～ 5V）。

● 由微处理器输出的显示信号驱动空调器的显示板，显示当前空调器的整机工作状态。显示板正常工作时，电源电路应为其提供 +5V 的工作电压。

● 继电器线圈得电后，控制触点闭合；触点侧接通交流供电，应测得 220V 电压值。

● 室内温度传感器与管路温度传感器均有一只引脚经电感器后与 5V 供电电压相连。

● 反相器输入端与微处理器连接，由微处理器输出驱动信号到反相器上，再由反相器将信号输出并驱动相关的器件工作。

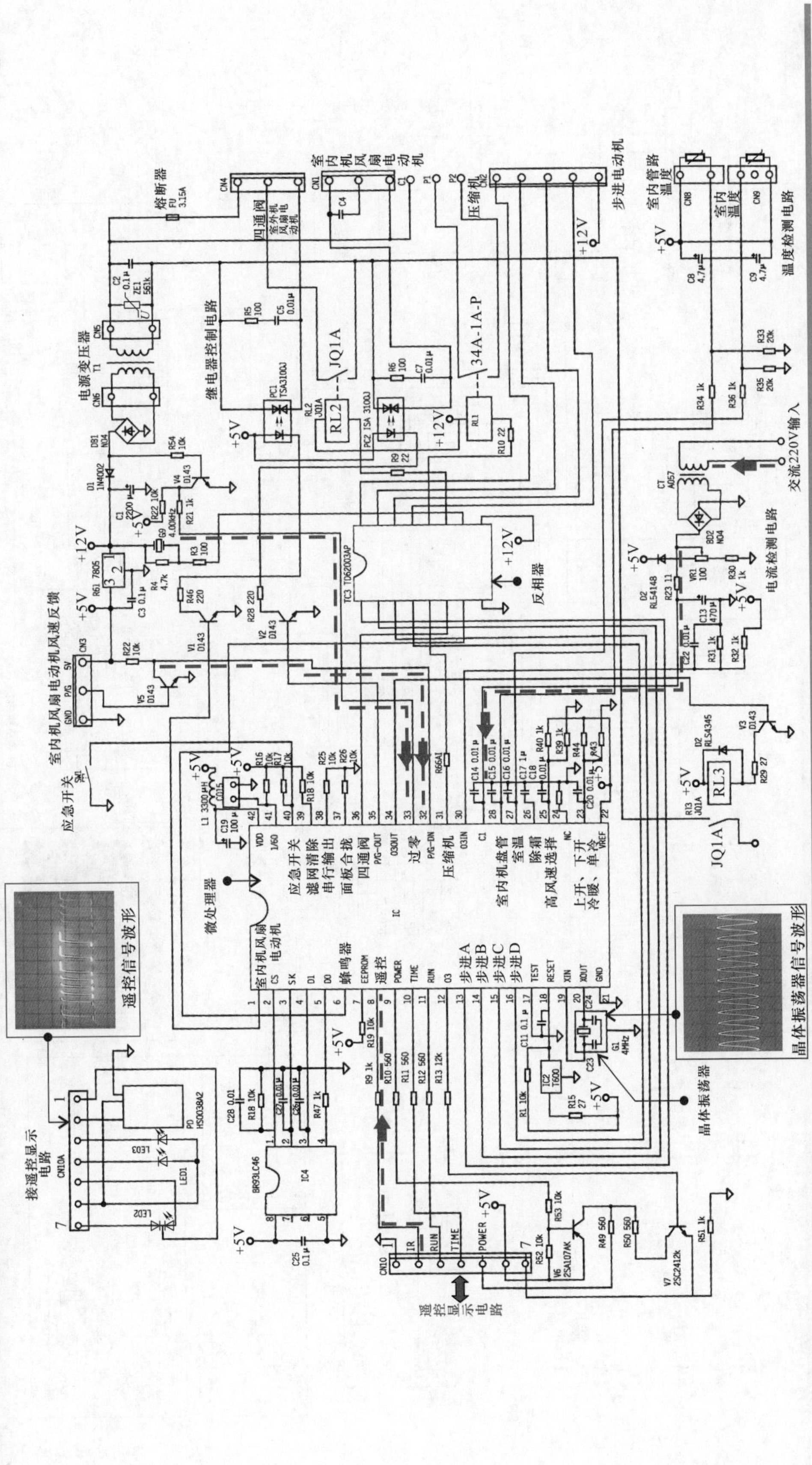

图 8-6　海尔典型定频空调器控制电路原理图

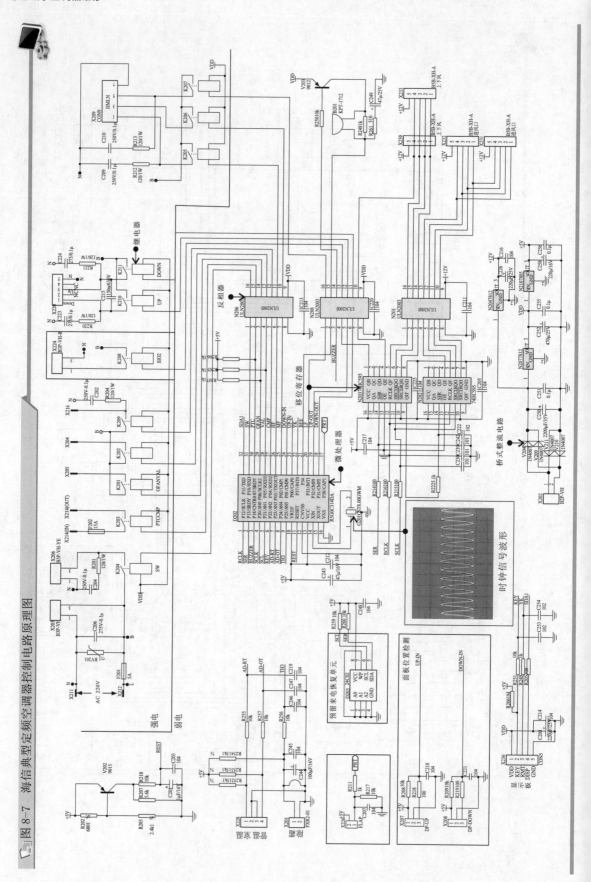

图 8-7 海信典型定频空调器控制电路原理图

第 **9** 章　定频空调器的故障检测

9.1　空调器"制冷效果不良"的故障检测

检测空调器，首先要对空调器的故障特点有所了解。空调器的故障表现主要反映在"制冷效果不良""制热效果不良"和"部分功能异常"三个方面。

9.1.1　空调器"制冷效果不良"的故障表现

"制冷效果不良"的故障主要是指空调器在规定的工作条件下，室内温度不下降或降低不到设定的温度值。这类故障可以细致地划分为 2 种，即"完全不制冷"和"制冷效果差"。

1　"完全不制冷"的故障

空调器"完全不制冷"的典型故障表现为：空调器开机后，选择制冷工作状态，制冷一段时间后，空调器无冷气排出。

| 提示说明 | |

　　空调器不制冷是最为常见的故障之一，空调器出现不制冷的故障原因有很多，也较复杂，多为制冷剂全部泄漏、制冷系统堵塞、压缩机不运转、温度传感器失灵、压缩机控制或供电电路有故障元件等。

　　空调器制冷系统出现泄漏点后，若没能及时维修，制冷剂会全部漏掉，从而引起空调器完全不制冷的故障。

　　制冷剂全部泄漏完的主要表现是，压缩机起动很轻松，蒸发器里听不到液体的流动声和气流声，停机后打开工艺管时无气流喷出。

2　"制冷效果差"的故障

空调器"制冷效果差"的典型故障表现为：空调器能正常运转制冷，但在规定的工作条件下，室内温度降不到设定温度。

| 提示说明 | |

　　空调器制冷效果差也是空调器最为常见的故障之一，空调器出现制冷效果差的故障原因有很多，也较复杂。例如，温度设定不正常、滤尘网堵塞、贯流风扇不运转、温度传感器失灵、压缩机间歇运转、制冷剂泄漏、充注的制冷剂过多、制冷系统中有空气、压缩机效率低、蒸发器管路中有冷冻机油、制冷管路轻微堵塞等都会引起制冷效果差的情况。

9.1.2　空调器"制冷效果不良"的故障检修

1　"完全不制冷"的故障检修方案

空调器出现"完全不制冷"的故障时，首先要确定室内机出风口是否有风送出，然后排除外部电源供电的因素，最后再重点对制冷管路、室内温度传感器、起动电容器、压缩机等进行检查。

图 9-1 为空调器"完全不制冷"故障的基本检修方案。

图9-1 空调器"完全不制冷"故障的基本检修方案

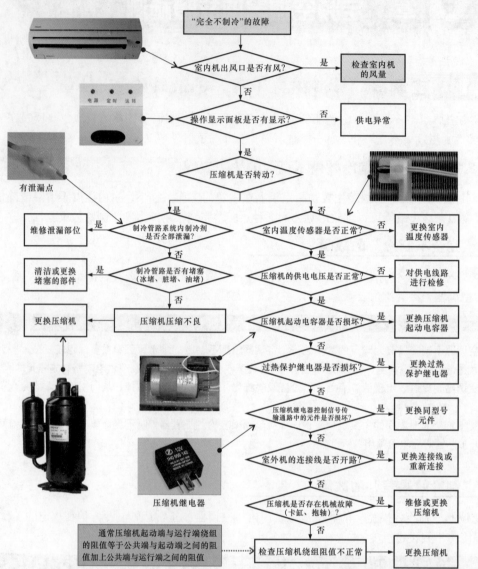

116

制冷管路堵塞主要包含冰堵和脏堵。

冰堵的表现是空调器一会儿制冷一会儿不制冷。刚开始时一切正常，但持续一段时间后，堵塞处开始结霜，蒸发器温度下降，水分在毛细管狭窄处聚集，逐渐将管孔堵死，然后蒸发器处出现融霜，也听不到气流声，吸气压力呈真空状态。需要注意的是，这种现象是间断的，时好时坏。为了及早判断是否出现冰堵，可用热水对堵塞处加热，使堵塞处的冰体融化，片刻后，如听到突然喷出的气流声，吸气压力也随之上升，可证实是冰堵。

脏堵与冰堵的表现有相同之处，即吸气压力高，排气温度低，从蒸发器中听不到气流声。不同之处为，脏堵时经敲击堵塞处（一般为毛细管和干燥过滤器接口处），有时可通过一些制冷剂，有些变化，而对加热无反应，用热毛巾敷时也不能听到制冷剂的流动声，且无周期变化，排除冰堵后即可认为是脏堵所致。

| 提示说明 |

压缩机的机械故障主要表现在抱轴和卡缸两方面。

抱轴大多是由于润滑油不足而引起的，润滑系统油路堵塞或供油中断、润滑油中有污物杂质而使黏性增大等都会导致抱轴。另外，镀铜现象也会造成抱轴。

卡缸是指由于活塞与汽缸之间的配合间隙过小或热胀关系而卡死。

抱轴与卡缸的判断：在空调器通电后，压缩机不起动运转，但是细听时可听到轻微的"嗡嗡"声，过热保护继电器几秒钟后动作，触点断开。如此反复动作，压缩机也不起动。

2 "制冷效果差"的检修方案

空调器出现"制冷效果差"的故障时，首先要排查外部环境因素，然后重点对电源熔断器、室内机风扇组件、室内温度传感器、制冷管路等进行检查。

图 9-2 为空调器"制冷效果差"故障的基本检修方案。

图 9-2 空调器"制冷效果差"故障的基本检修方案

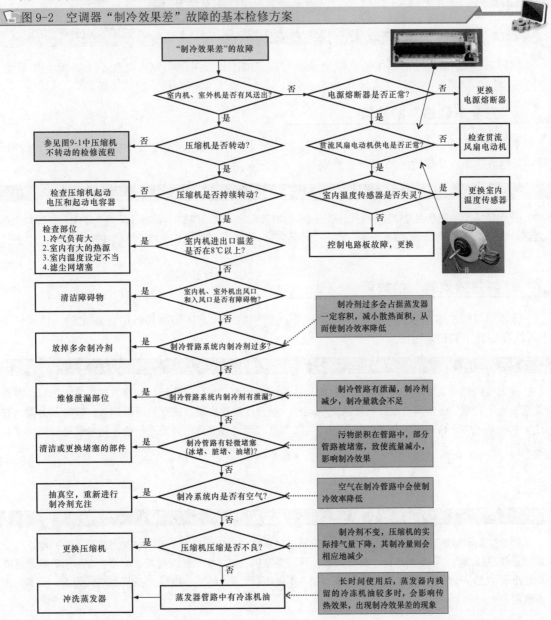

| 相关资料 |

制冷管路中制冷剂存在泄漏的主要表现为吸、排气压力低而排气温度高，排气管路烫手，在毛细管出口处能听到比平时要大的断续的"吱吱"气流声，停机后系统内的平衡压力一般低于相同环境温度所对应的饱和压力。

制冷管路中制冷剂充注过多的主要表现为压缩机的吸、排气压力普遍高于正常压力值，冷凝器温度较高，压缩机电流增大，压缩机吸气管挂霜。

制冷管路中有空气的主要表现为吸气、排气压力升高（不高于额定值），压缩机出口至冷凝器进口处的温度明显升高，气体喷发声断续且明显增大。

制冷管路中有轻微堵塞的主要表现为排气压力偏低，排气温度下降，被堵塞部位的温度比正常温度低。

9.2 空调器"制热效果不良"的故障检测

9.2.1 空调器"制热效果不良"的故障表现

"制热效果不良"的故障主要是指空调器在规定的工作条件下，室内温度不上升或上升不到设定的温度值。这类故障可以细致地划分为2种，即"完全不制热"和"制热效果差"。

1 "完全不制热"的故障

空调器"完全不制热"的典型故障表现为：空调器开机后，选择制热功能后，制热一段时间后，无热风送出，出现这种情况时，为空调器不制热的故障。

| 提示说明 |

空调器完全不制热是冬季空调器出现较频繁的故障现象，其故障原因多为四通阀不换向、制冷剂全部泄漏、制冷系统堵塞、压缩机不运转、温度传感器失灵、压缩机控制或供电电路有故障元件等。

2 "制热效果差"的故障

空调器"制热效果差"的典型故障表现为：空调器能正常运转制热，但在规定的工作条件下，室内温度上升不到设定温度值。

| 提示说明 |

空调器制热效果差也是冬季空调器出现较多的故障现象，其故障原因与制冷效果差基本相似，多为温度设定不正常、滤尘网堵塞、贯流风扇不运转、温度传感器失灵、压缩机间歇运转、制冷剂泄漏、充注的制冷剂过多、制冷系统中有空气、压缩机效率低、蒸发器管路中有冷冻机油、制冷管路轻微堵塞等引起的。

| 相关资料 |

判定空调器制热效果差的故障时，不能凭直觉判断故障，应通过测量室内机的温度差进行判断。将空调器设定在制热状态，待其运行一段时间后，再测量室内机进、出口的温度差，如图9-3所示。如果温度相差小于16℃，说明空调器的制热效果差；如果温度相差大于16℃，即使人体感觉制热效果差，也属于正常现象。

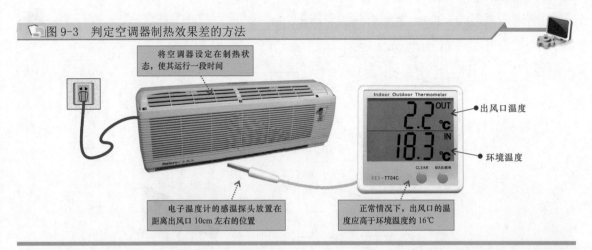

图9-3 判定空调器制热效果差的方法

将空调器设定在制热状态，使其运行一段时间

出风口温度

环境温度

电子温度计的感温探头放置在距离出风口10cm左右的位置

正常情况下，出风口的温度应高于环境温度约16℃

9.2.2 空调器"制热效果不良"的故障检修

1 "完全不制热"的故障检修方案

空调器出现"完全不制热"的故障时，首先应检查室内机出风口是否有风送出，然后排除外部电源供电的因素，确定四通换向阀是否可以正常换向，若正常则可按照"完全不制冷"的检修流程进行检修。

图9-4为空调器"完全不制热"故障的基本检修方案。

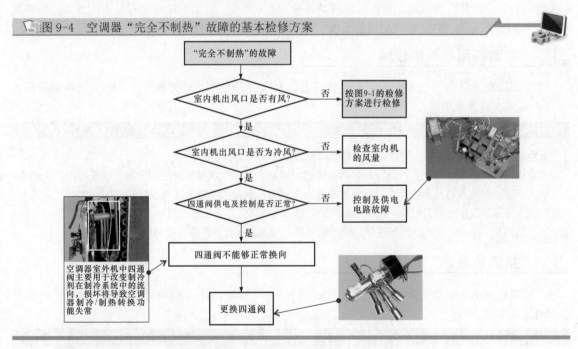

图9-4 空调器"完全不制热"故障的基本检修方案

"完全不制热"的故障

室内机出风口是否有风？ —— 否 —— 按图9-1的检修方案进行检修

是

室内机出风口是否为冷风？ —— 否 —— 检查室内机的风量

是

四通阀供电及控制是否正常？ —— 否 —— 控制及供电电路故障

是

四通阀不能够正常换向

空调器室外机中四通阀主要用于改变制冷剂在制冷系统中的流向，损坏将导致空调器制冷/制热转换功能失常

更换四通阀

2 "制热效果差"的故障检修方案

空调器出现"制热效果差"的故障时，应先检查室内机出风口是否有风，然后重点对四通阀、单向阀等进行检修，若均正常，便可按照制冷效果差的检修方案进行检修。

图9-5为空调器"制热效果差"故障的基本检修方案。

119

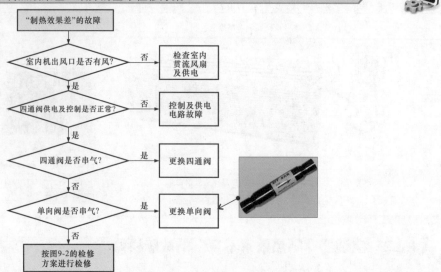

图9-5 空调器"制热效果差"故障的基本检修方案

9.3 空调器"部分工作异常"的故障检测

9.3.1 空调器"部分工作异常"的故障表现

"部分功能异常"的故障主要是指空调器制冷／制热正常，但工作过程中有异常的现象，这类故障可以细致地划分为4种，即"空调器漏水""空调器漏电""振动及噪声过大"和"压缩机不停机"。

1 "空调器漏水"的故障

"空调器漏水"的典型故障表现为：空调器起动工作后，制冷／制热正常，但空调器室内机或室外机箱体下有滴水情况。

| 提示说明 |

空调器漏水的故障主要有室外机漏水和室内机漏水两种情况。

其中，室外机漏水多为进行除湿操作时产生的冷凝水，并非空调器本身出现故障。除湿操作产生的冷凝水，一部分在室外机风扇的作用下直接在冷凝器上蒸发，剩余的冷凝水从排水软管流出，但有时在风扇扇叶的作用下冷凝水会喷溅出来，积聚在室外机内壁上，滴落流出，便形成漏水。

而室内机漏水多为室内机固定不平、排水管破裂、接水盘破裂或脏堵所引起的。

2 "空调器漏电"的故障

"空调器漏电"的典型故障表现为：空调器起动工作后，制冷／制热正常，但空调器室内机外壳带电，有漏电现象。

| 提示说明 |

由于空调器老化、使用环境过于潮湿或电路故障，漏电情况也是有所发生的，通常可从轻微漏电和严重漏电两方面分析空调器产生漏电的原因。

轻微漏电通常是由于空调器受潮使电气绝缘性能降低所引起的，此时手触摸金属部位时会有发麻的感觉，用试电笔检查时会有亮光。

严重漏电通常是由于空调器电气故障或用户自己安装插头时接线错误而使空调器外壳带电，此现象十分危险，不可用手触摸金属部位，使用试电笔测试时会有强光。

3 "振动及噪声过大"的故障

空调器"振动及噪声过大"的典型故障表现为：空调器启动工作时产生的振动及噪声过大。

空调器振动及噪声过大的故障原因多为安装不当、空调器内部元件松动、空调器内有异物、电动机轴承磨损、压缩机抱轴、卡缸等引起的。

4 "压缩机不停机"的故障

空调器"压缩机不停机"的典型故障表现为：空调器运行时，压缩机有时会出现连续运转、不停机的现象。

| 提示说明 |

空调器工作过程中，出现压缩机不停机的故障多是由于温度环境条件调整不当、温度传感器失灵、制冷量减小、风扇失灵等引起的。

◆ 空调器的温度设置过低或环境条件调整不当，如门窗开启或有持续性热源存在等，将造成空调器总无法达到设定的温度，进而使压缩机不停机。

◆ 温度传感器失灵，会使压缩机持续运转，出现不停机的故障。

◆ 在制冷系统中，制冷剂渗漏和系统堵塞等都会直接影响空调器的制冷量，制冷量减少时，蒸发器的温度达不到额定值，导致温度传感器不工作，进而使压缩机出现不停机故障。

◆ 室外风扇不转或转速不够，使得空气的流通性变差，从而使制冷剂冷凝或蒸发受到影响。

9.3.2 空调器"部分工作异常"的故障检修

1 "空调器漏水"的故障检修方案

空调器出现"漏水"的故障时，应先确定是否为室内机漏水，若室内机漏水，应首先检查室内机的固定是否不平，然后对其室内机排水管、接水盘进行检修，排除故障。

图9-6为"空调器漏水"故障的基本检修方案。

图9-6 "空调器漏水"故障的基本检修方案

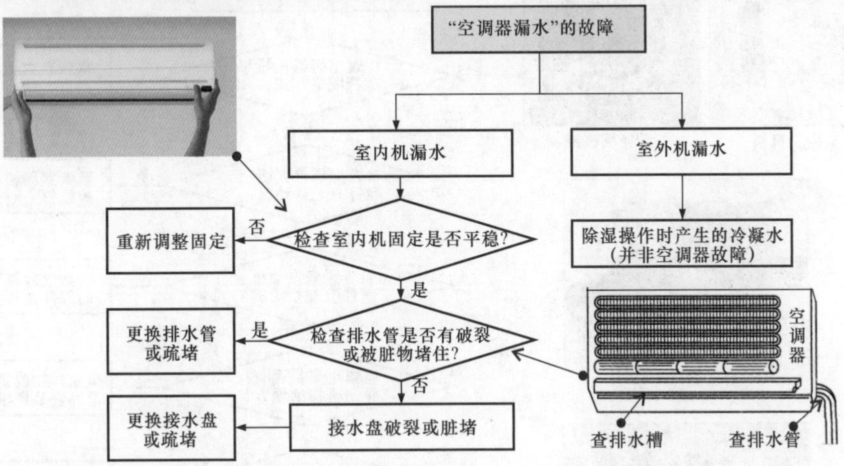

2 "空调器漏电"的故障检修方案

空调器出现"漏电"的故障时，应重点对外壳接地、电气绝缘情况以及电容器是否漏电进行检修。

图 9-7 为"空调器漏电"故障的基本检修方案。

图 9-7 "空调器漏电"故障的基本检修方案

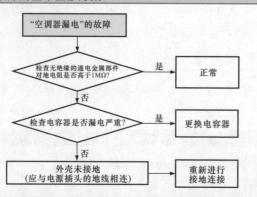

| 相关资料 |

　　空调器出现漏电的情况，检查空调器中无绝缘的通电金属部件对地电阻是否高于 1MΩ。如果通电金属部件的对地电阻高于 1MΩ，则空调器可安全使用；如果通电金属部件的对地电阻低于 1MΩ，需检查空调器电气线路每一段的绝缘电阻是否正常。如电气线路的某段不正常，找出漏电部件，使用同型号的部件更换即可；如果电气线路的绝缘电路都正常，则漏电可能是由静电充电引起的，并非空调器本身故障，可对空调器外壳接地排除漏电故障。

3　"振动及噪声过大"的故障检修方案

　　空调器出现"振动及噪声过大"的故障时，应先查看空调器的机架是否固定牢固，然后再重点对空调器外壳的固定螺钉、内部的风扇以及压缩机等进行检查，从而查找到发生故障的部位。

　　图 9-8 为空调器"振动及噪声过大"故障的基本检修方案。

图 9-8　空调器"振动及噪声过大"故障的基本检修方案

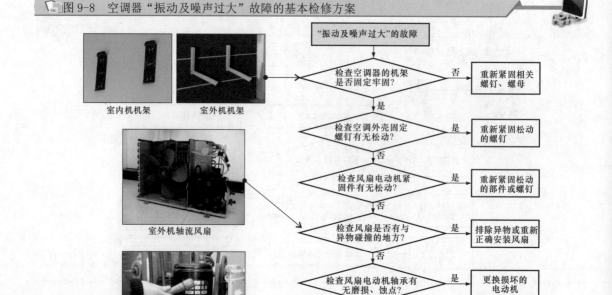

4 "压缩机不停机"的故障检修方案

空调器出现"压缩机不停机"的故障时，应先排除温度设置不当的因素，然后重点对温度传感器、制冷管路以及风扇等进行检查，从而查找出引起压缩机不停机的故障原因。

图9-9为空调器"压缩机不停机"故障的基本检修方案。

图9-9 空调器"压缩机不停机"故障的基本检修方案

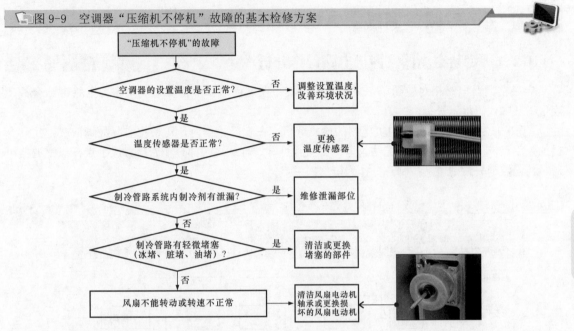

10.1 定频空调器室内机电路维修

10.1.1 定频空调器室内机电路检修分析

定频空调器电路相对较简单，大部分电路集中在室内机中，检修该类空调器电路可结合故障表现、故障代码提示进行。

图 10-1 为定频空调器室内机电路的检修分析。在实际检修时，可根据实际故障情况，找到合适的入手点，比如，当空调器无法通电、无法开机时，可从电源部分作为检修入手点；当空调器可通电，但控制失常则可从控制部分作为检修入手点。

📐 图 10-1 定频空调器室内机电路的检修分析

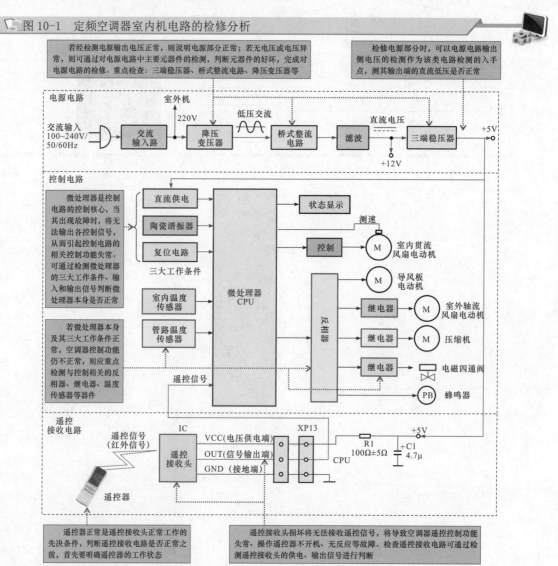

10.1.2 定频空调器室内机电路检修方法

对室内机电路进行检修时，可按照检修分析进行逐步检测，对损坏的元器件或部件进行更换，即可完成对室内机电路的检修。

1 电源电路输出电压的检测方法

对电源电路进行检修时，通常将电路最终输出端电压的检测作为检测的入手点，并通过对输出端电压的检测结果，划定故障电路的大致范围。例如，若检测电源电路输出端电压正常，则说明电源电路工作正常，可将故障划定在电源电路以外的范围内；若无电压输出，则多为电源电路或电源电路的负载部分异常。

定频空调器电源电路输出端电压的检测方法如图 10-2 所示。

图 10-2 空调器电源电路输出端电压的检测方法

将万用表的量程调整至" 直流 10V"电压档，黑表笔搭在接地端，红表笔搭在 +5V 输出端（输出端滤波电容两端即可）。

在正常情况下，万用表应测得电源电路输出的低压直流为 +5V。

│ 特别提示 │

根据电路原理可知，空调器电源电路的直流供电部分包括 +12V 电压输出和 +5V 电压输出两部分，其检测方法相同。

如果检测电源电路输出电路为 0V，可能有两种情况：一是电源电路损坏导致无供电输出；二是直流供电线路的负载有短路故障，导致电源输出直流电压对地短路，此时测量数值也为 0V。区分这两种情况可通过检测电源电路直流电压输出端元器件的对地阻值进行判断。

例如，若测得 +5V 输出电压为 0V，可首先断开电源供电，然后用万用表的欧姆档检测 5V 对地阻值。

若检测结果有一定阻值，说明 5V 电压负载基本正常，应对电源电路中的 7805 及前级相关元器件进行检测；若检测阻值为 0Ω，说明 5V 电压的负载器件有短路故障。

在空调器中，5V 输出电压主要供给微处理器、遥控接收头、温度传感器、发光二极管、室内贯流风扇电动机的霍尔元件等，可逐一断开这些负载的供电端，如焊开微处理器的电源引脚、拔下遥控接收电路接口插件、温度传感器接口插件、显示电路板接口插件、室内贯流风扇电动机的霍尔元件插件等。每断开一个元器件，检测一次 5V 对地阻值，若断开后阻值仍为 0Ω，说明该负载正常；若断开后，阻值恢复正常，则说明该元器件存在短路故障。

2 三端稳压器的检测方法

若经检测，电源电路输出电压为 0V，且排除负载短路故障后，应顺电源供电电路的信号流程逐一对电源电路的主要元器件进行检测，首当其冲的即为三端稳压器。

根据功能特点，三端稳压器用于将 +12V 直流电压稳压为 +5V 直流电压，若该器件损坏，将导致电源电路无 5V 电压输出，相应地，需要 5V 供电的所有元器件将不能正常工作。

检测三端稳压器是否正常，通常可用万用表的电压挡检测其输入和输出端的电压值，若输入电压正常，无输出，则说明三端稳压器损坏，应用同型号器件进行更换。

三端稳压器的检测方法如图 10-3 所示。

📺 图 10-3　三端稳压器的检测方法

将万用表的量程调整至"直流 50V"电压挡，黑表笔搭在接地端，红表笔搭在三端稳压器输入端引脚上。在正常情况下，万用表应可测得三端稳压器输入端有 +12V 左右的直流电压。

将万用表的量程调整至"直流 10V"电压挡，黑表笔搭在接地端，红表笔搭在三端稳压器输出端引脚上。在正常情况下，万用表应可测得三端稳压器有 +5V 直流电压。

若检测三端稳压器的输入电压正常，输出端无电压则说明三端稳压器损坏；若输入端无电压应顺信号流程检测前级元器件（如桥式整流电路）。

3　桥式整流电路的检测方法

桥式整流电路是空调器电源电路中的重要器件，若该器件损坏将导致电源电路无任何输出。

判断桥式整流电路是否正常，也可用万用表分别检测其交流输入端电压和直流输出端电压，若输入正常，无输出或输出电压异常，则说明桥式整流电路损坏。

桥式整流电路的检测方法如图 10-4 所示。

📺 图 10-4　桥式整流电路的检测方法

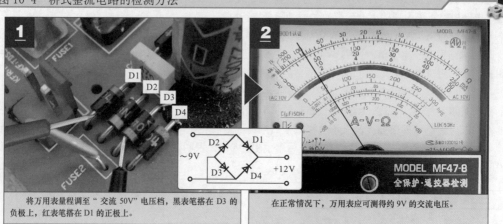

将万用表量程调至"交流 50V"电压挡，黑表笔搭在 D3 的负极上，红表笔搭在 D1 的正极上。

在正常情况下，万用表应可测得约 9V 的交流电压。

a）检测桥式整流电路交流输入侧电压值

图 10-4 桥式整流电路的检测方法（续）

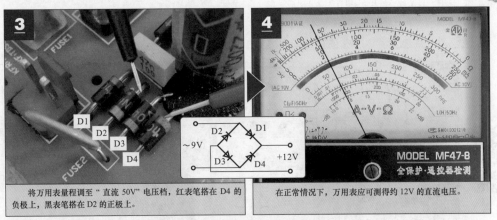

将万用表量程调至"直流 50V"电压档，红表笔搭在 D4 的负极上，黑表笔搭在 D2 的正极上。

在正常情况下，万用表应可测得约 12V 的直流电压。

b）检测桥式整流电路直流输出侧电压值

| 相关资料 |

除了使用电压检测法对桥式整流电路进行检测外，还可使用电阻检测法判断桥式整流电路的好坏。电阻检测法是指分别对桥式整流电路中的 4 只整流二极管的正反向阻值进行检测，正常情况下应满足正向导通、反向截止的特性，如图 10-5 所示。

图 10-5 电阻法检测桥式整流电路的好坏（以整流二极管 D4 为例）

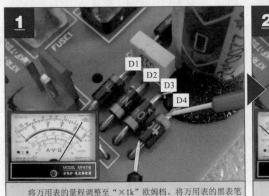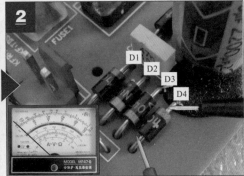

将万用表的量程调整至"×1k"欧姆档。将万用表的黑表笔搭在整流二极管的正极，将红表笔搭在整流二极管的负极。正常时，可检测到 3kΩ 左右的阻值。

保持万用表的档位不变，检测其反向阻值，即将万用表的红表笔搭在整流二极管的正极，黑表笔笔搭在整流二极管的负极。在正常情况下，可检测到其阻值为无穷大。

| 提示 |

需要注意的是，由于是在路检测，因此阻值的大小可能会受周围元器件的影响，一般可将桥式整流电路焊下再进行检测，或使用数字万用表的二极管档检测整流二极管正向导通电压的方法进行判断。

4 降压变压器的检测方法

降压变压器是空调器电源电路中实现电压高低变换的器件，若该器件异常，将导致电源电路无输出，空调器不工作。

检测降压变压器时，多采用万用表欧姆档测一、二次绕组端阻值的方法判断好坏。正常情况下，降压变压器的一次绕组和二次绕组应均有一定阻值，若出现阻值无穷大或阻值为 0 的情况，均表明降压变压器损坏。

降压变压器的检测方法如图 10-6 所示。

图 10-6　降压变压器的检测方法

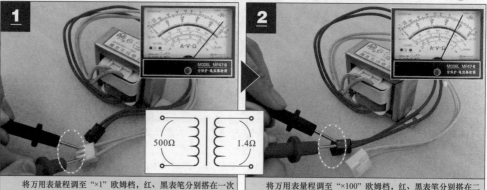

扫一扫看视频

| 将万用表量程调至"×1"欧姆档，红、黑表笔分别搭在一次绕组引出线的两个触点上。在正常情况下，测得阻值为 1.4Ω。 | 将万用表量程调至"×100"欧姆档，红、黑表笔分别搭在二次绕组引出线的两个触点上。在正常情况下，测得阻值为 500Ω。 |

128

┃相关资料┃

　　对降压变压器进行检测时，除了采用万用表测一次绕组和二次绕组阻值的方法判断好坏外，也可用万用表测其一、二次交流电压的方法判断好坏，正常情况下，其一次绕组应有约 220V 交流高压，二次绕组应为 11V 左右交流低压，检测方法与前面三端稳压器、桥式整流堆的检测方法相同，需要注意的是，检测 220V 交流高压时人身不要碰触与 220V 交流电压相关的任何器件或触点，确保人身安全。

┃特别提示┃

　　在检修电源电路时，除了对上述主要检测点和关键元器件检测外，还需对电路中的熔断器、滤波电容、过电压保护器的检查和测试，这些元器件的检查测试方法比较简单，这里不再一一介绍。

5　微处理器的检测方法

　　微处理器是空调器中的核心部件，若该部件损坏，将直接导致空调器不工作、控制功能失常等。

　　一般对微处理器的检测包括三个方面，即检测工作条件、检测输入和输出信号。检测结果的判断依据为：在工作条件均正常的前提下，输入信号正常，而无输出或输出信号异常，则说明微处理器本身损坏。

　　对微处理器进行检测时，首先要弄清楚待测微处理器各引脚的功能，找到相关参数值对应的引脚号进行检测，这里我们以典型定频空调器主控电路中的微处理器 IC1（M38503M4H-608SP）为例，介绍其基本的检测方法。

　　（1）微处理器工作条件的检测方法

　　微处理器正常工作需要满足一定的工作条件，其中包括直流供电电压、复位信号和时钟信号等，图 10-7 为微处理器 IC1（M38503M4H-608SP）工作条件相关引脚检测点。当怀疑空调器控制功能异常时，可首先对微处理器这些引脚的参数进行检测，判断微处理器的工作条件是否满足需求。

　　1）微处理器供电电压的检测方法。

　　直流供电电压是微处理器正常工作最基本的条件。若经检测，微处理器的直流供电电压正常，则表明前级供电电路部分正常，应进一步检测微处理器的其他工作条件；若经检测，无直流供电或直流供电异常，则应对前级供电电路中的相关部件进行检查（参见第 6 章），排除故障。

　　微处理器 IC1（M38503M4H-608SP）供电电压的检测方法如图 10-8 所示。

图 10-7　微处理器 IC1（M38503M4H-608SP）工作条件相关引脚检测点

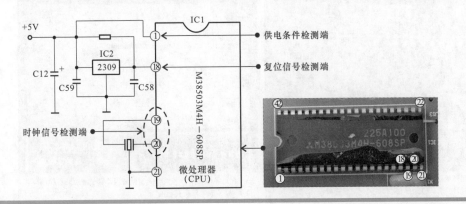

扫一扫看视频

图 10-8　微处理器供电电压的检测方法

将万用表的量程旋钮调至"直流 10V"电压档，将黑表笔搭在 21 脚（接地端），红表笔搭在 1 脚（供电端）。

实测微处理器供电端的电压约为 5V。

| 特别提示 |

　　若实测微处理器的供电引脚的电压值为 0V（正常应为 5V），可能存在两种情况：一种是电源电路异常，一种是 5V 供电线路的负载部分存在短路故障。

　　电源电路异常应对电源部分进行检测，如检测三端稳压器等；若电源部分正常，可检测 5V 电压的对地阻值是否正常，即检测电源电路中三端稳压器 5V 输出端引脚的对地阻值。

　　若三端稳压器 5V 输出端引脚对地阻值为 0Ω，说明 5V 供电线路的负载部分存在短路故障，可逐一对 5V 供电线路上的负载进行检查，如微处理器、贯流风扇电动机霍尔元件接口、遥控接收头、传感器、发光二极管等，其中以微处理器、贯流风扇电动机霍尔元件接口、遥控接收头损坏较为常见。

　　2）微处理器复位信号的检测方法。

　　复位信号是微处理器正常工作的必备条件之一，在开机瞬间，微处理器复位信号端得到复位信号，内部复位，为进入工作状态做好准备。若经检测，开机瞬间微处理器复位端复位信号正常，应进一步检测微处理器的其他工作条件；若经检测无复位信号，则多为复位电路部分存在异常，应对复位电路中的各元器件进行检测，排除故障。

　　微处理器 IC1（M38503M4H-608SP）复位信号的检测方法如图 10-9 所示。

📖图 10-9　微处理器复位信号的检测方法

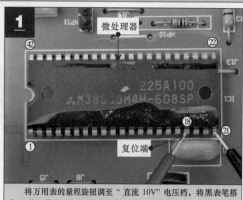

将万用表的量程旋钮调至"直流 10V"电压档，将黑表笔搭在 21 脚（接地端），红表笔搭在 18 脚（复位端）。

在正常情况下，开机瞬间在微处理器复位端应能够检测到 0～5V 的电压跳变。

│ 特别提示 │

空调器主控电路中的复位电路通常由复位集成电路和外围的电容器、电阻器等构成。由于复位集成电路、电容器损坏后，很难用万用表直接检测得到结果，因此判断复位电路是否正常，可通过排除法进行。

当怀疑复位集成电路损坏时，可首先将该集成电路取下，然后通电试机，如果此时主控电路能够正常复位（复位电路中取下复位集成电路后的其他外围元器件仍可使微处理器复位），则说明复位集成电路损坏；否则多为复位集成电路外围元器件或微处理器损坏。

若微处理器的复位电路正常，但微处理器仍不能正常复位，可能是微处理器内部的复位功能异常。此时，可将微处理器外接的复位电路元器件全部取下，然后通电开机，用导线短接一下微处理器复位引脚和接地端，如果此时空调器能够接收遥控信号，则说明微处理器内部正常，否则说明微处理器内部损坏。

3）微处理器时钟信号的检测。

时钟信号是主控电路中微处理器工作的另一个基本条件，若该信号异常，将引起微处理器出现不工作或控制功能错乱等现象。一般可用示波器检测微处理器时钟信号端信号波形或陶瓷谐振器引脚的信号波形进行判断。

图 10-10 为微处理器 IC1（M38503M4H-608SP）时钟信号的检测方法。

📖图 10-10　微处理器时钟信号的检测方法

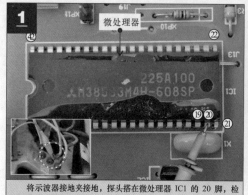

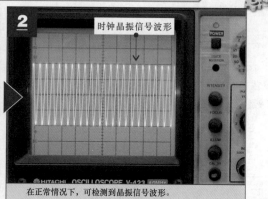

将示波器接地夹接地，探头搭在微处理器 IC1 的 20 脚，检测时钟晶振信号波形。

在正常情况下，可检测到晶振信号波形。

若时钟信号异常，可能为陶瓷谐振器损坏，也可能为微处理器内部振荡电路部分损坏，可进一步用万用表检测陶瓷谐振器引脚阻值的方法判断其好坏，如图 10-11 所示。正常情况下，陶瓷谐振器两端之间的电阻应为无穷大。

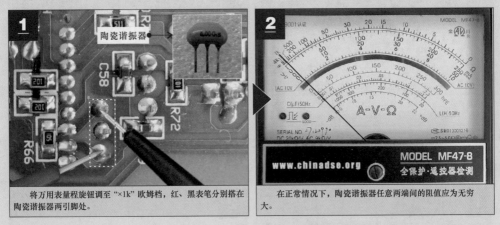

| 将万用表量程旋钮调至 "×1k" 欧姆档，红、黑表笔分别搭在陶瓷谐振器两引脚处。 | 在正常情况下，陶瓷谐振器任意两端间的阻值应为无穷大。 |

图 10-11　陶瓷谐振器的检测方法

若陶瓷谐振器损坏，应注意选用相同频率的陶瓷谐振器进行更换，否则可能会造成空调器无法接收遥控信号的故障。

若微处理器的供电、时钟、复位三大工作条件均正常，则接下来可分别对其输入端信号和输出端信号进行检测。

（2）微处理器输入端信号的检测方法

空调器主控电路正常工作需要向主控电路输入相应的控制信号，其中包括遥控指令信号和温度检测信号。

若控制电路输入信号正常，且工作条件也正常，而无任何输出，则说明微处理器本身损坏，需要进行更换；若输入控制信号正常，而某一项控制功能失常，即某一路控制信号输出异常，则多为微处理器相关引脚外围元器件（如继电器、反相器等）失常，找到并更换损坏元器件即可排除故障。

1）微处理器输入端遥控信号的检测。

当用户操作遥控器上的操作按键时，人工指令信号送至室内机控制电路的微处理器中。当输入人工指令无效时，可检测微处理器遥控信号输入端信号是否正常。若无遥控信号输入，则说明前级遥控接收电路出现故障，应对遥控接收电路进行检查（见第 7 章）。

图 10-12 为微处理器 IC1（M38503M4H-608SP）7 脚遥控信号的检测方法。

2）微处理器输入端温度传感器信号的检测。

温度传感器也是空调器主控电路中的重要器件，用于为其提供正常的室内环境温度和管路温度信号，若该传感器失常，则可能导致空调器自动控温功能失常、显示故障代码等情况。

（3）微处理器输出端信号的检测方法

当怀疑空调器主控电路出现故障时，也可先对主控电路输出的控制信号进行检测，若输出的控制信号正常，表明主控电路可以正常工作；若无控制信号输出或输出的控制信号不正常，则表明主控电路损坏或没有进入工作状态，在输入信号和工作条件均正常的前提下，多为微处理器本身损坏，应用同型号芯片进行更换。

图 10-13 为空调器主控电路输出控制信号的检测方法（以贯流风扇电动机驱动信号为例）。

图 10-12 微处理器遥控信号的检测方法

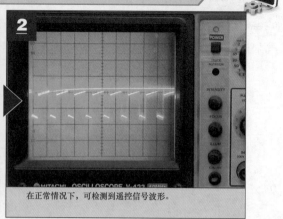

在操作遥控的同时，将示波器的接地夹接地，将探头搭在 IC1 的遥控信号输入引脚上（7 脚）。

在正常情况下，可检测到遥控信号波形。

图 10-13 空调器主控电路输出控制信号的检测方法

将万用表量程调至 "直流 10V" 电压档，黑表笔搭在室内机微处理器的接地端（21 脚），红表笔搭在室内机微处理器的导风板电动机驱动信号输出端（5 脚）。

在正常情况下，测得微处理器输出到贯流风扇电动机驱动脉冲平均电压值为 4.8V。

| 特别提示 |

　　空调器主控电路中，微处理器的好坏除了按照上述方法一步一步检测和判断外，还可根据空调器加电后的反应进行判断。

　　正常情况下，若微处理器的供电、复位和时钟信号均正常，接通空调器电源遥控开始时，室内机的导风板会立即关闭；若取下温度传感器（即温度传感器处于开路状态），空调器应显示相应的故障代码；操作遥控器按键进行参数设定时，应能听到空调器接收到遥控信号的声响；操作应急开关能够开机或关机。若上述功能均失常，则可判断 CPU 损坏。

6 反相器的检测方法

　　反相器是空调器中各种功能部件继电器的驱动电路部分，若该器件损坏将直接导致空调器相关的功能部件失常，如常见的室外机风扇电动机不运行、压缩机不运行等。

　　对反相器进行检测之前，首先要弄清楚反相器各引脚的功能，即找准输入和输出端引脚，然后用万用表的电压档检测反相器输入、输出端引脚的电压值，根据检测结果判断反相器的好坏。

　　图 10-14 为反相器检测方法。

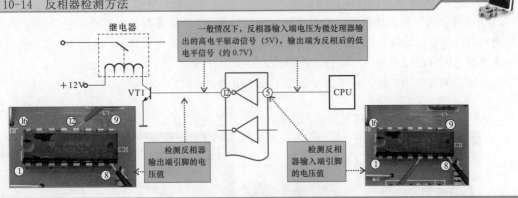

图 10-14　反相器检测方法

空调器工作时，反相器用于将微处理器输出的高电平信号进行反相后输出低电平（一般约为0.7V），用于驱动继电器工作。因此，可先用万用表的直流电压挡对反相器输出端的电压进行检测，若输出端电压为低电平（约为0.7V），说明反相器工作正常；若反相器无输出或输出异常，则可继续对其输入端电压进行检测。

可用万用表检测反相器相应输入端引脚上的电压值。若输入端电压正常（一般为5V），则说明CPU输出驱动信号正常，此状态下反相器无输出，则多为反相器损坏，应用同型号反相器芯片进行更换。

正常情况下，在反相器输入端引脚上应测得约5V的直流电压，若输入端无电压，则多为微处理器无驱动信号输出，应对微处理器部分进行检测。

┃提示说明┃

根据维修经验，正常情况下，反相器的输入端引脚上应加有微处理器送入的驱动信号，电压值一般为5V或0V，经反相器反相后，在反相器输出端输出低电平信号，一般为0.7V或高电平5V。若输入正常、输出不正常，则多为反相器本身损坏。

如果反相器供电正常，任何一个反相器都应有一个规律，即输入与输出相反。输入低电平，输出则为高电平；输入为高电平，输出则为低电平。

7　温度传感器的检测方法

在空调器中，温度传感器是不可缺少的控制器件，如果温度传感器损坏或异常，通常会引起空调器不工作、空调器室外机不运行等故障，因此掌握温度传感器的检修方法是十分必要的。

检测温度传感器通常有两种方法：一种是在路检测温度传感器供电端信号和输出电压（送入微处理器的电压）；一种是开路状态下，检测不同温度环境下的电阻值。

（1）在路检测温度传感器相关电压值

将室内机中的电路板从其电路板支架中取出，然后连接好各种组件，接通电源，在路状态下，对空调器中的温度传感器进行检测。

检测前，应先弄清楚温度传感器与其他元器件之间的关系，分析或找准正常情况下相关的电压值，然后再进行检测，根据检测结果判断好坏。

在正常情况下，室内温度传感器与管路温度传感器均有一只引脚经电感器后与5V供电电压相连，因此正常情况下，两只温度传感器的供电端电压应为5V，否则应判断电感器是否开路故障。

另外一只引脚连接在电阻器分压电路的分压点上，并将该电压送入微处理器中，正常情况下，室内环境温度传感器送给微处理器的电压应为2V左右，管路温度传感器送给微处理器的电压值应为3V左右，温度变化，其电压也变化，其范围为0.55～4.5V，否则说明温度传感器异常。

1）温度传感器供电电压的检测方法。

空调器室内温度传感器和管路温度传感器经电感器与5V供电电路关联，正常情况下，可用万用表的直流电压挡对该端电压进行检测。若电压正常，说明温度传感器供电正常；若无电压，则检测电感器是否开路或电源供电部分是否异常。

温度传感器供电电压的检测方法如图10-15所示。

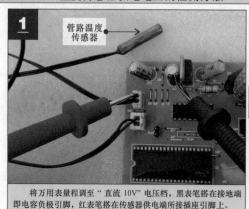

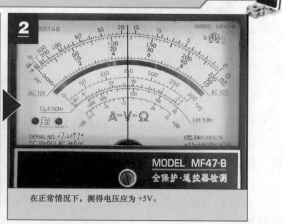

将万用表量程调至"直流10V"电压档，黑表笔搭在接地端即电容负极引脚，红表笔搭在传感器供电端所接插座引脚上。

在正常情况下，测得电压应为 +5V。

2）温度传感器送入微处理器的电压信号的检测方法。

温度传感器工作时，将温度的变化信号转换为电信号，经插座、电阻器后送入微处理器的相关引脚中，可用万用表的直流电压档检测传感器插座上送入微处理引脚端的电压值，正常情况下，应可测得 2 ～ 3V 电压值。

温度传感器送入微处理器的电压信号的检测方法如图10-16所示。

图10-16　温度传感器送入微处理器的电压信号的检测方法

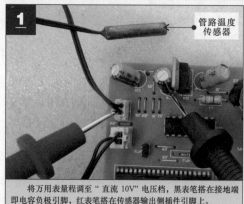

将万用表量程调至"直流10V"电压档，黑表笔搭在接地端即电容负极引脚，红表笔搭在传感器输出侧插件引脚上。

在正常情况下，检测其电压为 2.7V。

| 特别提示 |

若温度传感器的供电电压正常，插座处分压点的电压为 0V，则多为外接传感器损坏，应对其进行更换。

一般来说，若微处理器的传感器信号输入引脚处电压高于 4.5V 或低于 0.5V 都可以判断为温度传感器损坏。

另外，温度传感器外接分压电阻开路也会引起空调器不工作、开机报警温度传感器故障的情况。

（2）开路检测温度传感器的电阻值

开路检测温度传感器是指将温度传感器与电路分离，不加电的情况下，在不同温度状态时检测温度传感器的阻值变化情况来判断温度传感器的好坏。

1）常温下温度传感器阻值的检测方法。

首先在常温下对温度传感器进行检测，即将温度传感器放置在室内环境下，用万用表欧姆档检测其电阻值。

在常温状态下，用万用表检测温度传感器的阻值如图 10-17 所示。

图 10-17 常温下温度传感器阻值的检测方法

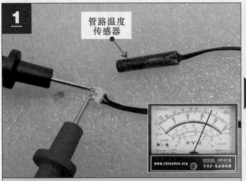

扫一扫看视频

将万用表量程调至 "×1k" 欧姆档，红、黑表笔分别搭在传感器引线插件的两个触点上，室温环境下管路温度传感器的阻值为 7kΩ。

将万用表量程调至 "×1k" 欧姆档，红、黑表笔分别搭在室内温度传感器引线插件的触点上，室温环境下室内温度传感器的阻值为 6kΩ。

| 特别提示 |

在正常情况下，蒸发器管路温度传感器的阻值为 10kΩ 左右；室内环境温度传感器的阻值为 27kΩ 左右。

2）高温下温度传感器阻值的检测方法。

高温下检测温度传感器阻值时，可以人为提高温度传感器的环境温度，例如用水杯盛些热水，并将温度传感器的感应头放入水杯中，然后再用万用表进行检测。

高温下温度传感器阻值的检测方法如图 10-18 所示。

图 10-18 高温下温度传感器阻值的检测方法

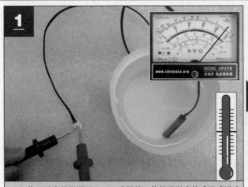
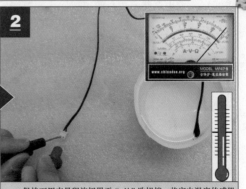

将万用表量程调至 "×1k" 欧姆档，将管路温度传感器感温头放入热水中，将万用表红、黑表笔分别搭在传感器引线插件的两个触点上，高温环境下管路温度传感器的阻值为 1.5kΩ。

保持万用表量程旋钮置于 "×1k" 欧姆档，将室内温度传感器感温头放入热水中，将万用表的红、黑表笔分别搭在传感器引线插件的两个触点上，高温环境下管路温度传感器的阻值为 1kΩ。

| 特别提示 |

　　空调器的温度传感器为负温度系数传感器，因此在高温状态下，检测室内温度传感器和管路温度传感器的阻值应变小，如上述测试中，高温下，室内环境温度传感器的阻值为5kΩ左右，管路温度传感器的阻值为1kΩ左右。

　　如果温度传感器在常温、热水和冷水中的阻值没有变化或变化不明显，则表明温度传感器工作已经失常，应及时更换。如果温度传感器的阻值一直都很大（趋于无穷大），则说明温度传感器出现了故障。如果温度传感器在开路检测时正常，而在路检测时其引脚的电压值过高或过低，就要对电路部分做进一步的检测，以排除故障。

　　综上所述，温度传感器阻值偏高或偏低都将引起空调器工作失常的故障，当温度传感器阻值变小时，相当于检测到温度升高，微处理器接收到该传感器送来的信号后，会以为室内温度或蒸发器管路温度高于一定值，从而控制空调器室内机风扇电动机一直运行；若温度传感器阻值变大，则相当于检测到温度降低，微处理器同样会参照该信号（并非正常的信号）对空调器做出相应控制，引起空调器控制异常的故障。

8　继电器的检测方法

　　在空调器中，继电器中触点的通断状态决定着被控部件与电源的通断状态，若继电器功能失常或损坏，将直接导致空调器某些功能部件不工作或某些功能失常的情况，因此，空调器检测中，继电器的检测也是十分关键的环节。

　　检测继电器通常也有两种方法：一种是在路检测继电器线圈侧和触点侧的电压值来判断好坏；一种是开路状态下检测继电器线圈侧和触点侧的阻值，判断继电器的好坏。

　　（1）在路检测继电器线圈侧和触点侧的电压值

　　将室内机中的电路板从其电路板支架中取出，然后连接好各种组件，接通电源，在路状态下，对空调器中的继电器进行检测。

　　检测前，应先弄清楚继电器与其他元器件之间的关系，分析或找准正常情况下相关的电压值，然后再进行检测，根据检测结果判断好坏。

　　在正常情况下，继电器线圈得电后，控制触点闭合，因此在线圈侧应有直流12V电压；触点侧接通交流供电，应测得220V电压值。

　　1）继电器线圈侧直流电压的检测方法。

　　继电器线圈侧为直流低压供电，正常情况下在反相器驱动电路作用下，线圈得电，可用万用表的直流电压档进行检测。

　　继电器线圈侧直流电压的检测方法如图10-19所示。

图10-19　继电器线圈侧直流电压的检测方法

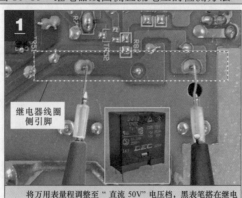

将万用表量程调整至"直流50V"电压档，黑表笔搭在继电器线圈的驱动端，红表笔搭在继电器供电端。

继电器工作状态下，用万用表可测得线圈两端直流电压约为12V。

2）继电器触点侧交流电压的检测方法。

继电器线圈得电后，触点闭合，接通交流供电，正常情况下可用万用表的交流电压挡进行检测。

继电器触点侧交流电压的检测方法如图 10-20 所示。

图 10-20　继电器触点侧交流电压的检测方法

继电器触点
侧引脚

将万用表量程调整至"交流 250V"电压档，黑表笔搭在供电零线（N）上，红表笔搭在继电器触点输出端。

继电器工作状态下，万用表可测得电压为交流 220V。

若继电器工作正常，其触点侧闭合后压缩机中应有 220V 电压供电，检测时不可将万用表红黑表笔搭在触点侧两端，否则触点闭合后相当于通路，无法测得电压值。

| 特别提示 |

通电状态下对继电器进行检测时需要特别注意人身安全，维修人员应避免身体任何部位与带有 220V 电压的元器件或触点碰触，否则可能会引起触电危险。

（2）开路检测继电器线圈侧及触点侧的阻值

正常情况，继电器的线圈相当于一个阻值较小的导线，触点侧处于断开状态，因此可用万用表检测线圈是否存在开路故障、触点是否存在短路故障。

用万用表检测继电器线圈侧及触点侧的阻值的方法如图 10-21 所示。

图 10-21　用万用表检测继电器线圈侧及触点侧的阻值的方法

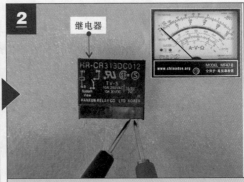

继电器

继电器

将万用表量程旋钮调整至"×10"欧姆档，将红、黑表笔分别搭在继电器线圈端两引脚上，在正常情况下，实测电阻值为 279Ω。

保持万用表量程位在"×10"欧姆档不动，将红、黑表笔分别搭在继电器触点端两引脚上，在正常情况下，实测电阻值为无穷大。

开路状态检测继电器线圈侧和触点侧的阻值，只能简单判断继电器内部线圈有无开路、触点有无短路故障，但无法判断出继电器能否在线圈得电时正常动作。

　　根据维修人员的经验，在空调器通电，但不开机的状态下，用一根导线短接在继电器线圈驱动端（即与反相器连接端）和直流电源的接地端，如图 10-22 所示，相当于由反相器输出低电平，线圈得电，其触点应动作，因此在短接时，应能听到继电器触点吸合声，或此时用万用表欧姆档检测触点两端阻值应为 0Ω。

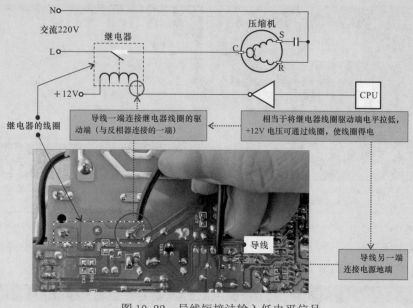

图 10-22　导线短接法输入低电平信号

9　遥控接收头的检测方法

　　遥控接收头是遥控接收电路中的主要元件，该元件损坏引起遥控功能失灵的情况也比较常见，如遥控接收头的供电电源跌落、引脚受潮出现短路或断路情况、内部损坏等。

　　判断遥控接收头是否正常，可首先观察遥控接收头引脚有无轻微短路或断路情况，若外观正常，可用示波器检测其信号输出端有无信号输出，若输出正常，说明遥控接收头正常；若无信号输出，可进一步检查其供电条件是否满足。若供电正常，无输出，则说明遥控接收头损坏，应更换。

　　（1）遥控接收头输出信号的检测方法

　　检测遥控接收头输出端信号时，一般可借助示波器进行检测。正常情况下，为遥控接收电路供电时，对准遥控接收头操作遥控器，应能够测得遥控信号波形。

　　遥控接收头输出信号的检测方法如图 10-23 所示。

　　遥控接收头输出端的信号也可用万用表的电压挡进行检测。正常情况下，将遥控器对准遥控接收头，操作任意按键时，遥控接收头输出端引脚上的电压应为 4.8V 降到 3.3V 左右，然后又恢复 4.8V，若无该变化过程，说明遥控接收头损坏。

　　（2）遥控接收头供电电压的检测方法

　　遥控接收头正常工作需要基本的供电条件，可用万用表检测供电引脚上的电压值。若检测供电正常，而遥控接收头无输出，则说明遥控接收头损坏；若无供电电压，则应检测电源电路部分。

　　遥控接收头供电电压的检测方法如图 10-24 所示。

图10-23 遥控接收头输出信号的检测方法

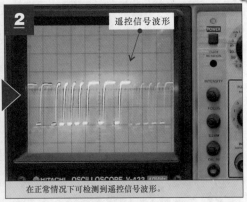

将示波器的接地夹接地，探头搭在遥控接收头信号输出端。

在正常情况下可检测到遥控信号波形。

图10-24 遥控接收头供电电压的检测方法

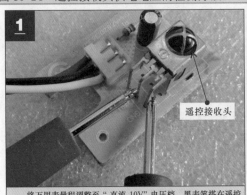

将万用表量程调整至"直流10V"电压档，黑表笔搭在遥控接收头的接地端，红表笔搭在遥控接收头的供电端。

在正常情况下应可测得约5V直流电压。

10.2 定频空调器室外机电路维修

10.2.1 定频空调器室外机电路检修分析

定频空调器室外机电路部分比较简单，由压缩机、起动电容器、继电器、接线端子等电气部件组成。在对定频空调器室外机进行检修时，若可根据故障表现或故障代码确定故障元件，则可直接对怀疑的部件进行检测；若无法明确故障范围，则可逐一对定频空调器室外机电路上的电气元件或部件进行一一排查，直到找到故障元件，也可通过检测室内机与室外机接线端子处的电压值判断工作状态。

图10-25为定频空调器室外机电路的检修分析。

10.2.2 定频空调器室外机电路检修方法

定频空调器室外机电路中的压缩机、起动电容器、风扇电动机及继电器等的检测在后面电控系统维修和制冷系统维修章节将详细介绍，这里介绍接线端子处电压值的检测。

图10-26为典型空调器室内外机的接线盒关联图。

在制冷状态下操作遥控器时，室内机继电器动作后由接线板1脚输出交流220V相线电压，2脚为零线。接线盒的1、2脚之间应该有220V电压，如图10-27所示。

图 10-25　定频空调器室外机电路的检修分析

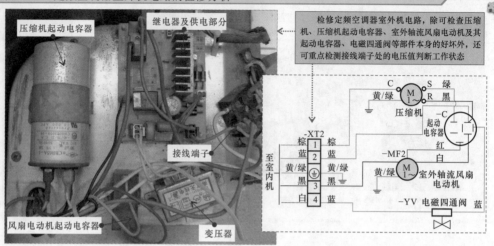

检修定频空调器室外机电路，除可检查压缩机、压缩机起动电容器、室外轴流风扇电动机及其起动电容器、电磁四通阀等部件本身的好坏外，还可重点检测接线端子处的电压值判断工作状态

图 10-26　典型空调器室内外机的接线盒关联图

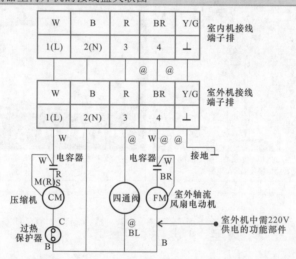

图 10-27　电源电压的检测

将万用表量程调至"交流250V"电压档，红表笔搭在接线盒2脚上，黑表笔搭在接线盒1脚上。

在正常情况下，测得交流220V电压。

　　只要开机，接线盒的 2 脚和 4 脚之间就应该有 220V 电压，如图 10-28 所示，这是为室外机风扇供电的电压。一般电源开启的时候会将风扇起动，这是为了便于室外机散热。

图 10-28　室外机风扇电压的检测

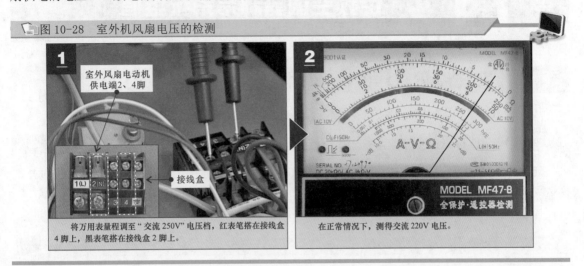

　　检测 2 脚与 3 脚之间的电压，如图 10-29 所示。该电压用于控制电磁四通阀，在电磁四通阀起动的时候，这两个引脚之间应有 220V 的电压。

图 10-29　电磁四通阀电压的检测

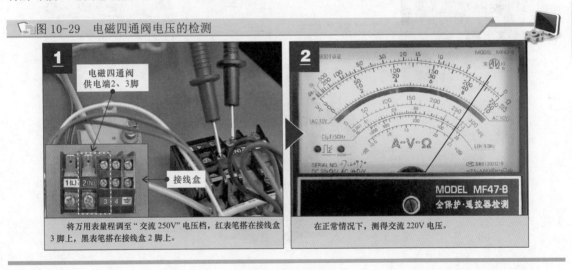

11.1 压缩机组件的检测代换

压缩机组件包括压缩机、起动电容器和保护继电器部分。

11.1.1 压缩机的特点

压缩机是空调器制冷或制热循环的动力源，它驱动管路系统中的制冷剂往复循环，通过热交换达到制冷的目的。

图11-1为压缩机的功能及工作关系。

图11-1 压缩机的功能及工作关系

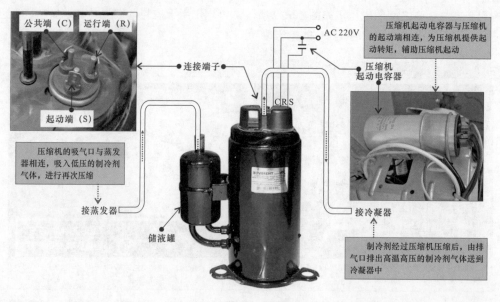

压缩机的驱动电动机是动力源，它需要交流220V电源，对于单相电容起动式电动机，在起动端要串入电容器，同时在供电线路中设有过载保护继电器，压缩机电动机的绕组分别与保护继电器和起动电容器相连。其中，保护继电器连接在压缩机电动机绕组的C端（公共端），用于控制压缩机电动机的供电；起动电容器连接在压缩机电动机绕组的S端（起动端），为压缩机提供起动转矩，辅助压缩机起动。

压缩机的工作过程相对复杂，首先电源为压缩机内的电动机供电，电动机带动压缩机构对制冷剂进行压缩，使之循环运行。不同压缩机构的压缩机，其内部都是由电动机进行驱动的，不同的则是电动机的类型和驱动方式。

图11-2为压缩机的驱动原理。其中，定频电动机采用定频驱动方式进行驱动，其压缩机也称为定频压缩机；变频电动机采用变频驱动方式进行驱动，其压缩机也称为变频压缩机。

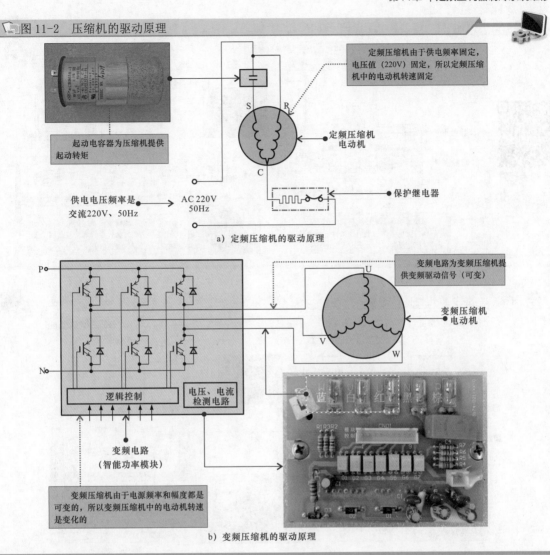

图 11-2　压缩机的驱动原理

起动电容器为压缩机提供起动转矩

定频压缩机由于供电频率固定，电压值（220V）固定，所以定频压缩机中的电动机转速固定

定频压缩机电动机

保护继电器

供电电压频率是交流220V、50Hz

AC 220V 50Hz

S　R

C

a）定频压缩机的驱动原理

P

N

逻辑控制

电压、电流检测电路

变频电路（智能功率模块）

变频压缩机由于电源频率和幅度都是可变的，所以变频压缩机中的电动机转速是变化的

变频电路为变频压缩机提供变频驱动信号（可变）

变频压缩机电动机

U

V　W

b）变频压缩机的驱动原理

11.1.2　保护继电器的特点

压缩机的保护继电器实际上是一种过电流、过电压双重保护器件，是压缩机组件中的重要部分。

1　保护继电器过电流保护的工作原理

保护继电器的过电流保护原理如图 11-3 所示，在该过程中，保护继电器内部电阻加热丝和蝶形双金属片起主要作用。

当压缩机的运行电流正常时，保护继电器内的电阻加热丝微量发热，碟形双金属片受热较低，处于正常工作触点，动触点与接线端子上的静触点处于接通状态，通过接线端子连接的线缆将电源传输到压缩机电动机绕组上，压缩机得电起动运转。

当压缩机的运行电流过大时，保护继电器内的电阻加热丝发热，烘烤碟形双金属片，使它反向拱起，保护触点断开，切断电源，压缩机断电停止运转。

2　保护继电器过热保护的工作原理

保护继电器的过热保护原理如图 11-4 所示，在该过程中，保护继电器底部感温面和碟形双金属片起主要作用。

图11-3　保护继电器的过电流保护原理

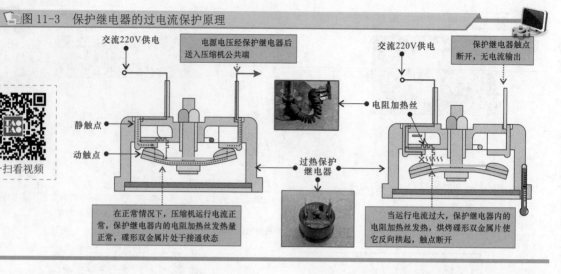

图11-4　保护继电器的过热保护原理

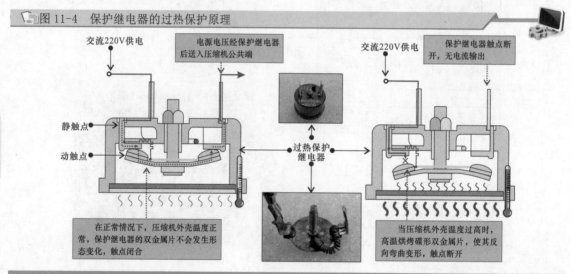

可以看到，保护继电器的感温面实时检测压缩机的温度变化。当压缩机温度正常时，保护继电器的双金属片上的动触点与内部的静触点保持原始接触状态，通过接线端子连接的线缆将电源传输到压缩机电动机绕组上，压缩机得电起动运转。

当压缩机内温度过高时，必定使机壳温度升高，在正常额定运行电流通过电阻加热丝的低发热量下，保护继电器受到压缩机壳体温度的烘烤，双金属片受热变形向下弯曲，带动其动触点与内部的静触点分离，断开接线端子所接线路，压缩机断电停止运转，可有效防止压缩机内部因温度过高而损坏。

11.1.3　起动电容器的特点

压缩机的起动电容器是一只容量较大的电容器（1～6μF），用于为电动机的辅助绕组提供起动电流，辅助压缩机起动。起动电容器的工作原理示意图如图11-5所示。

可以看到，压缩机电动机中有两个绕组，即起动绕组（辅助绕组）和运行绕组。这两个绕组在空间位置上相位相差90°。起动电容器串联在压缩机电动机的起动绕组端，当运交流220V电源加到供电端的瞬间，由于电容器充电特性，起动绕组中的电流在相位上比运行绕组中的电流超前90°。

图 11-5　起动电容器的工作原理示意图

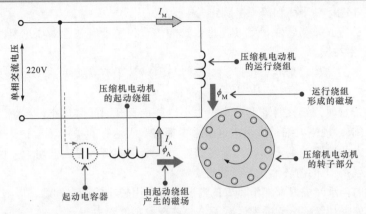

这样在时间和空间上会形成两个磁场，使电动机内产生了一个旋转磁场。在旋转磁场的作用下，电动机转子中产生感应电流，该电流和旋转磁场相互作用而产生电磁场转矩，使电动机旋转起来。电动机正常运转之后，电容器早已充满电，使通过起动绕组的电流减小到微乎其微，这时只有运行绕组工作，维持转子的正常旋转。

11.1.4　压缩机组件的检测

1　压缩机的检测

压缩机出现的故障可以分为机械故障和电气故障两个方面。其中，机械故障多是由压缩机内的机械部件异常引起的，通常可通过压缩机运行时的声音进行判断；电气故障则是指由压缩机内电动机异常引起的故障，可通过检测压缩机内电动机绕组的阻值来判断。

（1）压缩机中机械部件的检查方法

压缩机中的机械部件都安装在压缩机密封壳内，看不到也摸不着，因此无法直接对其进行检查，大多情况下，可通过倾听压缩机运行时发出的声响进行判断，如图 11-6 所示。

图 11-6　通过倾听发检查压缩机内部机械部件的状态

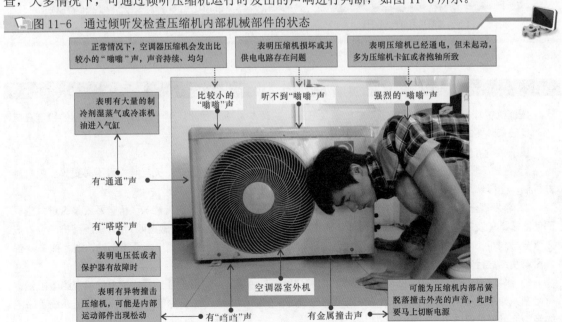

● 压缩机交错产生的噪声，可以从以下几个方面采取措施进行消除或调整：

1）对运行部件进行动平衡和静平衡测定。

2）选择合理的进、排气管路，尤其是进气管的位置、长度、管径对压缩机的性能和噪声影响很大，气流容易产生共振。

3）压缩机壳体的结构、形状、壁厚、材料等与消声效果有直接关系，为减少噪声，可以适当加厚壳壁。

4）在安装和维修时，连接管的弯曲半径太小，截止阀开启间隙过小，系统发生堵塞，连接管路的使用不符合要求，规格太细且过短，这些因素都将增大运行的噪声。

5）压缩机注入的冷冻油要适量，油量多固然可以增强润滑效果。但增大了机内零件搅动油的声音。因此，制冷系统中的循环油量不得超过2%。

6）选择合理的轴承间隙，在润滑良好的情况下可采用较小的配合间隙，以减少噪声。

7）压缩机的外壳与管路之间的保温减振垫要符合一定的要求。

● 若经检查发现压缩机出现卡缸或抱轴情况，严重时导致的堵转可能会引起电流迅速增大而使电动机烧毁。对于抱轴、轻微卡缸现象，可通过图11-7所示的方法消除。

图 11-7　敲打压缩机

压缩机 ←
木槌 →

在接通电源之前，使用木槌或橡胶槌轻轻敲击压缩机的外壳，并不断变换敲击的位置

接通电源之后，继续轻轻敲击压缩机的外壳，并不断变换敲击位置，直至故障排除。如果敲打无效，卡缸严重则需要更换压缩机

a）接通电源前进行敲打　　　　　　　b）接通电源后进行敲打

| 相关资料 |

压缩机冷冻机油的油质是整机系统能否良好运行的基本保障，因此，对于压缩机油质油色的检查在维修时是很有必要的，以确保压缩机正常使用效果和延长寿命期限。

压缩机冷冻机油出现烧焦味的处理方法如下：

1）在检查压缩机冷冻机油时，若冷冻油中无杂质、污物，且清澈透明、无异味，可不必更换压缩机冷冻机油，继续使用。

2）若发现压缩机冷冻机油的颜色变黄，应观察油中有无杂质，闻其有无焦味，检查系统是否进入空气而使油被氧化及氧化的程度（一般使用多年的正常压缩机，其油色也不会清澈透明）。只要压缩机内没有进入水分，则可不必更换冷冻机油；如果油色变得较深，可拆下压缩机将油倒出，更换新油。对系统主要部件用清油剂进行清洗后，再用氮气进行吹污、干燥处理。

3）当发现压缩机冷冻机油油色变为褐色时，应检查是否有焦味，并对压缩机内的电动机绕组电阻值进行检测。如果绕线间与外壳间电阻值正常，绝缘良好，则必须更换冷冻机油和清洗系统。对于系统管路内的污染，可采用清洗剂进行清洗。

（2）检测压缩机内电动机绕组间的阻值

空调器压缩机内的电动机出现电气故障是检修压缩机过程中最常见的故障之一。判断压缩机电动机的好坏，可通过对压缩机内电动机绕组阻值的检测进行判断。

空调器压缩机的电动机通常也安装在压缩机密封壳的内部，但电动机的绕组通过引线连接到压缩机顶部的接线柱上，因此可通过对压缩机外部接线柱之间阻值的检测，完成对电动机绕组间阻值的检测。

压缩机内电动机绕组阻值的检测如图 11-8 所示，首先，在检测前，首先根据标识了解压缩机顶部接线柱与内部电动机绕组的对应关系。然后，在检测时，将压缩机绕组上的引线拔下，用万用表分别对电动机绕组接线柱间的阻值进行检测即可。

图 11-8 空调器压缩机内电动机绕组阻值的检测方法

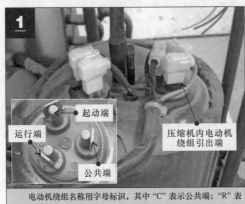

电动机绕组名称用字母标识，其中"C"表示公共端；"R"表示运行端；"S"表示起动端。

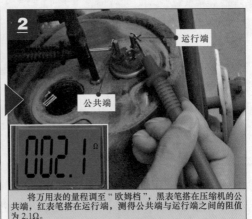

将万用表的量程调至"欧姆档"，黑表笔搭在压缩机的公共端，红表笔搭在运行端，测得公共端与运行端之间的阻值为 2.1Ω。

将万用表的黑表笔保持搭在压缩机的公共端，红表笔搭在压缩机的起动端，可测得公共端与起动端之间的阻值为 5.4Ω。

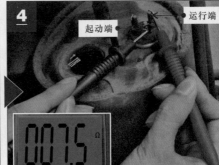

将万用表的黑表笔保持搭在压缩机的起动端，红表笔搭在压缩机的运行端，可测得起动端与运行端之间的阻值为 7.5Ω。

将万用表的红黑表笔任意搭接在压缩机绕组端，分别检测公共端与起动端、公共端与运行端、起动端与运行端之间的阻值。

观测万用表显示的数值，正常情况下，起动端与运行端之间的阻值等于公共端与起动端之间的阻值加上公共端与运行端之间的阻值。

若检测发现压缩机内电动机绕组阻值不符合上述规律，可能绕组间存在短路情况，应更换压缩机；若检测发现有电阻值趋于无穷大的情况，可能绕组有断路故障，需要更换压缩机。

│相关资料│

除了通过检测绕组阻值来判断压缩机好坏外，还可通过检测运行压力和运行电流来检测压缩机的好坏。运行压力是通过三通压力表阀检测管路压力得到的；而运行电流可通过钳形表进行检测，如图11-9所示。

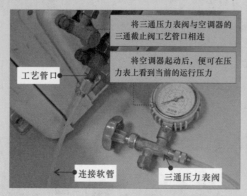

将三通压力表阀与空调器的三通截止阀工艺管口相连

将空调器起动后，便可在压力表上看到当前的运行压力

工艺管口

连接软管　　　三通压力表阀

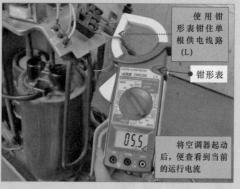

使用钳形表钳住单根供电线路（L）

钳形表

将空调器起动后，便查看到当前的运行电流

图11-9　运行压力和运行电流的检测方法

若测得空调器运行压力为0.8MPa左右，运行电流仅为额定电流的一半，并且压缩机排气口与吸气口均无明显温度变化，仔细倾听，能够听到很小的气流声，多为压缩机存在窜气的故障。

若压缩机供电电压正常，而运行电流为零，说明压缩机的电动机可能存在开路故障；若压缩机供电电压正常，运行电流也正常，但压缩机不能起动运转，多为压缩机的起动电容器损坏或压缩机出现卡缸的故障。

2　保护继电器的检测

保护继电器是空调器压缩机组件中不可缺少的电气部件，若保护继电器损坏，将无法对压缩机的异常情况进行监测和保护，可能会造成压缩机因过热烧毁或压缩机频繁起停的故障。

因此当怀疑保护继电器损坏时，可首先对保护继电器进行检测，一旦发现故障，就需要寻找可替代的新保护继电器进行代换。

对保护继电器进行检测，可分别在室内温度下和人为对保护继电器感温面升温条件下，借助万用表对保护继电器两引线端子间的阻值进行检测。

保护继电器的检测方法如图11-10所示。

图11-10　保护继电器的检测方法

1

保护继电器

将万用表的量程调至欧姆档，红、黑表笔分别搭在保护继电器的两引脚上，常温状态下，万用表测得的阻值应接近于零。

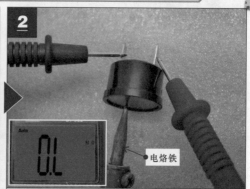

2

电烙铁

保持万用表的红、黑表笔搭在保护继电器的两引脚上不动，将电烙铁靠近保护继电器的底部，对其进行适当加热，高温状态下，万用表测得的阻值应为无穷大。

室温状态下，保护继电器金属片触点处于接通状态，用万用表检测接线端子的阻值应接近于零。高温状态下，保护继电器金属片变形断开，用万用表检测接线端子的阻值应为无穷大。若测得阻值不正常，说明保护继电器已损坏，应更换。

3 起动电容器的检测方法

若压缩机的起动电容器出现异常情况，通常会导致压缩机不能正常起动的故障。当怀疑起动电容器异常时，可首先对起动电容器进行检测，一旦发现故障，就需要寻找可替代的起动电容器进行代换。

压缩机的起动电容器是一种大容量电解电容器，检测时可使用数字万用表的电容档对其电容量进行检测，判断其是否存在异常情况。

压缩机起动电容器的检测方法如图 11-11 所示。

图 11-11　压缩机起动电容器的检测方法

压缩机起动电容器

标称容量

观察万用表显示屏读数，并与压缩机起动电容器标称容量比较：实测 30.43μF 近似标称容量 30μF，说明起动电容器正常

扫一扫看视频

① 将万用表功能旋钮置于电容测量档位

② 将万用表红、黑表笔分别搭接在压缩机起动电容器的两只引脚上

正常情况下，用万用表电容量档检测电容器的电容量应与标称电容量相同或十分接近，否则多为起动电容器变质，如电解质干涸、漏液等，应进行更换。

| 相关资料 |

判断压缩机起动电容器是否正常，除了使用万用表对其电容量进行检测外，还可用指针式万用表的欧姆档，对起动电容的充放电性能进行检测。

11.1.5　压缩机组件的拆卸代换

1 压缩机的代换方法

当空调器压缩机老化或出现无法修复的故障时，就需要使用同型号或参数相同的压缩机进行代换。

空调器中的压缩机位于室外机一侧，压缩机顶部的接线柱与保护继电器、起动电容器连接；压缩机吸气口、排气口与空调器的管路部件焊接在一起，并通过固定螺栓固定在室外机底座上。因此，拆卸压缩机首先要将电气线缆拔下，接着将相连的管路焊开，然后再设法将压缩机取出，接着根据损坏压缩机型号寻找可替换的压缩机，最后代换压缩机并通电试机。

（1）压缩机与电气部件的分离

在拆卸压缩机时，首先需要将压缩机顶部的接线盒打开，将压缩机与保护继电器、压缩机与起动电容器之间的线缆拔下，实现压缩机与电气部件的分离操作，如图 11-12 所示。

（2）压缩机与管路部件的分离

对压缩机进行开焊操作就是使用气焊设备将压缩机吸气管口与排气管口焊开，使其与制冷管路分离（断开）。分离时，确认空调器中的制冷剂回收完毕后，即可使用气焊设备对压缩机管路部分进行拆焊操作，使其与空调器管路部件分离，如图 11-13 所示。

图 11-12 压缩机与连接电气部件的分离方法

压缩机内电动机绕组的起动端与外部起动电容器连接，使用钢丝钳拆除起动端与保护继电器之间的连接引线。

使用钢丝钳拆除运行端红色引线。

压缩机内电动机绕组的公共端与保护继电器连接，使用钢丝钳拆除公共端黑色引线。

图 11-13 压缩机的拆焊操作

使用气焊设备对压缩机吸气口的连接部位进行拆焊操作

压缩机排气口　　　　压缩机吸气口

使用气焊设备对压缩机排气口的连接部位进行拆焊操作

 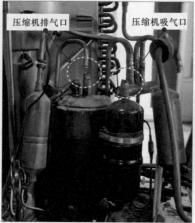 

| 特别提示 |

在进行焊接操作时，首先要确保对焊口处均匀加热，绝对不允许使焊枪的火焰对准铜管的某一部位进行长时间加热，否则会使铜管烧坏。

另外，在焊接时，若变频压缩机工艺管口的管壁上有锈蚀现象，需要使用砂布对焊接部位附近 1～2cm 的范围进行打磨，直至焊接部位呈现铜本色，这样有助于与管路连接器很好地焊接，提高焊接质量。

（3）拆卸压缩机

压缩机与制冷管路焊开后，使用扳手将位于压缩机底部的固定螺栓拧下，就可以取出压缩机了，如图 11-14 所示。

图 11-14 压缩机的拆卸方法

使用扳手将压缩机底座上的固定螺栓拧下。

将压缩机从空调器室外机中取出。

使用螺钉旋具将压缩机底脚外壳连接接地线的固定螺钉拧下。

（4）寻找可代替的压缩机

压缩机损坏就需要根据损坏压缩机的型号、体积大小等规格参数选择适合的进行代换。

压缩机的选配方法如图 11-15 所示。

图 11-15 压缩机的选配

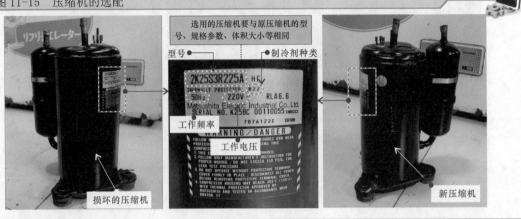

选用的压缩机要与原压缩机的型号、规格参数、体积大小等相同

型号 制冷剂种类

工作频率

工作电压

损坏的压缩机

新压缩机

（5）代换压缩机并通电试机

将新压缩机安装到室外机中，对齐管路位置后，逐一进行焊接，然后再将压缩机与室外机外壳进行固定。

压缩机的代换方法如图 11-16 所示。

图 11-16 压缩机的代换方法

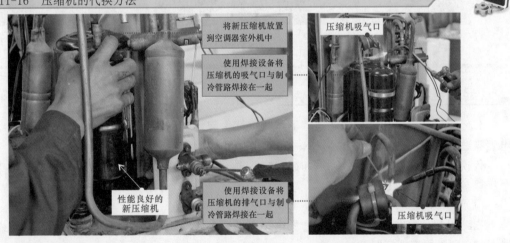

将新压缩机放置到空调器室外机中

使用焊接设备将压缩机的吸气口与制冷管路焊接在一起

压缩机吸气口

性能良好的新压缩机

使用焊接设备将压缩机的排气口与制冷管路焊接在一起

压缩机吸气口

2 保护继电器的代换方法

若经过检测确定为保护继电器本身损坏引起的空调器故障，则需要对损坏的保护继电器进行更换。

（1）拆卸保护继电器

保护继电器安装在室外机压缩机的接线端子保护盖中，因此要先对保护盒进行拆卸，然后再将保护继电器取下。

保护继电器的拆卸方法如图 11-17 所示。

（2）选配代换保护继电器

保护继电器损坏后，需要根据损坏的保护继电器的规格参数、体积大小、接线端子位置等选择适合的进行代换。

图 11-17　保护继电器的拆卸方法

| 使用扳手将接线盒（保护盒）上的螺母拧下，取下接线盒 | 保护继电器分别与压缩机公共端和供电线缆连接 | 拔下保护继电器接线端上的引线，即可将其取下 |

保护继电器的选配代换方法如图 11-18 所示。

图 11-18　保护继电器的选配

| 选配保护继电器时，一般外形相近、体积相同、规格参数相同或相似的空调器用保护继电器大都可以替换 | 将插件与新的保护继电器连接好，将接好线缆的保护继电器放置到原安装位置上 | 将接线盒重新盖好，用扳手拧紧螺母，完成保护继电器代换操作 |

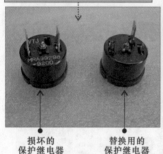

损坏的保护继电器　　替换用的保护继电器　　　新保护继电器　　　　接线盒

3　起动电容器的代换

若经检测确定为压缩机起动电容器本身损坏引起的空调器故障，则需要对损坏的压缩机起动电容器进行更换。

代换起动电容器一般可分为拆卸起动电容器、寻找可替换的起动电容器和代换起动电容器三个步骤。

（1）拆卸起动电容器

压缩机起动电容位于压缩机上方的电路支撑板上，拆卸时，将连接引线拔下，并用螺钉旋具取下其卡环的固定螺钉即可。

压缩机起动电容器的拆卸操作，如图 11-19 所示。

（2）寻找可替换的电容器

将损坏的压缩机起动电容器拆下后，接下来根据损坏起动电容器的规格参数、体积大小等选择适合的新起动电容器代换。

压缩机起动电容器的选配方法如图 11-20 所示。

（3）起动电容器的代换

选择好压缩机起动电容器后，将新压缩机起动电容器安装到室外机中，固定好金属固定环，重新将连接线缆插接好，即可通电试机，完成代换。

压缩机起动电容器的代换方法如图 11-21 所示。

图 11-19 压缩机起动电容器的拆卸操作

| 将压缩机起动电容器与其他部件之间的连接线缆拔下 | 使用螺钉旋具拧下起动电容器金属固定环上的固定螺钉 | 用手抬起金属固定环，然后将压缩机起动电容器取下 |

图 11-20 压缩机起动电容器的选配方法

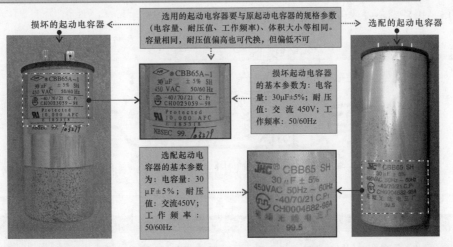

选用的起动电容器要与原起动电容器的规格参数（电容量、耐压值、工作频率）、体积大小等相同。容量相同，耐压值偏高也可代换，但偏低不可

损坏的起动电容器

选配的起动电容器

损坏起动电容器的基本参数为：电容量：30μF±5%；耐压值：交流450V；工作频率：50/60Hz

选配起动电容器的基本参数为：电容量：30μF±5%；耐压值：交流450V；工作频率：50/60Hz

图 11-21 压缩机起动电容器的代换方法

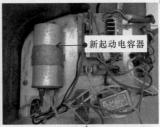

| 用手抬起金属固定环，然后将压缩机起动电容器安装到固定环内 | 将起动电容器与其他部件之间的连接线缆重新插接 | 检查连接固定无误后，通电后试机，空调器压缩机起动正常，排除故障 |

11.2 节流闸阀组件的检测代换

11.2.1 干燥过滤器的特点

干燥过滤器主要作用有两个：第一是吸附管路中多余的水分，防止产生冰堵，并减少水分对制冷系统的腐蚀作用；第二是过滤，滤除制冷系统中的杂质，如灰尘、金属屑和各种氧化物，以防止制冷系统出现堵塞现象。

如图 11-22 所示，单入口干燥过滤器的两端各有一个端口，其中较粗的一端为入口端，用以连接冷凝器；较细的一端为出口端，用来与毛细管相连。

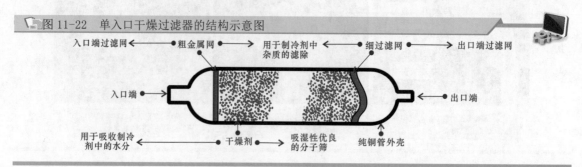

图 11-22　单入口干燥过滤器的结构示意图

如图 11-23 所示，双入口干燥过滤器有两个入口端，其中一个是用来接冷凝器，另一个则是工艺管口，用于进行制冷管路检修操作。而出口端仍然是用来连接毛细管的。

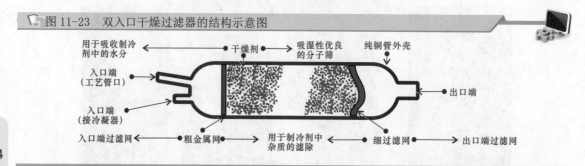

图 11-23　双入口干燥过滤器的结构示意图

| 相关资料 |

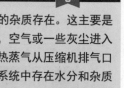

　　虽然整个制冷系统是在干燥的真空环境中工作的，但难免会有微量的水分及微小的杂质存在。这主要是因为在装配过程中，由于装配环境的影响、装配操作不规范或零部件自身清洗不彻底，空气或一些灰尘进入到制冷管路中。空气中含有一定的水分和杂质。根据制冷循环的原理，高温高压的过热蒸气从压缩机排气口排出，经冷凝器冷却后，要进入毛细管进行节流降压。由于毛细管的内径很小，如果系统中存在水分和杂质就很容易造成堵塞，使制冷剂不能循环。如果这些杂质一旦进入到压缩机，就可能使活塞、气缸及轴承等部件的磨损加剧，影响压缩机的性能和使用寿命。因此需要在冷凝器和毛细管之间安置干燥过滤器。

11.2.2　毛细管的特点

　　毛细管是制冷系统中的节流装置，其外形长而细，如图 11-24 所示，这是为了增强制冷剂在制冷管路中流动的阻力，从而起到降低压力、限制流量的作用，更主要的作用是当空调器停止运转后，毛细管能够均衡制冷管路中的压力，使高压管路和低压管路趋向平衡状态，便于下次起动。

图 11-24　毛细管的工作原理

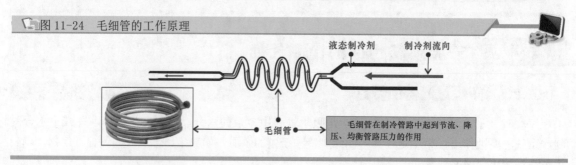

11.2.3 单向阀的特点

单向阀的主要作用是防止压缩机在停机时,其内部大量的高温高压蒸气倒流向蒸发器,使蒸发器升温,从而导致制冷效率降低。在管路中接入单向阀,可使压缩机停转时制冷系统内部高、低压能迅速平衡,防止制冷剂倒流,以便空调器再次起动。

如图 11-25 所示,当制冷剂流向与方向标识一致时,阀针受制冷剂本身流动压力的作用,被推至限位环内,单向阀处于导通状态,允许制冷剂流通;当制冷剂流向与方向标识相反时,阀针受单向阀两端压力差的作用,被紧紧压在阀座上,此时单向阀处于截止状态,不允许制冷剂流通。

图 11-25 针形单向阀的工作原理

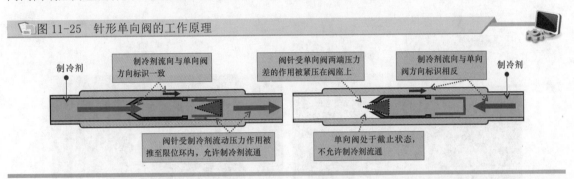

图 11-26 为球形单向阀的工作原理。球形单向阀与针形单向阀原理相同,不同之处在于制冷剂推动的阀针变为钢珠。

图 11-26 球形单向阀的工作原理

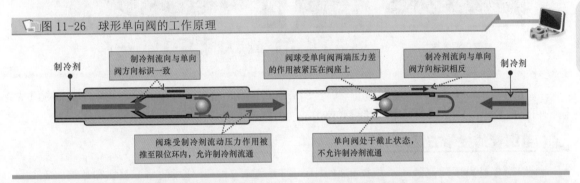

特别提示

双接口式的单向阀,其工作原理与单接口式的单向阀有所区别,如图 11-27 所示。空调器制冷时,单向阀呈导通状态,制冷剂通过主毛细管和单向阀形成循环;空调器制热时,单向阀呈截止状态,制冷剂通过副毛细管形成制热循环。

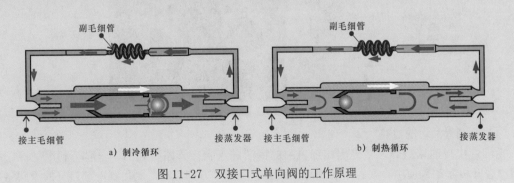

图 11-27 双接口式单向阀的工作原理

11.2.4　节流闸阀组件的故障检查

1　干燥过滤器的检查方法

判断空调器干燥过滤器是否出现故障可通过倾听蒸发器和压缩机的运行声音、触摸冷凝器的温度以及观察干燥过滤器表面是否结霜进行判断。若确定是干燥过滤器本身的故障后，需将干燥过滤器进行更换，以排除脏堵。

干燥过滤器的检测方法如图 11-28 所示。

图 11-28　干燥过滤器的检测方法

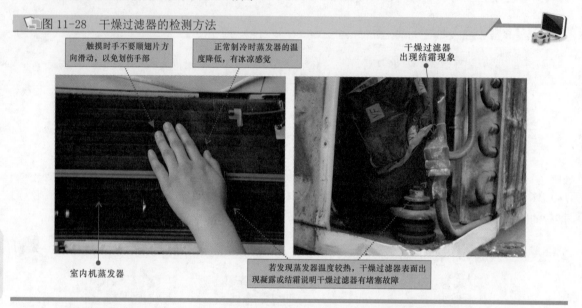

触摸时手不要顺翅片方向滑动，以免划伤手部

正常制冷时蒸发器的温度降低，有冰凉感觉

干燥过滤器出现结霜现象

室内机蒸发器

若发现蒸发器温度较热，干燥过滤器表面出现凝露或结霜说明干燥过滤器有堵塞故障

在空调器中，单向阀、毛细管和干燥过滤器这三个部件通常连接在一起，其中单向阀发生故障的可能性极小，而毛细管和干燥过滤器由于功能所致，发生故障的可能性比较大。

2　毛细管的检修方法

毛细管容易出现阻塞故障，根据阻塞原因可将毛细管的阻塞分成油堵、脏堵和冰堵。毛细管出现堵塞故障时，其外部通常会结霜，如图 11-29 所示。

图 11-29　毛细管结霜

毛细管可能出现油堵、脏堵和冰堵等情况

毛细管结霜

（1）毛细管油堵的检修

毛细管出现油堵故障，多是因压缩机中的机油进入制冷管路引起的。一般可利用制冷、制热重复交替开机起动来使制冷管路中的制冷剂呈正、反两个方向流动。利用制冷剂自身的流向将油堵冲开，若毛细管堵塞十分严重，则需要对其进行更换。

图 11-30 为毛细管油堵故障的排除原理。若是在炎热的夏天出现油堵故障，空调器需要强制制热时，可将室外机温度传感器放入冷水中，使空调器制热；或是在温度传感器上并联一个 20kΩ 的电阻，来使空调强制加热。

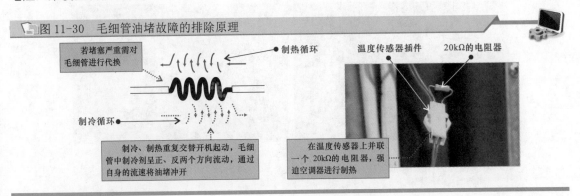

图 11-30　毛细管油堵故障的排除原理

若堵塞严重需对毛细管进行代换

制热循环

制冷循环

制冷、制热重复交替开机起动，毛细管中制冷剂呈正、反两个方向流动，通过自身的流速将油堵冲开

温度传感器插件　20kΩ的电阻器

在温度传感器上并联一个 20kΩ 的电阻器，强迫空调器进行制热

（2）毛细管脏堵的检修

毛细管出现脏堵故障，多是因移机或维修操作过程中，有脏物进入制冷管路引起的。通常可采用充氮清洁的方法排除故障，若毛细管堵塞十分严重则需要对其进行更换。

使用充氮用的高压软管将充氮设备与待测空调器连接在一起，如图 11-31 所示。连接时，将充氮用高压软管的一端与减压器的出气端口连接，另一端与待测空调器的二通截止阀连接即可。

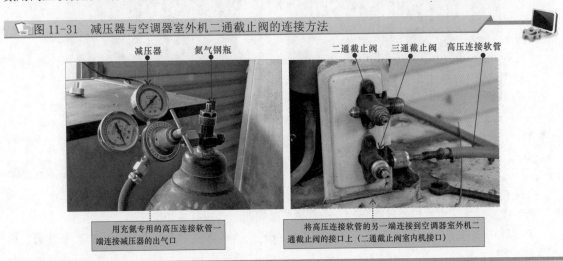

图 11-31　减压器与空调器室外机二通截止阀的连接方法

减压器　氮气钢瓶

二通截止阀　三通截止阀　高压连接软管

用充氮专用的高压连接软管一端连接减压器的出气口

将高压连接软管的另一端连接到空调器室外机二通截止阀的接口上（二通截止阀室内机接口）

充氮检漏各设备连接好后，按照规范要求的顺序打开各设备的开关或阀门，开始进行充氮操作。

充氮的操作方法如图 11-32 所示。

（3）毛细管冰堵的检修

毛细管冰堵多是因充注制冷剂或添加冷冻机油中带有水分造成的，通常采用加热、敲打毛细管的方法排除故障。

毛细管冰堵故障的排除方法如图 11-33 所示。

┃特别提示┃

若是由于充注制冷剂后造成的冰堵故障，则应抽真空，重新充注制冷剂；若是因为添加压缩机冷冻机油后造成的冰堵故障，则应先排净冷冻机油后，再重新添加冷冻机油。

157

图 11-32　充氮的操作细节

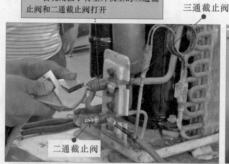

首先用扳手将室外机上的三通截止阀和二通截止阀打开

三通截止阀

打开氮气钢瓶上的总阀门

扳手

二通截止阀

调整氮气钢瓶减压器上的调压手柄，使其出气压力大约为 1.5MPa，向毛细管内充注氮气，同时可用焊枪加热毛细管，使脏物炭化，利于脏物排出

图 11-33　毛细管冰堵故障的排除方法

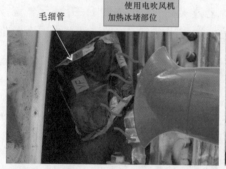
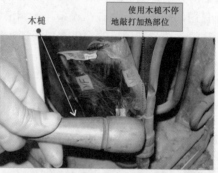

毛细管

使用电吹风机加热冰堵部位

木槌

使用木槌不停地敲打加热部位

11.2.5　节流闸阀组件的拆卸代换

　　一般情况下，冷暖式空调器中，毛细管与单向阀、干燥过滤器安装在室外机体内并连接在一起。通常代换时常常将这三个部件作为一个整体节流闸阀组件进行操作。

　　若发现干燥过滤器、毛细管或单向阀堵塞故障严重，则直接用新的干燥过滤器、毛细管、单向阀进行整体代换。

　　单向阀焊接处的拆焊方法如图 11-34 所示，首先对单向阀与管路焊接处进行加热，使其分离。

图 11-34　单向阀焊接处的拆焊

单向阀

单向阀

制冷管路

制冷管路

将焊枪的火焰对准单向阀与管路的焊接处，进行加热

加热一段时间后，焊接处明显变红，用钳子钳住单向阀向上提起，即可将单向阀与管路分离

将单向阀与管路分离后，接下对干燥过滤器与管路焊接处进行拆焊，使其分离。

干燥过滤器与焊接处的拆焊操作方法如图11-35所示。

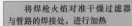

图 11-35 干燥过滤器焊接处的拆焊

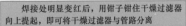

将焊枪火焰对准干燥过滤器与管路的焊接处，进行加热

焊接处明显变红后，用钳子钳住干燥过滤器向上提起，即可将干燥过滤器与管路分离

干燥过滤器与管路的焊接处

钳子

干燥过滤器与管路的焊接处

代换时需要根据原干燥过滤器、毛细管和单向阀整体的管路直径、大小选择适合的部件进行代换。选择好后接下来便可对该部分进行代换。

干燥过滤器、毛细管和单向阀的代换方法如图11-36所示。代换完毕后，需要进行检漏操作，确认无泄漏点后，再进行抽真空、充注制冷剂等操作。

图 11-36 干燥过滤器、毛细管和单向阀的代换方法

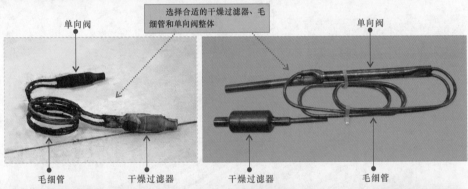

单向阀

选择合适的干燥过滤器、毛细管和单向阀整体

单向阀

毛细管 干燥过滤器 干燥过滤器 毛细管

先将干燥过滤波器的管口插接到冷凝器一侧的管路中，将单向阀的管口插接到与蒸发器连接的管路中

焊条

焊枪

使用焊枪加热单向阀与管路接口处，当呈现暗红色时，将焊条放置到焊口处熔化，进行焊接

焊条

焊枪

使用焊枪加热干燥过滤器与管路接口处，当呈现暗红色时，将焊条放置到焊口处熔化，进行焊接

12.1 变频空调器的结构

12.1.1 变频空调器的整机结构

变频空调器使用变频技术实现对压缩机的变频控制，该类空调器能够在短时间内迅速达到设定的温度，并在低转速、低耗能状态下保证较小的温差，具有节能、环保、高效的特点。

1 室内机的结构组成

变频空调器的室内机主要用来接收人工指令，并对室外机提供电源和控制信号。

将变频空调器室内机进行拆解，即可看到其内部结构组成。图 12-1 为典型变频空调器室内机的结构分解图。

图 12-1 典型变频空调器室内机的结构分解图

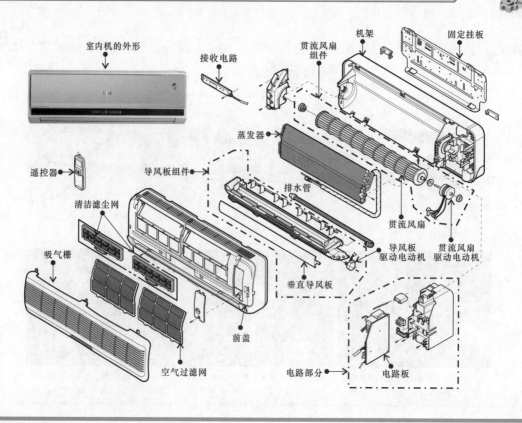

可以看到，变频空调器室内机内部设有空气过滤部分、蒸发器、电路部分、贯流风扇组件和导风板组件等。

2 室外机的结构组成

变频空调器的室外机主要用来控制压缩机为制冷剂提供循环动力，与室内机配合，将室内的能量转移到室外，达到对室内制冷或制热的目的。

将变频空调器室外机进行拆解，即可看到其内部结构组成。图 12-2 为典型变频空调器室外机的结构分解图。

图 12-2　典型变频空调器室外机的结构分解图

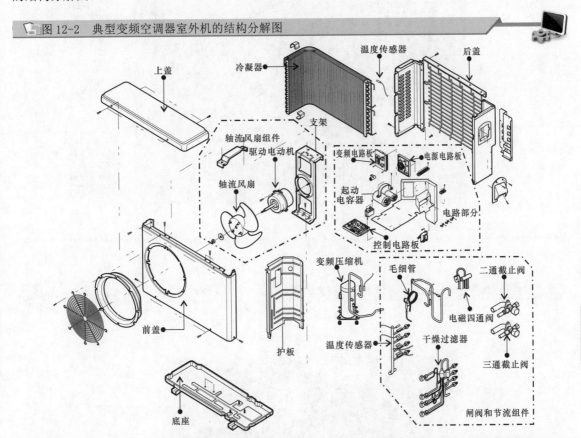

可以看到，变频空调器室外机主要由变频压缩机、冷凝器、闸阀和节流组件（电磁四通阀、截止阀、毛细管、干燥过滤器）、电路部分（控制电路板、电源电路板和变频电路板）及轴流风扇组件等。

12.1.2 变频空调器的电路结构

变频空调器的电路部分包括室内机电路板和室外机电路板两部分。

变频空调器室内机的主电路板承载室内机主要电路部分，包括控制电路、电源电路和通信电路等；而显示和遥控接收电路通常为一块独立的电路板，如图 12-3 所示。

变频空调器室外机的电路部分主要包括主电路板、变频电路板和一些电气部件，如图 12-4 所示。通常主电路板位于压缩机正上方；变频电路板位于压缩机上方侧面的固定支架上；一些电气部件也通常安装在压缩机附近的固定支架上，位置较为分散，通过引线及插件连接到主电路板上。

变频空调器室外机的变频电路通常为一块独立的电路板，而主电路板上通常集成有控制电路、电源电路和通信电路。

📖 图 12-3 典型变频空调器室内机电路部分的构成

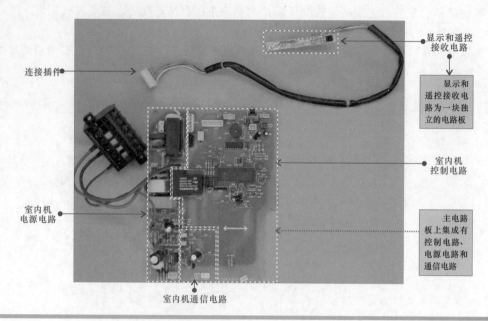

显示和遥控
接收电路

连接插件

显示和
遥控接收电
路为一块独
立的电路板

室内机
控制电路

室内机
电源电路

主电路
板上集成有
控制电路、
电源电路和
通信电路

室内机通信电路

📖 图 12-4 典型变频空调器室外机电路部分的构成

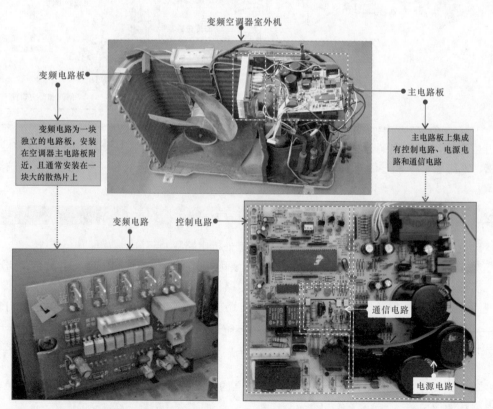

变频空调器室外机

变频电路板

变频电路为一块
独立的电路板，安装
在空调器主电路板附
近，且通常安装在一
块大的散热片上

主电路板

主电路板上集成
有控制电路、电源电
路和通信电路

变频电路

控制电路

通信电路

电源电路

12.2 变频空调器的工作原理

变频空调器是由系统控制电路与管路系统协同工作实现制冷、制热目的的。变频空调器整机的工作过程就是由电路部分控制变频压缩机工作，再由变频压缩机带动整机管路系统工作，从而实现制冷或制热的过程。

12.2.1 变频空调器的整机控制过程

图12-5为典型变频空调器的整机控制过程。空调器管路系统中的变频压缩机风扇电动机和四通阀都受电路系统的控制，使室内温度保持恒定不变。

图 12-5 典型变频空调器的整机控制过程

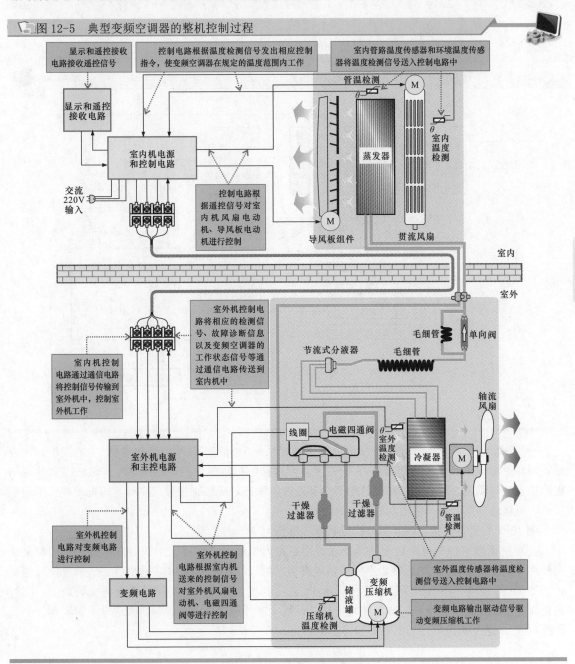

| 相关资料 |

　　在室内机中，由遥控接收电路接收遥控信号，控制电路根据遥控信号对室内机风扇电动机、导风板电动机进行控制，并通过通信电路将控制信号传输到室外机中，控制室外机工作。

　　同时室内机控制电路接收室内环境温度传感器和室内管路温度传感器送来的温度检测信号，并随时向室外机发出相应的控制指令，室外机根据室内机的指令对变频压缩机进行变频控制。

　　在室外机中，控制电路根据室内机通信电路送来的控制信号对室外机风扇电动机、电磁四通阀等进行控制，并控制变频电路输出驱动信号驱动变频压缩机工作。

　　同时室外机控制电路接收室外温度传感器送来的温度检测信号，并将相应的检测信号、故障诊断信息以及变频空调器的工作状态信息等通过通信电路传送到室内机中。

　　图 12-6 为典型变频空调器室内机控制原理框图。

图 12-6　典型变频空调器室内机控制原理框图

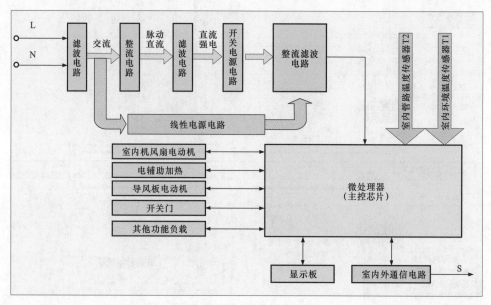

　　变频空调器室内机控制电路中的微处理器通过采集空调室内环境温度传感器 T1 的温度、室内蒸发器传感器（管路温度传感器）T2 的温度，同时接收显示板遥控设定信息，并通过室内外通信电路接收空调器室外信息后，经微处理器内部处理，输出对应控制信号完成对室内机负载（风扇电动机、电辅助加热、导风板电动机等）的控制。

　　图 12-7 为典型变频空调器室外机控制原理框图。

　　变频空调器室外机电路板上的微处理器通过室内机通信电路接收空调器室内信息，同时采集室外环境温度传感器 T4 的温度、室外管路温度传感器（冷凝器管温）T3 的温度、压缩机排气温度传感器 Tp 的温度、压缩机回气温度传感器 Th 温度、室外机电流、室外机直流电压等数据，同时将交流电压转化为直流电压，进而控制室外机负载（室外风扇电动机、四通阀或电子膨胀阀、变频压缩机等），达到快速制冷（制热）和恒温的效果。

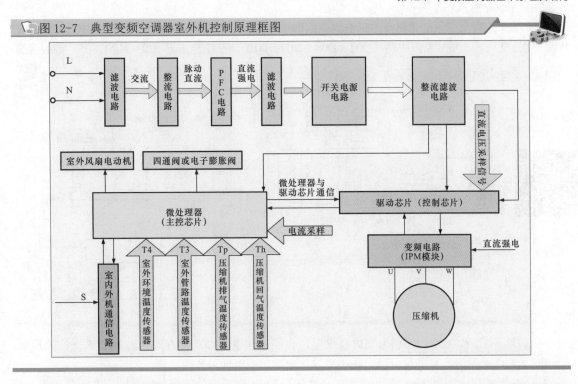

图 12-7 典型变频空调器室外机控制原理框图

12.2.2 变频空调器的电路原理

1 电源电路

电源电路是为变频空调器整机的电气系统提供基本工作条件的单元电路。在变频空调器的室内机和室外机中都设有电源电路部分，如图 12-8 所示。

165

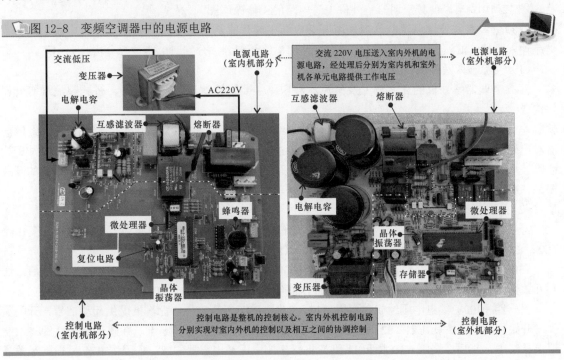

图 12-8 变频空调器中的电源电路

图 12-9 为典型变频空调器室内机电源电路的工作原理图，由图可知该电路主要是由互感滤波器 L05、降压变压器、桥式整流电路（D02、D08、D09、D10）、三端稳压器 IC03（LM7805）等构成的。

图 12-9　典型变频空调器室内机电源电路的工作原理图

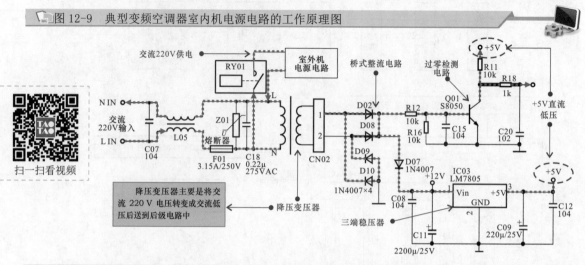

空调器开机后，交流 220V 为室内机供电，先经滤波电容 C07 和互感滤波器 L05 滤波处理后，经熔断器 F01 分别送入室外机电源电路和室内机电源电路中的降压变压器。

室内机电源电路中的降压变压器将输入的交流 220V 电压进行降压处理后输出交流低压电，再经桥式整流电路以及滤波电容后，输出 +12V 的直流电压，为其他元器件以及电路板提供工作电压。

+12V 直流电压经三端稳压器内部稳压后输出＋ 5V 电压，为变频空调器室内机各个电路提供工作电压。

桥式整流电路的输出为过零检测电路提供 100 Hz 的脉动电压，经 Q01 形成 100Hz 脉冲作为电源同步信号送给微处理器。

图 12-10 为典型变频空调器室外机电源电路的工作原理图。

变频空调器室外机电源电路多采用开关电源电路形式，可将变频空调器室外机电源电路分为交流输入及整流滤波电路和开关振荡及次级输出电路两部分，分别对电路进行分析。

（1）交流输入及整流滤波电路

变频空调器室外机的交流输入及整流滤波电路主要是由滤波器、电抗器、桥式整流堆等元器件构成的。

室外机的交流 220V 电源是由室内机通过导线供给的，交流 220V 电压送入室外机后，经滤波器对电磁干扰进行滤波后送到电抗器和滤波电容中，再由电抗器和滤波电容进行滤波消除脉冲干扰或噪波后，将交流电送往桥式整流堆中进行整流，整流后输出约 300V 的直流电压为室外机的开关振荡、次级输出电路以及变频电路提供工作电压。

（2）开关振荡及次级输出电路

开关振荡及次级输出部分主要是由熔断器 F02、互感滤波器、开关晶体管 Q01、开关变压器 T02、二次整流、滤波电路和三端稳压器 U04（KIA7805）等构成的。

+300V 供电电压一路经滤波电容（C37、C38、C400）以及互感滤波器 L300 滤除干扰后，送到开关变压器 T02 的一次绕组，经 T02 的一次绕组加到开关晶体管 Q01 的集电极。

另一路 +300V 供电电压经起动电阻 R13、R14、R22 为开关晶体管基极提供起动信号，开关晶体管开始起动，开关变压器 T02 的一次绕组（5 脚和 7 脚）产生起动电流，并感应至 T02 的二次绕组上，其中，正反馈绕组（10 脚和 11 脚）将感应的电压经电容器 C18、电阻器 R20 反馈到开关晶体管（Q01）的基极，使开关晶体管进入振荡状态。

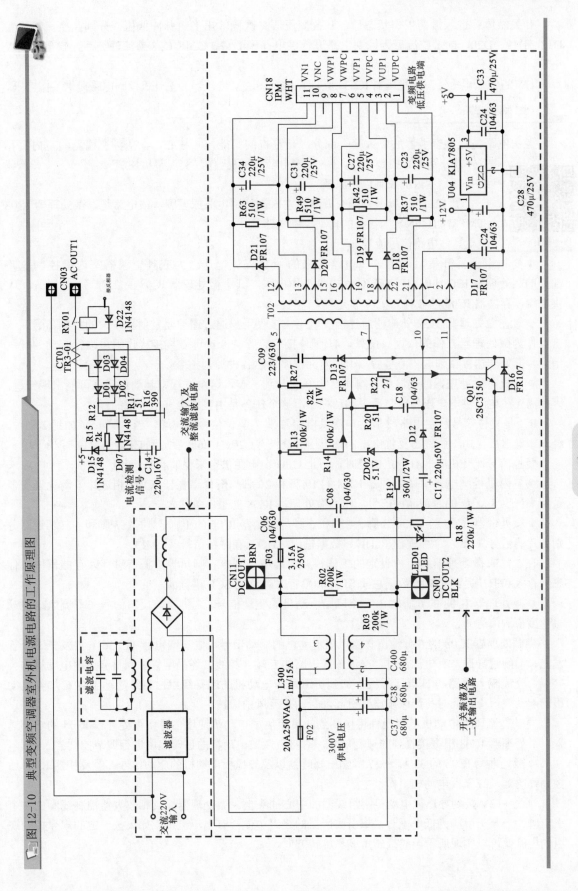

图12-10 典型变频空调器室外机电源电路的工作原理图

开关晶体管进入振荡工作状态后，开关变压器二次侧输出多组脉冲低压，分别经整流二极管 D18、D19、D20、D21 整流后为控制电路进行供电；经 D17、C24、C28 整流滤波后，输出＋12V 电压。

12V 直流低电压经三端稳压器 IC03 稳压后，输出＋5V 电压，为室外机控制电路提供工作电压。

2 控制电路

控制电路是变频空调器的"大脑"部分，是整机的智能控制核心。在变频空调器的室内机和室外机分别设有控制电路，两个控制电路协同工作，实现整机控制。

扫一扫看视频

（1）室内机控制电路原理

图 12-11 为典型变频空调器的室内机控制电路原理图。该电路是以微处理器 IC08（TMP87CH46N）为核心的自动控制电路。

具体电路信号流程如下：

● 变频空调器开机后，由电源电路送来的 +5V 直流电压，为变频空调器室内机控制电路部分的微处理器 IC08 以及存储器 IC06 提供工作电压，其中微处理器 IC08 的 22 脚和 42 脚为 +5V 供电端，存储器 IC06 的 8 脚为 +5V 供电端。

● 接在微处理器 31 脚外部的遥控接收电路，接收用户通过遥控器发射器发来的控制信号。该信号作为微处理器工作的依据。此外，41 脚外接应急开关，也可以直接接收用户强行起动的开关信号。微处理器接收到这些信号后，根据内部程序输出各种控制指令。

● 开机时微处理器的电源供电电压是由 0 上升到 +5V，这个过程中起动程序有可能出现错误，因此需要在电源供电电压稳定之后再起动程序，这个任务是由复位电路来实现的。

IC1 是复位信号产生电路，2 脚为电源供电端，1 脚为复位信号输出端，当电源 +5V 加到 2 脚时，经 IC1 延迟后，由 1 脚输出复位电压，该电压经滤波（C20、C26）后加到 CPU 的复位端 18 脚。

复位信号比开机时间有一定的延时，防止 CPU 在电源供电未稳的状态起动。

● 室内机控制电路中微处理器 IC08 的 19 脚和 20 脚与陶瓷谐振器 XT01 相连，该陶瓷谐振器是用来产生 8 MHz 的时钟晶振信号，作为微处理器 IC08 的工作条件之一。

● 微处理器 IC08 的 1 脚、3 脚、4 脚和 5 脚与存储器 IC06 的 1 脚、2 脚、3 脚和 4 脚相连，分别为片选信号（CS）、数据输入（DI）、数据输出（DO）和时钟信号（CLK）。

在工作时微处理器将用户设定的工作模式、温度、制冷、制热等数据信息存入存储器中。信息的存入和取出是经过串行数据总线 SDA 和串行时钟总线 SCL 进行的。

● 微处理器 IC08 的 6 脚输出贯流风扇电动机的驱动信号，7 脚输入反馈信号（贯流风扇电动机速度检测信号）。

当微处理器 IC08 的 6 脚输出贯流风扇电动机的驱动信号，固态继电器 TLP3616 内发光二极管发光，晶闸管导通，有电流流过，交流输入电路的 L 端（相线）经晶闸管加到贯流风扇电动机的公共端，交流输入电路的 N 端（零线）加到贯流风扇电动机的运行绕组，再经起动电容 C 加到电动机的起动绕组上，此时贯流风扇电动机起动带动贯流风扇运转。

同时贯流风扇电动机霍尔元件将检测到的贯流风扇电动机速度信号由微处理器 IC08 的 7 脚送入，微处理器 IC08 根据接收到的速度信号，对贯流风扇电动机的运转速度进行调节控制。

● 微处理器 IC08 的 33 脚～ 37 脚输出蜂鸣器以及导风板电动机的驱动信号，经反相器 IC09 后控制蜂鸣器及导风板电动机工作。

直流 +12V 接到导风板电动机两组线圈的中心抽头上。微处理器经反相放大器控制线圈的 4 个引出脚，当某一引脚为低电平时，该引脚所接的绕组中便会有电流流过。如果按一定的规律控制绕组的电流就可以实现所希望的旋转角度和旋转方向。

168

169

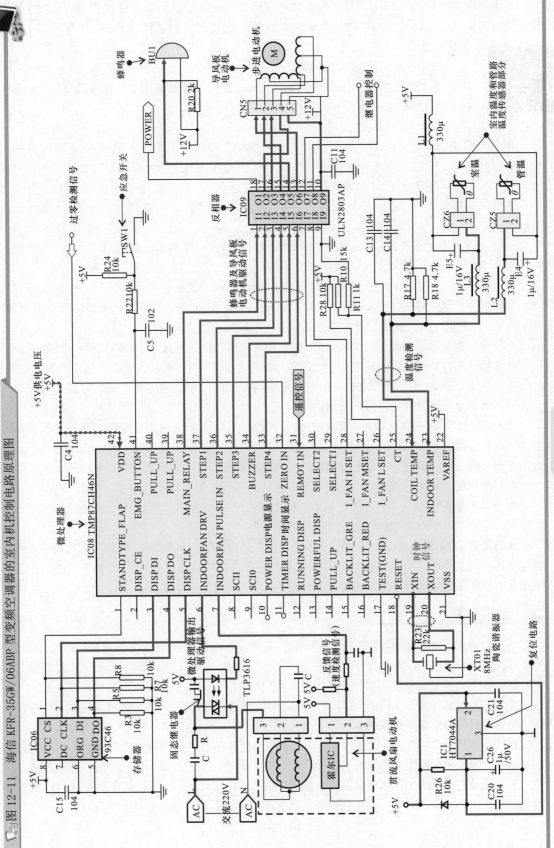

图12-11 海信 KFR-35GW/06ABP 型变频空调器的室内机控制电路原理图

● 温度传感器接在电路中，使之与固定电阻构成分压电路，将温度的变化变成直流电压的变化，并将电压值送入微处理器（CPU）的 23、24 脚，微处理器根据接收到的温度检测信号输出相应的控制指令。

扫一扫看视频

（2）室外机控制电路原理

图 12-12 为典型变频空调器室外机的控制电路原理图。该电路是以微处理器 U02（TMP88PS49N）为核心的自动控制电路。

具体电路信号流程如下：

● 变频空调器开机后，由室外机电源电路送来的 +5V 直流电压，为变频空调器室外机控制电路部分的微处理器 U02 以及存储器 U05 提供工作电压，其中微处理器 U02 的 55 脚和 64 脚为 +5V 供电端，存储器 IC06 的 8 脚为 +5V 供电端。

● 室外机控制电路得到工作电压后，由复位电路 U03 为微处理器提供复位信号，微处理器开始运行工作。

同时，陶瓷谐振器 RS01（16 M）与微处理器内部振荡电路构成时钟电路，为微处理器提供时钟信号。

● 存储器 U05（93C46）用于存储室外机系统运行的一些状态参数，例如，变频压缩机的运行曲线数据、变频电路的工作数据等；存储器在其 2 脚（SCK）的作用下，通过 4 脚将数据输出，3 脚输入运行数据，室外机的运行状态通过状态指示灯指示出来。

● 室外机微处理器 U02 向反相器 U01 输送驱动信号，该信号从 1、6 脚送入反相中。反相器接收驱动信号后，控制继电器导通或截止。通过控制继电器的导通/截止，从而控制室外风扇电动机。

● 空调器电磁四通阀的线圈供电是由微处理器控制的，微处理器的控制信号经过反相放大器后去驱动继电器，从而控制电磁四通阀的动作。

在制热状态时，室外机微处理器 U02 输出控制信号，送入反相器 U01 的 2 脚，经反相器放大的控制信号，由其 15 脚输出，使继电器 RY03 工作，继电器的触点闭合，交流 220V 电压经该触点为电磁四通阀供电，来对内部电磁导向阀阀芯的位置进行控制，进而改变制冷剂的流向。

● 室外机组中设有一些温度传感器为室外机微处理器提供工作状态信息。

● 室外机主控电路工作后，接收由室内机传输的制冷/制热控制信号后，便对变频电路进行驱动控制，经由接口 CN18 将驱动信号送入变频电路中。

● 微处理器 U02 的 40 脚、49 脚、25 脚为通信电路接口端。其中，由 49 脚接收由通信电路（空调器室内机与室外机进行数据传输的关联电路）传输的控制信号，并由其 40 脚将室外机的运行和工作状态数据经通信电路送回室内机控制电路中。

3 遥控电路

遥控电路是变频空调器的指令发射和接收部分，包括遥控发射电路和遥控接收电路两部分，其中遥控发射电路设置在遥控器中，遥控接收电路一般安装在室内机前面板靠右侧边缘部分。

图 12-13 为典型变频空调器室内机遥控接收电路。

由图可知，该（海信 KFR－35GW/06ABP 型）变频空调器的遥控接收电路主要是由遥控接收器、发光二极管等元器件构成的。

遥控接收器的 2 脚为 5V 的工作电压，1 脚输出遥控信号并送往微处理器中，为控制电路输入人工指令信号，使变频空调器执行人工指令，同时控制电路输出的显示驱动信号，送往发光二极管中，显示变频空调器的工作状态。其中发光二极管 D3 是用来显示空调器的电源状态；D2 是用来显示空调器的定时状态；D5 和 D1 分别用来显示空调器的正常运行和高效运行状态。

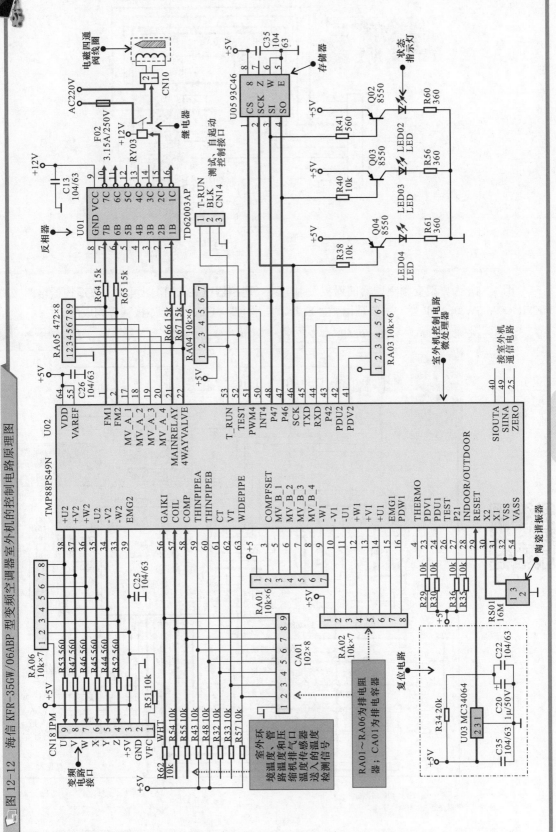

图12-12 海信 KFR-35GW/06ABP 型变频空调器室外机的控制电路原理图

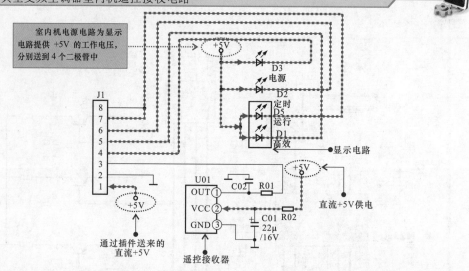

图 12-13 典型变频空调器室内机遥控接收电路

图 12-14 为典型变频空调器的遥控发射电路（遥控器电路）。由图可知，该遥控器电路（海信 KFR － 35GW/06ABP 型）主要是由微处理器、操作电路和红外发光二极管等构成的。

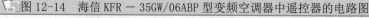

图 12-14 海信 KFR － 35GW/06ABP 型变频空调器中遥控器的电路图

扫一扫看视频

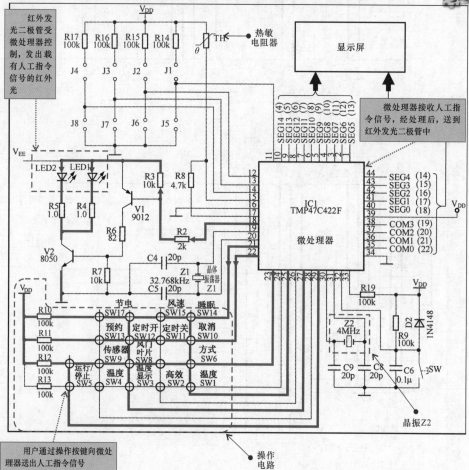

由图可知，遥控器通电后，其内部电路开始工作，用户通过操作按键输入人工指令，该指令经微处理器处理后，形成控制指令，然后经数字编码和调制后由 19 脚输出经晶体管 V1、V2 放大后去驱动红外发光二极管 LED1 和 LED2，红外发光二极管 LED1 和 LED2 通过辐射窗口将控制信号发射出去，并由遥控电路接收。

4 通信电路

通信电路是变频空调器室内机与室外机之间进行数据传递和协同工作的桥梁。因此，在变频空调器室内机和室外机电路中都设有通信电路，如图 12-15 所示。

图 12-15 变频空调器中的通信电路

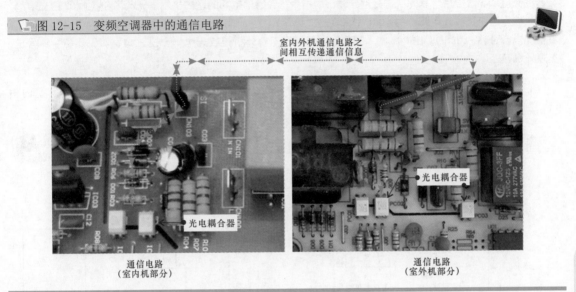

通信电路主要由光电耦合器和一些阻容元件构成。其中室内机通信电路用来接收室外机送来的数据信息并发送控制信号；室外机通信电路用来接收室内机送来的控制信号并发送室外机的各种数据信息。

通信电路主要用于变频空调器室内机和室外机电路板之间进行数据传输。下面分别对信号的发送和接收进行分析。

图 12-16 为室内机发送信号、室外机接收信号的流程。

图 12-16 变频空调器室内机发送信号、室外机接收信号的流程

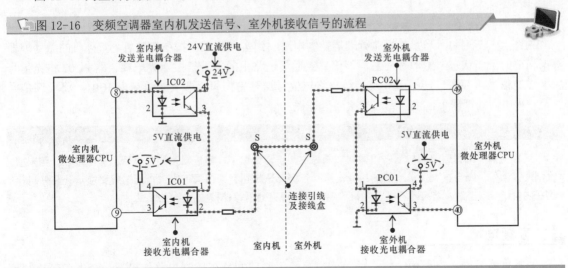

　　由图可见，室内机与室外机的信息传输通道是一条串联的电路，信息的接收和发送都用这一条线路，为了确保信息的正常传输，室内机 CPU 与室外机 CPU 之间采用时间分割的方式，室内机向室外机发送信息 50ms，然后由室外机向室内机发送 50ms。为此电路系统在室内机向室外机传输信息期间，要保持信道的畅通。例如室内机向室外机发送信息时，室外机 CPU 的 49 脚保持高电平使 PC02 处于导通状态，持续 50ms，当室外机向室内机发送信息时，室内机的 8 脚处于高电平，使 IC02 处于导通状态。

| 特别提示 |

　　变频空调器通电后，室内机微处理器输出的指令，经通信电路的室内机发送光电耦合器 IC02 内光电晶体管送往室内机接收光电耦合器 IC01 中（发光二极管），经 2 脚送出，由连接引线及接线盒传送到室外机发送光电耦合器 PC02 内，由 PC2 的 3 脚输出电信号送至室外机接收光电耦合器 PC01，将工作指令信号送至室外机微处理器中。

　　通信电路中室内机发送信号、室外机接收信号完成后，接下来将由室外机发送信号，室内机进行接收信号，如图 12-17 所示。

图 12-17　变频空调器室外机发送信号、室内机接收信号的流程

扫一扫看视频

　　由图 12-17 可知，当室外机微处理器控制电路收到室内机工作指令信号后，室外机的微处理器根据当前的工作状态产生应答信息，该信息经通信电路中的室外机发送光电耦合器 PC02 将光信号转换成电信号，并通过连接引线及接线盒将该信号送至室内机接收光电耦合器 IC01，将反馈信号送至室内机微处理器中，由此完成一次通信过程。

| 相关资料 |

　　变频空调器的通信电路以室内机微处理器为主，正常情况下，室内机发出信号后，等待接收，若未接收到反馈信号，则会再次发送当前的指令信号，若仍无法收到反馈信号，则进行出错报警提示；室外机接收室内机指令状态时，若接收不到室内机指令，则会一直处于等待接收指令状态。

5　变频电路

　　变频电路是变频空调器中特有的单元电路，主要功能是在控制电路作用下，产生变频控制信

号，驱动变频压缩机工作，并对变频压缩机的转速进行实时调节，实现恒温制冷、制热并节能环保的作用。

图 12-18 为典型变频空调器中的变频电路。

图 12-18 典型变频空调器中的变频电路

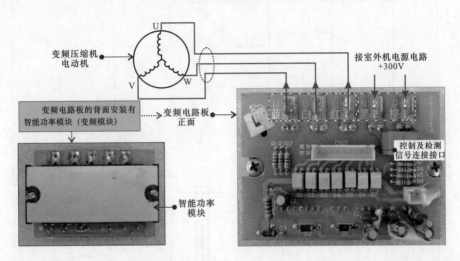

变频压缩机电动机

变频电路板的背面安装有智能功率模块（变频模块）

变频电路板正面

智能功率模块

接室外机电源电路 +300V

控制及检测信号连接接口

| 相关资料 |

变频空调器与定频空调器电路结构上的差别：

定频空调器的室内机电路部分是整个空调器的控制中心，对空调器的整机进行控制，室外机中电路部分十分简单，没有独立的控制部分，由室内机电路部分直接进行控制。

而变频空调器的室内机电路部分是整个空调器控制的一部分，工作时将输入的指令进行处理后，送往室外机的电路部分，才能对空调器整机进行控制，它是通过室内机电路部分和室外机电路部分一起实现对空调器整机的控制。

图 12-19 为典型变频空调器的室外机变频电路。可以看到，该电路主要是由逻辑控制芯片 IC11、变频模块 U1、晶体振荡器 Z1（8M）、过电流检测电路（U2A、R32 ～ R40）等部分构成的。主要功能就是为变频压缩机提供驱动信号，用来调节变频压缩机的转速，实现变频空调器制冷剂的循环，完成热交换的功能。

176

图 12-19 典型变频空调器的室外机变频电路

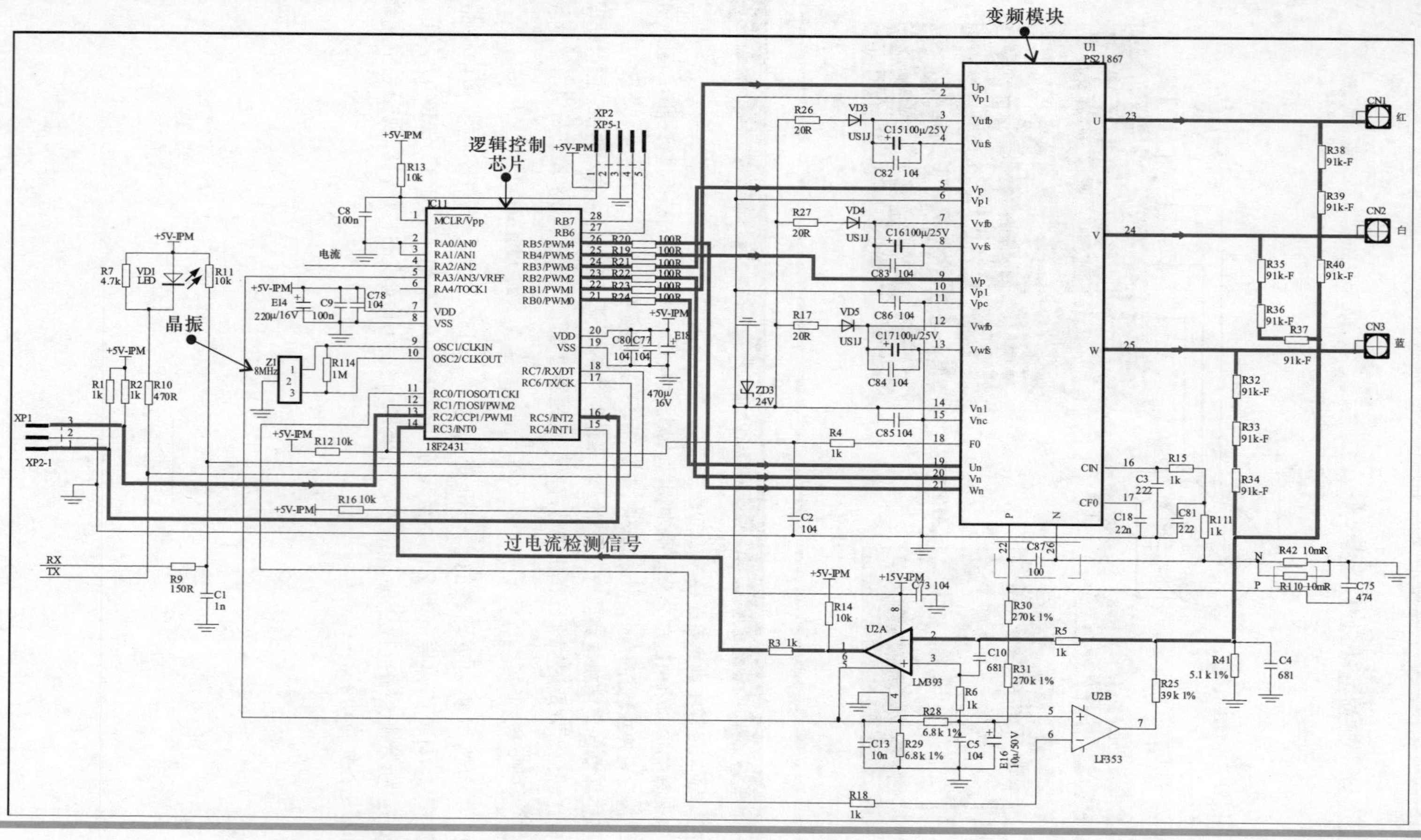

变频模块

逻辑控制芯片

晶振

过电流检测信号

注: R41 在 5010 用 5.1kΩ，其他用 4.7kΩ。

第13章 变频空调器电路分析方法

13.1 海信典型变频空调器室外风扇电动机驱动电路分析

图 13-1 为海信典型变频空调器室外风扇（轴流风扇）电动机驱动电路。从图中可以看出，室外机微处理器 U02 向反相器 U01（ULN2003A）输送驱动信号，该信号从 1、6 脚送入反相器中。反相器接收驱动信号后，控制继电器 RY02 和 RY04 导通或截止。通过控制继电器的导通 / 截止，从而控制室外风扇电动机的转动速度，使风扇实现低速、中速和高速的转换。电动机的起动绕组接有起动电容。

图 13-1 海信典型变频空调器室外风扇（轴流风扇）电动机驱动电路

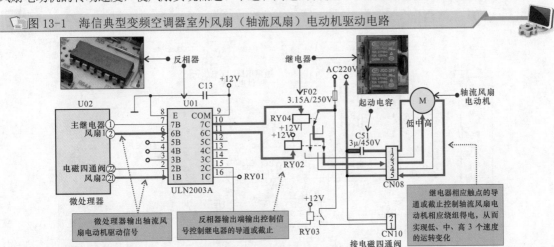

177

13.2 海信典型变频空调器传感器接口电路分析

室外机组中设有一些温度传感器为室外机微处理器提供工作状态信息，图 13-2 为海信典型变频空调器中的传感器接口电路。

图 13-2 海信典型变频空调器的传感器接口电路

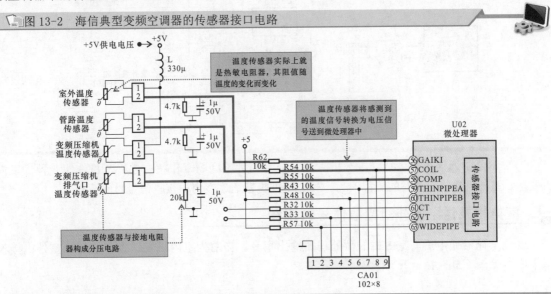

设置在室外机检测部位的温度传感器通过引线和插头接到室外机控制电路板上。经接口插件分别与直流电压 +5 V 和接地电阻器相连，然后加到微处理器的传感器接口引脚端。温度变化时，温度传感器的阻值会发生变化。温度传感器与接地电阻器构成分压电路，分压点的电压值会发生变化，该电压送到微处理器中，在内部传感器接口电路中经 A/D 转换器将模拟电压量变成数字信号，提供给微处理器进行比较判别，以确定对其他部件的控制。

13.3 海信典型变频空调器通信电路分析

图 13-3 为海信典型变频空调器通信电路，由图可知，该电路主要是由室内机发送光电耦合器 IC02（TLP521）、室内机接收光电耦合器 IC01（TLP521）、室外机发送光电耦合器 PC02（TLP521）、室外机接收光电耦合器 PC01（TLP521）等构成的。

图 13-3　海信典型变频空调器通信电路

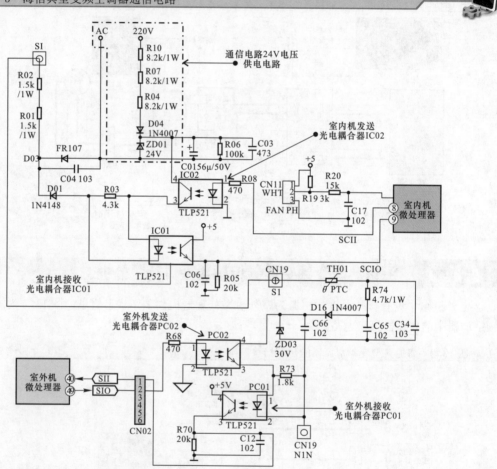

对空调器中通信电路进行详细分析时，可分为两种不同的工作状态进行分析，即一种为室内机发送、室外机接收信号时的流程；另一种为室外机发送、室内机接收信号时的流程。

1 室内机发送、室外机接收信号的流程

变频空调器通电后，室内机的微处理器输出指令。当前为室内机发送指令信号、室外机接收指令信号状态，如图 13-4 所示。

图 13-4　海信 KFR—35GW/06ABP 型变频空调器室内机发送、室外机接收信号的流程

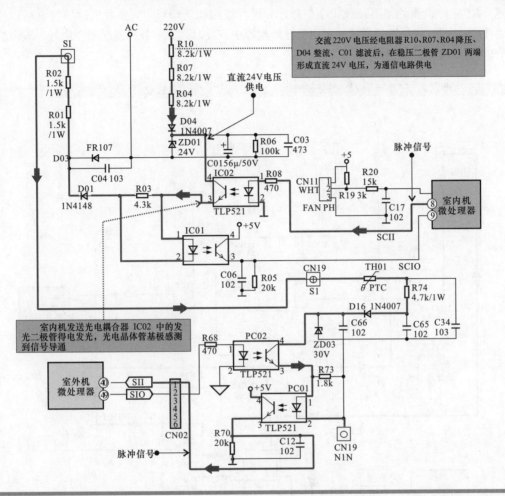

室内机发送信号、室外机接收信号的过程可分为两步进行分析：

1）交流 220 V 电压经分压电阻器、整流二极管、稳压二极管处理后输出 +24V 直流电压，并送入光电耦合器 IC02 的 4 脚，经 3 脚输出后送往光电耦合器 IC01 的 1 脚，由光电耦合器 IC01 的 2 脚输出。

该信号经二极管 D01、电阻器 R01、R02 后送至通信电路连接引线及接线盒 SI，并经过接线盒 CN19、TH01、电阻器 R74、二极管 D16 送到室外机发送光电耦合器 PC02 的 4 脚，由 3 脚输出送至室外机接收光电耦合器 PC01 的 1 脚，由 2 脚输出与 CN19（供电引线 N 端）形成回路，完成对通信电路的供电工作。

2）由室内机微处理器 8 脚发出脉冲信号送往室内机发送光电耦合器 IC02 的 1 脚，室内机发送光电耦合器 IC02 工作后，将电信号转换成光信号（光电耦合器 IC02 内部发光二极管发光），然后再经光电耦合器 IC02 内部的光电晶体管转换成电信号由 3 脚输出。

由室内机发送光电耦合器 IC02 输出的电信号经电阻器 R03、二极管 D01、TH01、电阻器 R74、二极管 D16 后送到室外机发送光电耦合器 PC02 的 4 脚，并由 3 脚输出，送至室外机接收光电耦合器 PC01 的 1 脚，此时 PC01 的发光二极管导通。室外机接收光电耦合器 PC01 将电信号通过 3 脚输出送至室外机微处理器的 40 脚，完成室内机向室外机信息的传送。

2 室外机发送、室内机接收信号的流程

空调器室外机微处理器接收指令信号，并进行识别和处理后，向室外机的相关电路和部件发出控制指令，同时将反馈信号送回室内机微处理器中。此时，为室外机发送指令信号、室内机接收指令的状态，如图13-5所示。

图 13-5　海信 KFR—35GW/06ABP 型变频空调器室外机发送、室内机接收信号的流程

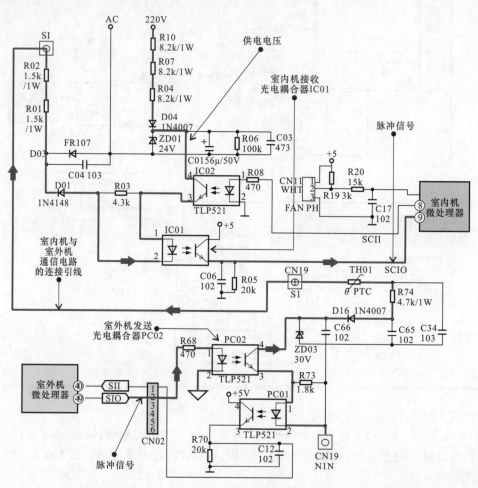

同样，室外机发送信号、室内机接收信号的过程如下

由室外机微处理器 49 脚输出的脉冲信号送往室外机发送光电耦合器 PC02 的 1 脚，此时 PC02 工作，由 4 脚输出电信号，该信号经二极管 D16、电阻器 R74、TH01、电阻器 R02 和 R01、二极管 D01 后送入室内机接收光电耦合器 IC01 的 2 脚，此时室内机接收光电耦合器 IC01 内部的发光二极管发光，光电晶体管导通，将接收到的电信号送至室内机微处理器的 9 脚，反馈信号送达，完成室外机向室内机的信息传送。

13.4 海信典型变频空调器室外机开关电源电路分析

图 13-6 为海信典型变频空调器开关电源电路。该电路主要是由开关振荡集成电路 IC01、开关变压器 T1 和光电耦合器电路等部分组成。该电路稳压方式为脉宽调制方式，功率场效应晶体管也

被集成在 IC01 之中。

181

图 13-6　海信典型变频空调器开关电源电路分析

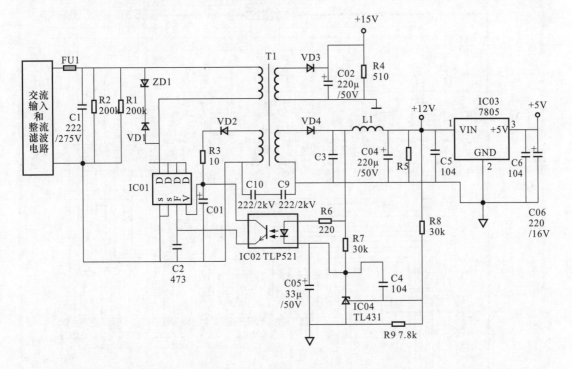

　　由交流输入和整流滤波电路送来的约 300V 直流电压经开关变压器 T1 一次绕组加到 IC01 的 D 端（内接场效应晶体管的漏极）；T1 的二次绕组经 VD2 整流和 R3 限流、C01 滤波后形成正反馈电压加到 IC01 的 V（电源）端，用此电压维持该电路的振荡状态。振荡频率约为 60kHz。开关变压器 T1 另外两个二次绕组的输出一路经 VD3 整流、C02 滤波输出 +15V 电压。另一路经 VD4 整流、C05 滤波，再经 LC 滤波后输出 +12V 电压，然后送到 IC03（7805）三端稳压器，经稳压后输出 +5V 电压。

　　稳压电路是由误差取样电路 R8、R9、IC04 和光电耦合器电路 IC02 等部分构成。如输出有不稳定的情况，R8、R9 的分压点会有电压波动，该信号经 IC04（TL431）控制 IC02 中的发光二极管。发光二极管将误差信号反馈到开关振荡集成电路的 F 端，对振荡电路进行稳压控制，通过改变开关脉冲信号的占空比来维持 +12V 的稳定。+12V 输出得到稳定，则 +5V、+15V 也自然稳定了。

　　接在开关变压器 T1 一次绕组中的 ZD1 和 VD1 用于吸收尖峰脉冲保护 IC01 中的开关场效应晶体管。

13.5　LG 典型变频空调器室外机控制电路分析

　　图 13-7 为 LG 典型变频空调器室外机控制电路。该电路主要是由微处理器、晶体振荡器、反相器、温度传感器、通信电路等部分构成的。该电路用于控制室外机整机工作，为变频电路输送驱动信号，并与室内机实现通信。

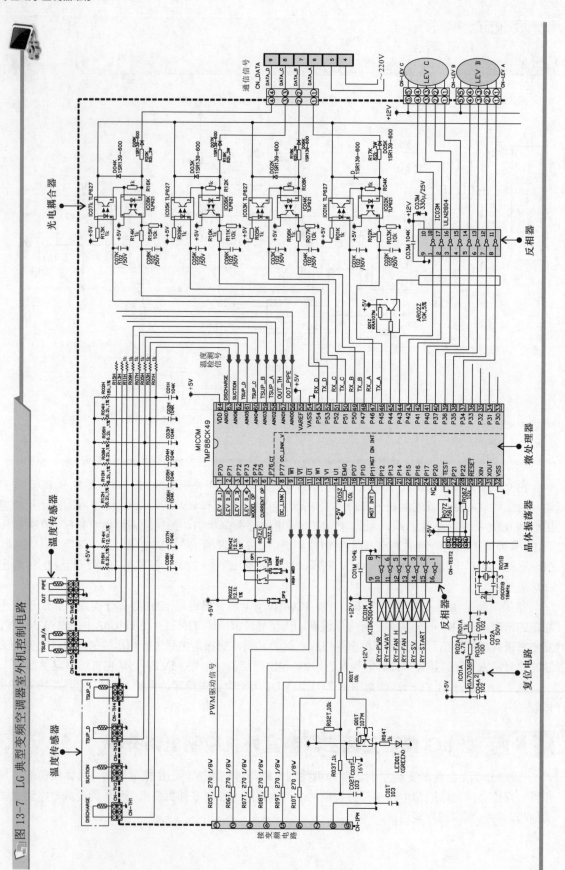

图13-7 LG典型变频空调器室外机控制电路

图中，该电路是以微处理器为核心的自动控制电路。微处理器（CPU）TMP88CK49 是整个电路的控制核心。+5V 为 CPU 的 64 脚供电，32 脚为接地端，+5V 同时为复位电路 IC01A 供电，由复位电路为 CPU 的 29 脚提供复位信号。30、31 脚外接晶振，与微处理器内部的振荡电路产生时钟信号。设在各部位的温度传感器将温度信息经接口电路变成电压信息分别送到 56~63 脚。46~53 脚分别为四路收发信息端口，通过接口电路与室内机传递信息，RX 为接收端，TX 为发送端。33~44 脚输出电磁阀控制信号，经反相器芯片去控制电磁阀（共 4 个电磁阀，图中只画出两个）。19~24 脚输出继电器控制信号，经反相器芯片后分别对 6 个继电器进行控制。9~14 脚输出 6 路变频电动机的驱动信号，该信号经逆变器电路对三相电动机（压缩机）进行变频控制。

13.6 LG 典型变频空调器变频电路分析

图 13-8 为 LG 典型变频空调器变频电路。可以看到，该变频电路主要由光电耦合器、变频模块、变频压缩机等部分构成。

图 13-8　LG　FMU2460W3M 型变频空调器的变频电路

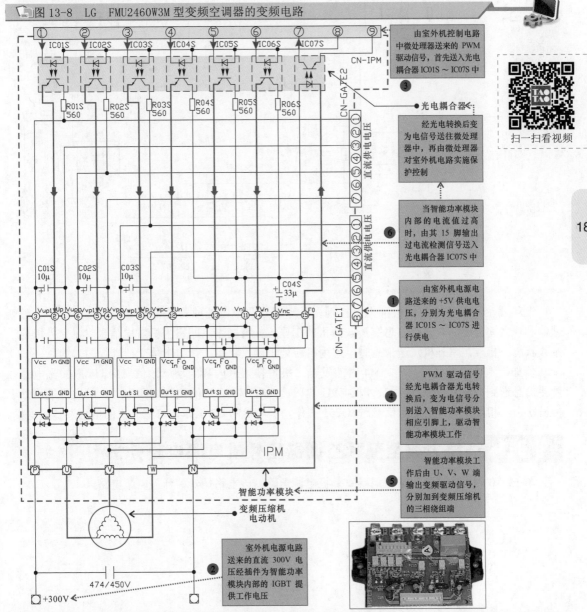

扫一扫看视频

183

　　室外机电源电路为变频电路中智能功率模块和光电耦合器提供直流工作电压；室外机控制电路中的微处理器输出 PWM 驱动信号，经光电耦合器 IC01S~IC07S 转换为电信号后，分别送入智能功率模块对应引脚中，经智能功率模块内部电路的逻辑处理和变换后，输出变频驱动信号加到变频压缩机三相绕组端，驱动变频压缩机工作。

13.7 美的典型变频空调器室内外机通信电路分析

　　图 13-9 为美的典型变频空调器室内外机通信电路。

　　📁 图 13-9　美的典型变频空调器室内外机通信电路

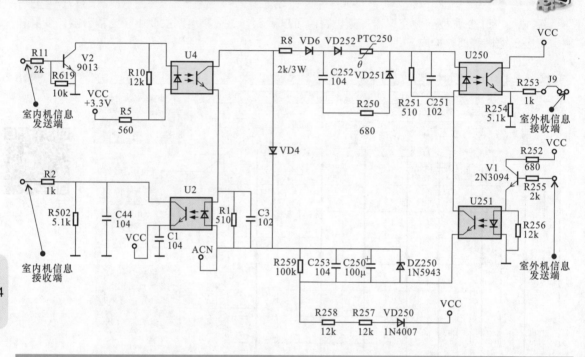

　　变频器空调器的室内外机都设有控制微处理器，两个微处理器需要协调控制，因而两个微处理器芯片之间需要随时进行信息交流。两机的工作应保持同步，即室内机发送信息时，室外机处于接收状态。相反，室外机发送信息时，室内机应处于接收状态。其工作是交替进行的。

　　例如，室内机发送信息时，U4 内的发光二极管按信息内容闪动，该信息经 U4 内的光电晶体管将信息送到 U250，然后送到室外机 CPU 端口。此时，室内机的接收端和室外机的发送端均处于待机状态。相反，室外机发送信息时，U251 工作，室内机的 U2 工作，将室外机的信息发到室内机。

13.8 格力典型变频空调器室外机电源电路分析

　　图 13-10 为格力典型变频空调器室外机电源电路，该电路是一种开关电源电路。

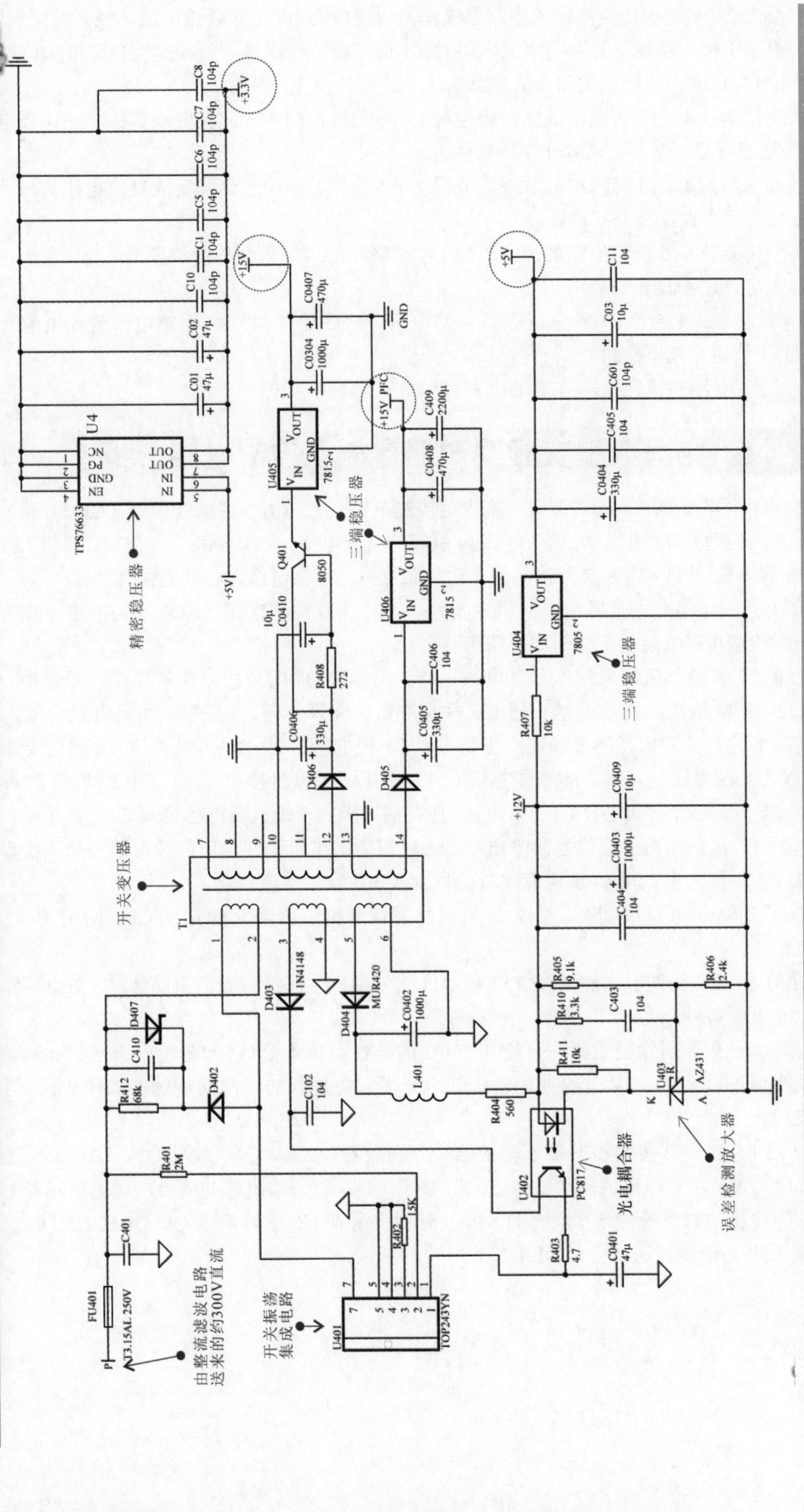

图13-10 格力典型变频空调器室外机电源电路分析

185

市电交流 220V 电源由交流输入电路整流滤波后变成约 300V 的直流电压，经开关变压器 T1 的一次侧绕组 2~1 脚，送到开关振荡集成电路 U401 的 7 脚，该电压同时经起动电阻 R401 送到 U401 的 2 脚，使 U401 起振，稳压电路由光电耦合器和误差检测电路构成。

开关变压器的 10~12 脚输出的脉冲信号经 D406 整流、C0406 滤波变成直流电压，该电压再经 Q401 和三端稳压器（7815）后输出 +15V 电压。

开关变压器的 13~14 脚输出的脉冲信号经 D405 整流、C0405 滤波变成直流电压，再经三端稳压器（7815）后变成直流 15V 电压。

开关变压器的 5~6 脚输出的脉冲信号经 D404 整流，L401 和 LC 滤波变成 +12V 直流，再经三端稳压器（7805）后输出 +5V 电压。

+12V 电压经 R405 和 R406 分压取得误差电压，然后经 AZ431 将误差电压经光电耦合器反馈到 U401 的 1 脚进行稳压控制。

+5V 电压再经精密稳压器 U4 后输出 +3.3V 电压为芯片供电。

13.9 格力典型变频空调器室内机控制电路分析

图 13-11 为格力典型变频空调器的室内机控制电路，它是由主控微处理器（CPU）和外围电路组成。主控微处理器（CPU）是一种方形 44 引脚的集成电路。+5V 分别为 9 脚、11 脚和 32 脚供电，10 脚、33 脚为接地端，7、8 脚外接晶振，它与芯片内的振荡电路为芯片提供时钟信号。

CPU 的外围电路分别是风机电源供电电路、风机速度检测电路、应急开关电路、蜂鸣器驱动电路、过零检测电路以及显示器驱动电路等。

CPU 的 22 脚输出风机控制信号高电平，加到晶体管 Q4 的基极，使其导通，于是使 U6 的 3、4 脚经 R22 和 Q4 接地，使光电耦合器 U6 内的发光二极管点亮，U6 是一种光电耦合器，通过发光二极管控制内部的双向晶闸管导通，于是电源 L1 经电感器 L1 接 U6 的 8 脚，8 脚的交流电源经 U6 内的双向晶闸管送到 6 脚，6 脚的交流（L1）电压加到风机接口（PG）的 2 脚。3 脚直接接到交流（N）端，N 端经起动电容 CF1 接到 PG 接口的 1 脚，于是风扇电动机起动。

P11 接口连接到风机速度信号的输出端，电动机内的霍尔元件输出的速度信号经该接口和 R33 送到 CPU 的 21 脚，为 CPU 提供速度比较信号，从而可实现速度控制。

应急开关 SW1 可在调试时，作为试机用，强行开机信号经 R23 送到 CPU 的 15 脚，为 CPU 提供开机信号。

CPU 的 16 脚输出的音频脉冲经 R57 和 Q11 为蜂鸣器（HA1）提供驱动脉冲，在起 / 停和功能转换时，发出蜂鸣声。

交流电源经整流后输出的脉冲直流加到 Q2 的基极，晶体管 Q2 的基极电压低于 0.7V 时截止，输出高电平脉冲，高于 0.7V 时导通，输出低电平，它将提取的电源同步脉冲（100Hz）信号送到 CPU 的 23 脚。

CPU 的 1、42、43 脚输出的显示驱动信号分别经 Q7、Q8、Q6、Q9、Q5、Q10 送到显示接口 DISP1 接口，为显示电路提供驱动信号。同时 CPU 的 40 脚还输出脉冲信号，送到译码器 U5 的 1、2 脚，39 脚输出的时钟脉冲送到 U5 的 8 脚，时钟信号在 U5 中转换成 Q0~Q6 的显示信号，再经 U2 反相器反相后送到显示器接口 DISP2 端。

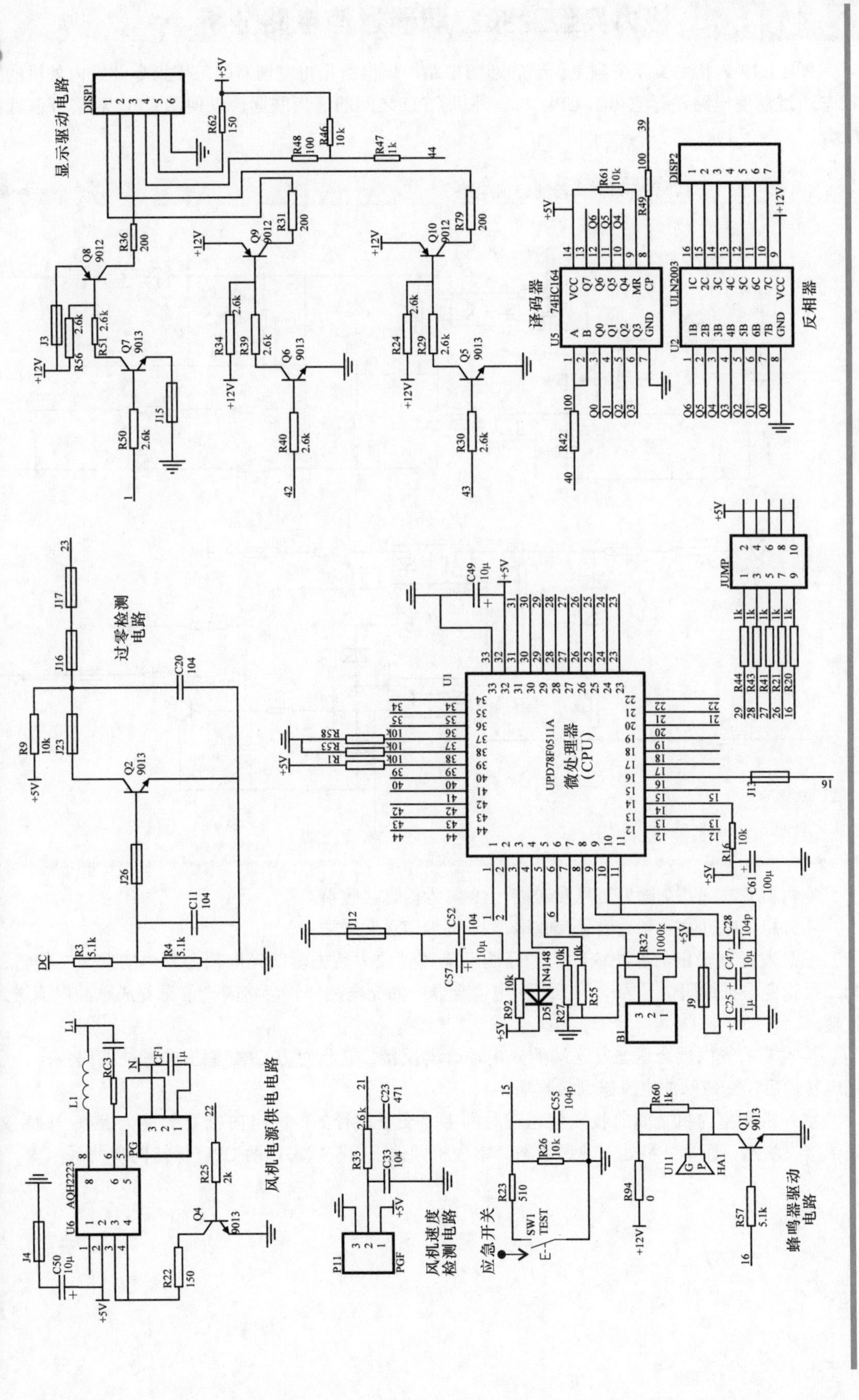

图13-11 格力典型变频空调器的室内机控制电路

13.10 格力典型变频空调器通信电路分析

图 13-12 为格力典型变频空调器的通信电路，该电路是将空调器的工作指令及室内外机的工作状态通过通信电路进行室内机 CPU 与室外机 CPU 之间的通信联通，以便两 CPU 对整机进行协调配合。

图 13-12 格力典型变频空调器的通信电路

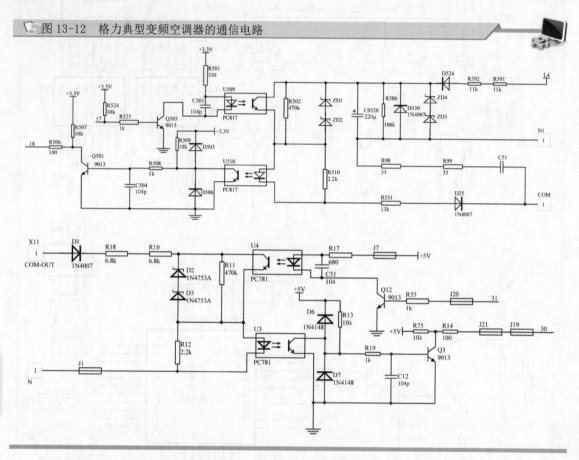

室内机 CPU 的 17 脚为信息发送端，18 脚为信息接收端。

室外机 CPU 的 30 脚为信息接收端，31 脚为信息发送端。

信息发送端输出的脉冲编码信号经驱动晶体管放大后去驱动光电耦合器中的发光二极管，发光二极管便根据编码信号闪动，于是光电耦合器中的光电晶体管会将闪光信息变成脉冲电流送到接收端。

接收端的光电耦合器与发送端的光电耦合器反接，它将对方 CPU 输出的脉冲编码信号，经过光电转换后，变成脉冲电流送到接收端。

室外机和室内机之间的收发信息在时间上是交替进行的，即室内机处于发送状态，则室外机处于接收状态，而室外机处于发送状态，室内机则处于接收状态，两 CPU 保持同步关系。

第14章 变频空调器的故障检测

14.1 变频空调器开机不工作的故障检测

变频空调器开机不工作,应从室内机给室外机供电状态、压缩机工作状态、室内机工作状态三方面进行故障检测。

14.1.1 室内机给室外机供电故障的检测

室内机给室外机供电异常应重点检测空调器供电插座、室内接线板、室外接线板的电压,检修流程如图 14-1 所示。

图 14-1 室内机给室外机供电故障的检测流程

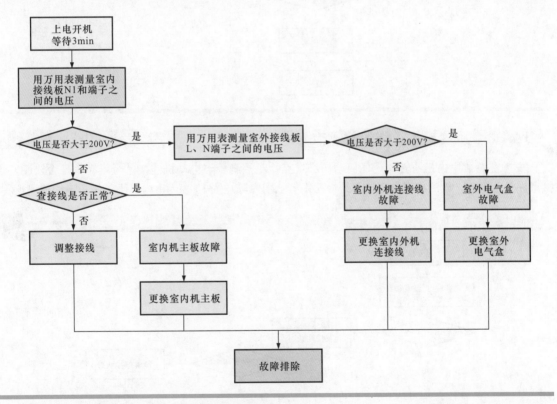

14.1.2 压缩机不起动的故障检测

变频空调器压缩机不起动应重点检测压缩机连接线是否正确、压缩机停机时间是否足够和压缩机是否损坏几个方面,图 14-2 为压缩机不起动故障的检测流程。

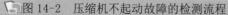

图 14-2　压缩机不起动故障的检测流程

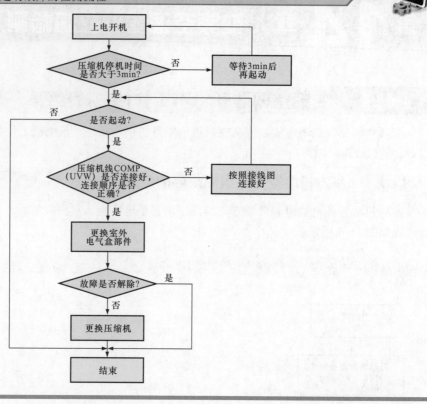

14.1.3　室内机不工作的故障检测

变频空调器室内机不转、无任何动作应重点检测控制板与电动机连接是否可靠、是否松脱，连接顺序是否正确，检测机组电压输入是否在正常范围内等。图 14-3 为室内机不工作故障的检测流程。

图 14-3　室内机不工作故障的检测流程

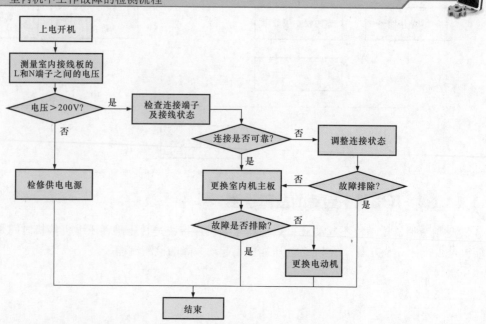

14.2 变频空调器控制失常的故障检测

14.2.1 变频空调器控制失常的检测要点

一般来说，变频空调器控制失常主要是由温度传感器不良或电控板故障引起的。通常情况下，变频空调器控制失常会显示相应的故障代码。

若指示室内机故障代码，应重点检测室内环境温度是否在正常范围内，室内风机运转是否正常，室内机的散热环境是否良好，室温传感器、蒸发器管温传感器线体是否破损，传感器接头是否存在虚接，传感器阻值是否正常，室内机电控板是否损坏等。

若指示室外机故障代码，应重点检测室外环境温度是否在正常范围内，室外风机运转是否正常，室外机的散热环境是否良好，室外冷凝器温度传感器、室外环境温度传感器、室外排气温度传感器、室外回气温度传感器等线体是否破损，传感器接头是否存在虚接，传感器阻值是否正常，室外机电控板是否损坏等。

14.2.2 变频空调器控制失常的检修流程

图 14-4 为变频空调器控制失常的检修流程。

图 14-4 变频空调器控制失常的检修流程

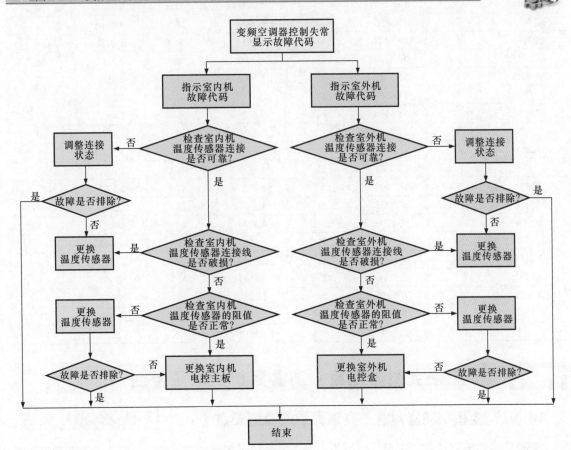

| 提示说明 |

在正常情况下，温度传感器的阻值为 10kΩ（25℃），且阻值随环境温度变化而变化，若测量阻值与当前温度相差偏大，或为 0，或为无穷大，则说明温度传感器损坏，应更换。

变频空调器中的温度传感器是负温度系数电阻，温度越高阻值越小。

◇ 室内温度传感器阻值一般为 10kΩ：用于检查室内温度高低，是否达到设定温度，自动模式靠它识别需要制热还是制冷。

◇ 室内管温传感器阻值一般为 10kΩ：用检查室内机蒸发器温度，用于防止蒸发器过冷过热，制热防冷风，化霜等，是变频空调器中故障率较高的器件。

◇ 室外管温传感器阻值一般为 10kΩ。

◇ 室外环温传感器阻值一般为 10kΩ。

◇ 压缩机排气传感器阻值一般为 55kΩ。

◇ 压缩机回气传感器阻值一般为 10kΩ。

表 14-1 为变频空调器中温度传感器温度与阻值对应表。

表 14-1　变频空调器中温度传感器温度与阻值对应表

电阻值 /kΩ	温度 /℃	电阻值 /kΩ	温度 /℃	电阻值 /kΩ	温度 /℃	电阻值 /kΩ	温度 /℃
62.2856	-10	20.7184	10	7.9708	30	3.3185	51
58.7079	-9	19.6891	11	7.6241	31	3.1918	52
56.3649	-8	18.7177	12	7.2946	32	3.0707	53
52.2438	-7	17.8005	13	6.9814	33	2.9590	54
49.3161	-6	16.9341	14	6.6835	34	2.8442	55
46.5725	-5	16.1156	15	6.4002	35	2.7382	56
44.0000	-4	15.3418	16	6.1306	36	2.6368	57
41.5878	-3	14.6181	17	5.8736	37	2.5397	58
39.8239	-2	13.9180	18	5.6296	38	2.4468	59
37.1988	-1	13.2631	19	5.3969	39	2.3577	60
35.2024	0	12.6431	20	5.1752	40	2.2725	61
33.3269	1	12.0561	21	4.9639	41	2.1907	62
31.5635	2	11.5000	22	4.7625	42	2.1124	63
29.9058	3	10.9731	23	4.5705	43	2.0373	64
28.3459	4	10.4736	24	4.3874	44	1.9653	65
26.8778	5	10.0000	25	4.2126	45	1.8963	66
25.4954	6	9.5507	26	4.0459	46	1.8300	67
24.1923	7	9.1245	27	3.8867	47	1.7665	68
22.5662	8	8.7198	28	3.7348	48	1.7055	69
21.8094	9	8.3357	29	3.5896	49	1.6469	70
				3.4510	50	1.5907	71

14.3　变频空调器过载、高温保护的故障检测

14.3.1　变频空调器过载、高温保护的检测要点

变频空调器出现过载、高温保护故障，空调器会显示相应的故障代码。发生此类故障时，应重点检测室内外机环境温度是否过高，室内外风机运转是否正常，风速是否过低，机组内外的散热环境是否良好，室外机管温传感器是否正常等（一般在制热状态下检查室内机，在制冷模式下

检查室外机）。

如果属于压缩机顶部温度过高的保护，则应重点检测变频室外机电控盒、压缩机顶部温度保护器、制冷系统和压缩机本身等部分。

如果是由于室外机排气温度过高而导致压缩机关闭保护的故障，则应重点检测排气温度传感器、变频室外机电控盒、制冷系统和变频压缩机本身等部分。

14.3.2 变频空调器过载、高温保护的检修流程

图 14-5 为变频空调器过载、高温保护的检修流程。

图 14-5 变频空调器过载、高温保护的检修流程

变频空调器开机保护
显示过载、高温保护代码

指示压缩机顶部温度保护故障代码

测量压缩机实际温度是否过高？ —是→ 检查压缩机连接线线序及接线是否可靠，若存在，调整线序或接线

否↓

断电测量压缩机顶部温度保护器阻值是否为0？ —否→ 温度保护器损坏，更换

是↓

短接电控盒中温度保护器接线端子，上电开机，观察是否仍出现保护代码？ —否→ 室外电控盒故障，更换

是↓

检查压缩机接线、制冷系统是否存在脏堵及制冷剂泄漏情况，如有则需要清理脏堵和补充制冷剂

指示室外机排气温度过高保护故障代码

检查排气温度传感器连接线是否破损？ —是→ 更换排气温度传感器

否↓

检查排气温度传感器与室外电控盒间的连接是否可靠？ —否→ 调整连接使其牢固可靠

是↓

检测排气温度传感器阻值是否正常？ —否→ 更换排气温度传感器

是↓

上电开机，在出现保护代码时，检测压缩机本身温度是否过高？ —是→ 检查排气温度传感器阻值偏低 → 更换排气温度传感器

检查排气温度传感器阻值偏高 → 室外电控盒故障，更换

否↓

检查制冷系统是否脏堵、制冷剂是否泄漏、进出风口是否存在脏堵、系统散热是否良好？ —是→ 进行相应的清堵、补充制冷剂等调整

否↓

变频压缩机损坏，更换压缩机

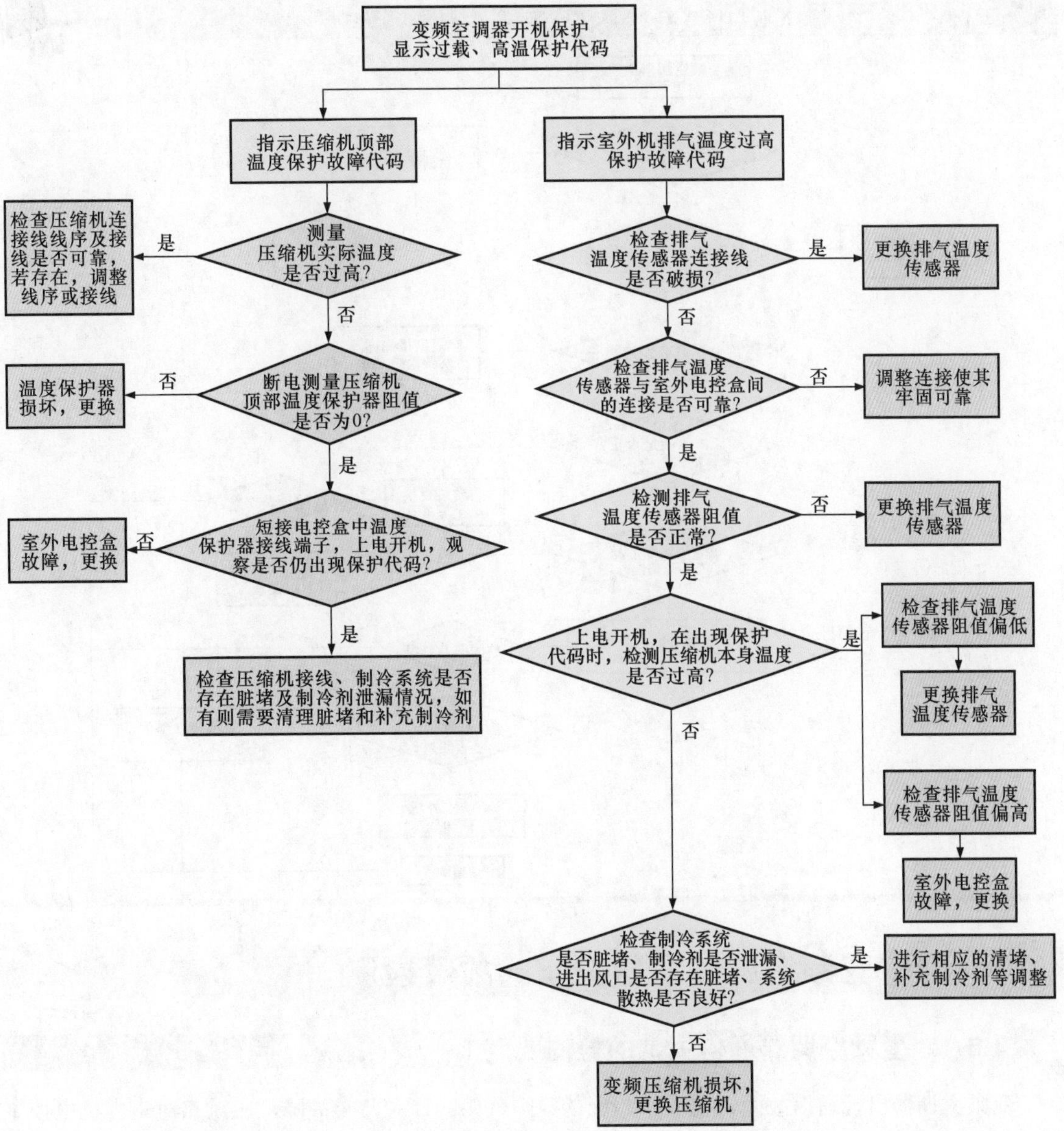

14.4 变频空调器过载和排气不良的故障检测

14.4.1 变频空调器过载和排气不良的检测要点

变频空调器出现过载和排气不良故障时，会显示相应的故障代码。针对此类故障，应重点检查电子膨胀阀连接是否正常，电子膨胀阀本身是否损坏，制冷剂是否泄漏，过载保护器有无损坏，过载线连接是否正常，排气温度传感器是否损坏等。

14.4.2 变频空调器过载和排气不良的检修流程

图 14-6 为变频空调器过载和排气不良的检修流程。

图 14-6 变频空调器过载和排气不良的检修流程

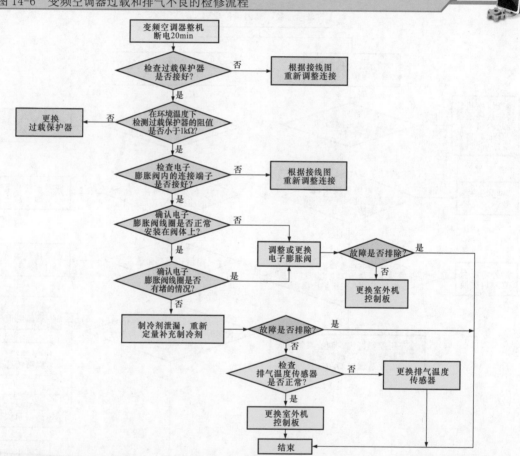

14.5 变频空调器通信失常的故障检测

14.5.1 变频空调器通信失常的检测要点

变频空调器出现通信故障，会显示相应的故障代码。针对此类故障，应重点对室内机电控主板、室内外机连接线、室外机电控主板、电抗器及电感元件等进行检修检测。

重点检测室内机主继电器输出交流电压、室内外机接线盒处电压、室外机主继电器输出电压和室外机电源部分。

14.5.2　变频空调器通信失常的检修流程

图 14-7 为变频空调器通信失常的检修流程。

图 14-7　变频空调器通信失常的检修流程

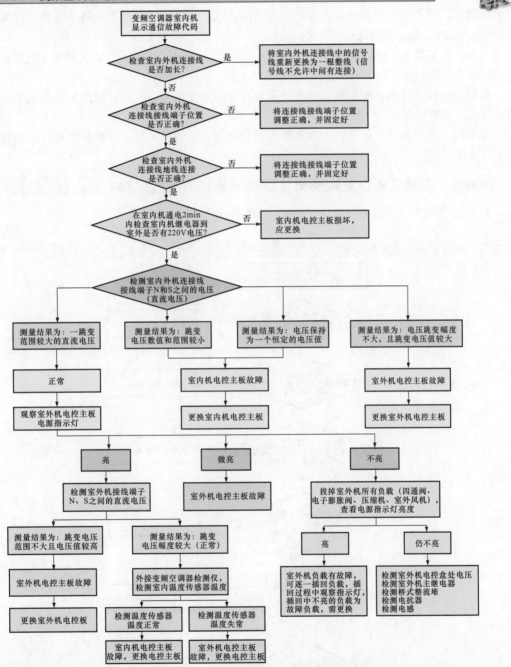

14.6　变频空调器变频模块（IPM）异常的故障检测

14.6.1　变频空调器变频模块（IPM）异常的检测要点

变频空调器变频模块（IPM）工作异常，空调器会显示相应的故障代码。根据故障代码，重点应对空调器室外机电控盒、压缩机连接绕组、压缩机等部分进行检测。

另外，变频模块会由于本身故障、模块散热不良、空调运行功率过大超过模块限值等因素导致保护。出现模块保护的检修方法：第一种状况，若上电在待机状态下出现模块保护，则说明模块本身已经损坏，可直接更换模块；第二种状况，运行过程中出现模块保护的检修方法。

步骤一：观测室外机散热是否良好，是否因为回风短路或室外风机散热不良造成模块组件工作环境温度过高出现模块保护。

步骤二：若散热良好则检测模块 300V 直流输入电压是否正常，若不正常则更换电源板，若正常则进入下一步。

步骤三：检测压缩机绕组是否平衡，是否存在短路及漏电，若存在绕组短路或漏电，则更换压缩机，若正常则进入下一步。

步骤四：检测模块与散热器上的散热膏是否风化造成散热不良出现模块保护，若是可更换模块组件处理。

14.6.2　变频空调器变频模块（IPM）异常的检修流程

图 14-8 为变频空调器变频模块（IPM）异常的检修流程。

图 14-8　变频空调器变频模块（IPM）异常的检修流程

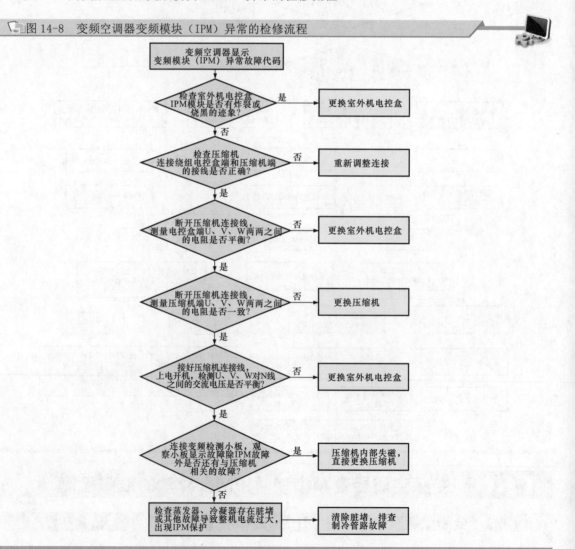

14.7 变频空调器室内风机失速的故障检测

14.7.1 变频空调器室内风机失速的检测要点

变频空调器室内风机失速，空调器会显示相应的故障代码。根据故障代码，重点应对空调器室内机电控主板、室内风扇电动机、室内贯流风扇扇叶等部分进行检测。

当变频空调器出现室内风机速度失控时，可先重新上电开启空调，目测室内电动机是否能旋转 50s，第一种状况，室内电机完全不转的检修方法：

步骤一：检测电动机电源线与驱动线之间的交流电压是否正常。若无电压则更换室内主板；若有则进入下一步。

步骤二：用手拨动风轮，查看风轮是否动作，根据风轮动作状态，判断故障部位。

第二种状况，室内电机运转 50s 后出现风机失速的检修方法：

检测风机信号反馈端子上电源端和接地端之间的电压值，若无电压则为室内机主板损坏，应更换；若可测得一定电压值，则继续检测反馈端与接地端之间的电压，可根据实测电压值判断故障范围。

14.7.2 变频空调器室内风机失速的检修流程

图 14-9 为变频空调器室内风机失速的检修流程。

图 14-9 变频空调器室内风机失速的检修流程

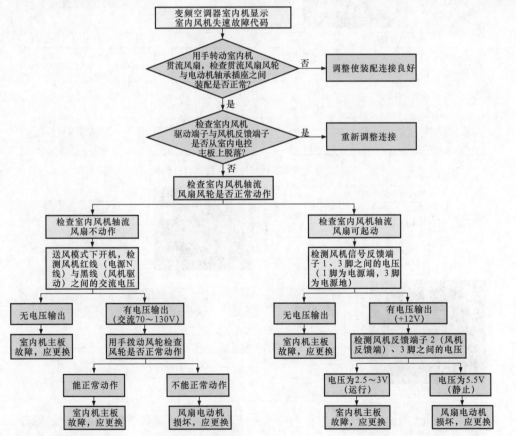

15.1 变频空调器电源电路维修

15.1.1 电源电路的检修分析

变频空调器电源电路出现故障后，通常表现为变频空调器不开机、压缩机不工作、操作无反应等故障。

对变频空调器的电源电路进行检修时，可依据故障现象分析出产生故障的具体原因，并根据电源电路的信号流程对可能产生故障的部件逐一进行排查。

当电源电路出现故障时，首先应对电源电路输出的直流低压进行检测，若电源电路输出的直流低压均正常，则表明电源电路正常；若输出的直流低压有异常，可顺电路流程对前级电路进行检测，如图 15-1 所示。

图 15-1 变频空调器电源电路的检修分析

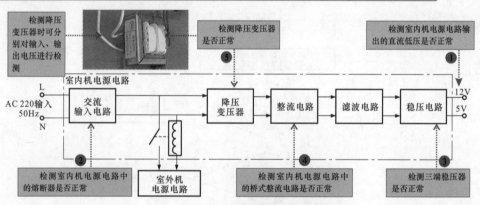

a）变频空调器室内机电源电路的检修分析

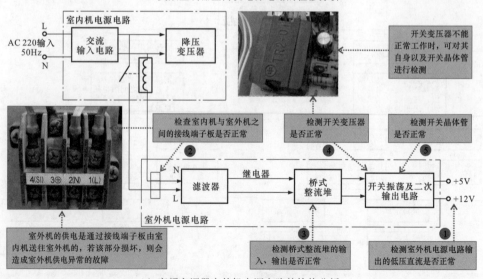

b）变频空调器室外机电源电路的检修分析

15.1.2 电源电路的检修方法

对于变频空调器电源电路的检测，可使用万用表或示波器测量待测变频空调器的电源电路，然后将实测值或波形与正常变频空调器电源电路的数值或波形进行比较，即可判断出电源电路的故障部位。

检测时，可依据电源电路的检修分析对可能产生故障的部件逐一检修，首先我们先对变频空调器室内机的电源电路进行检修。

1 变频空调器室内机电源电路的检测方法

当变频空调器室内机出现不能正常工作的故障时，维修人员可首先判断变频空调器的供电是否正常，通过排除法找到故障点，排除故障。

（1）电源电路输出直流低压的检测方法

若变频空调器出现不工作，或没有供电的故障时，可先对室内机电源电路输出的各路直流低压进行检测。

正常情况下，室内机电源电路应输出相应的直流低压；若输出的直流低压为零时，则需要进一步对熔断器的性能进行检测。

室内机电源电路输出直流低压的检测方法如图 15-2 所示。

图 15-2 室内机电源电路输出直流低压的检测方法

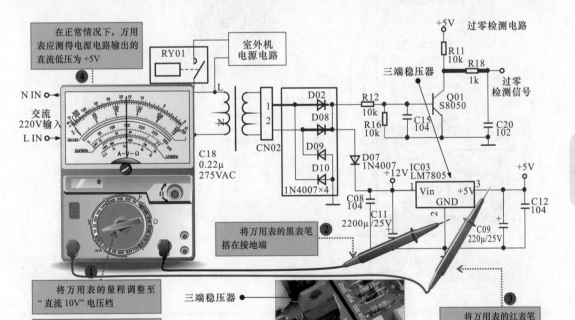

199

（2）熔断器的检测方法

检测室内机电源电路无直流低压输出时，应对保护器件进行检测，即检测熔断器是否损坏，正常情况下，使用万用表检测熔断器两引脚间的阻值为零欧姆。

若熔断器本身损坏，应以同型号的熔断器进行更换；若熔断器正常时，可由后向前的顺序对直流低压输出端前级的重要元器件进行检测。

引起熔断器熔断的原因很多，但引起熔断器熔断的多数情况是交流输入电路或开关电路中有过载现象。这时应进一步检查电路，排除过载元器件后，再开机。否则即使更换熔断器后，可能还会熔断。

（3）三端稳压器的检测方法

经检测熔断器正常，电源电路仍无直流低压输出时，则需要对前级电路中的稳压器件进行检测，即检测三端稳压器是否正常。

若检测三端稳压器的输入电压正常，而没有输出电压，则表明三端稳压器本身损坏；若三端稳压器的输入电压不正常，则需要对桥式整流电路进行检测。

三端稳压器的检测方法如图 15-3 所示。

图 15-3　三端稳压器的检测方法

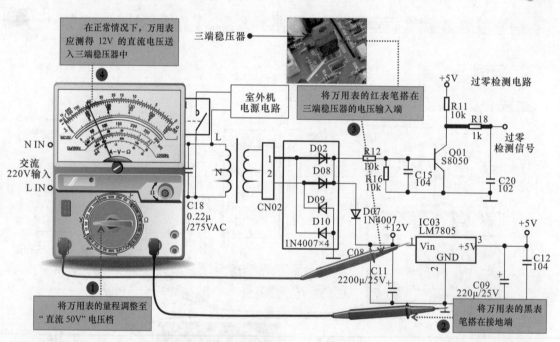

（4）桥式整流电路的检测方法

当检测三端稳压器时，没有检测到输入的电压时，应对前级电路中桥式整流电路输出的电压进行检测，检测该电压是否正常时，通常是对桥式整流电路的性能进行判断。

通常情况下，检测桥式整流电路中的整流二极管是否正常，可在断电状态下，使用万用表对桥式整流电路中的 4 个整流二极管进行检测，正常时，整流二极管的正向应有几欧姆的阻值，反向应为无穷大。

桥式整流电路的检测方法如图 15-4 所示。

图 15-4 桥式整流电路的检测方法

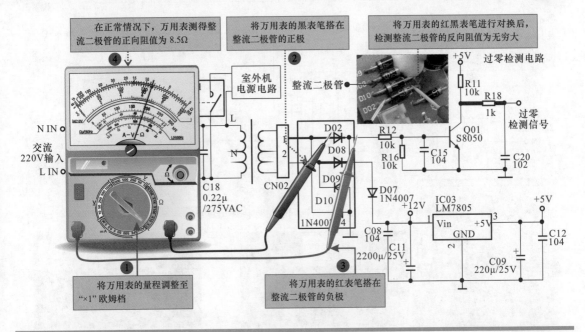

在正常情况下，万用表测得整流二极管的正向阻值为 8.5Ω

将万用表的黑表笔搭在整流二极管的正极

将万用表的红黑表笔进行对换后，检测整流二极管的反向阻值为无穷大

将万用表的量程调整至"×1"欧姆档

将万用表的红表笔搭在整流二极管的负极

| 相关资料 |

在路检测桥式整流电路中的整流二极管时，很可能会受到外围元器件的影响，导致实测结果不一致，也没有明显的规律，而且具体数值也会因电路结构的不同而有所区别。因此，若经在路初步检测怀疑整流二极管异常时，可将其从电路板上取下后再进行进一步的检测和判断。通常，开路状态下，整流二极管应满足正向导通、反向截止的特性。

（5）降压变压器的检测方法

经检测电源电路中的桥式整流电路正常，但故障仍存在时，则需要对降压变压器进行检测，检测降压变压器时，可使用万用表检测降压变压器的输入、输出电压是否正常，若输入电压正常，而输出不正常，则表明降压变压器本身损坏。

降压变压器的检测方法如图 15-5 所示。

2 变频空调器室外机电源电路的检修方法

若经检测变频空调器室内机电源电路均正常，但变频空调器仍然存在故障，此时，则需要对变频空调器室外机的电源电路部分进行检测，判断室外机电源电路是否正常时，同样应先对室外机电源电路输出的直流低压进行检测。

（1）室外机输出直流低压的检测方法

怀疑变频空调器室外机电源电路异常时，应首先检测该电路输出的直流低压是否正常。若输出的低压正常，则表明室外机的电源电路正常。

若检测某一路直流低压不正常，则需要对前级电路的主要器件（三端稳压器、整流二极管等）进行检测，具体检测方法与室内机元器件的检测相同。若无直流低压输出，则需要对室内机与室外机的供电线路进行检测。

室外机输出直流低压的检测方法如图 15-6 所示。

201

图 15-5 降压变压器的检测方法

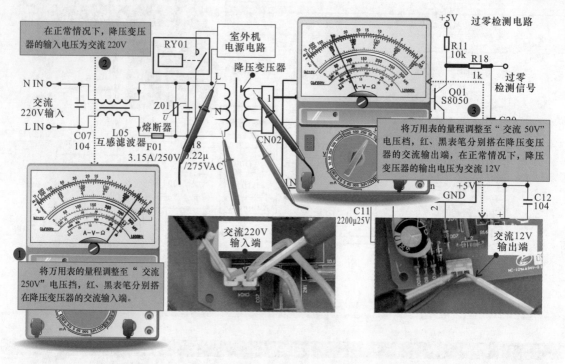

在正常情况下，降压变压器的输入电压为交流 220V ②

室外机电源电路

RY01

降压变压器

过零检测电路

+5V

R11 10k

R18 1k

过零检测信号

Q01 S8050

将万用表的量程调整至" 交流 50V"电压档，红、黑表笔分别搭在降压变压器的交流输出端，在正常情况下，降压变压器的输出电压为交流 12V ③

N IN

交流 220V 输入

L IN

C07 104

L05 互感滤波器

Z01

熔断器

F01 3.15A/250V

0.22μ /275VAC

CN02

交流 220V 输入端

C11 2200μ25V

+5V GND

C12 104

交流 12V 输出端

将万用表的量程调整至" 交流 250V"电压挡，红、黑表笔分别搭在降压变压器的交流输入端。①

图 15-6 室外机输出直流低压的检测方法

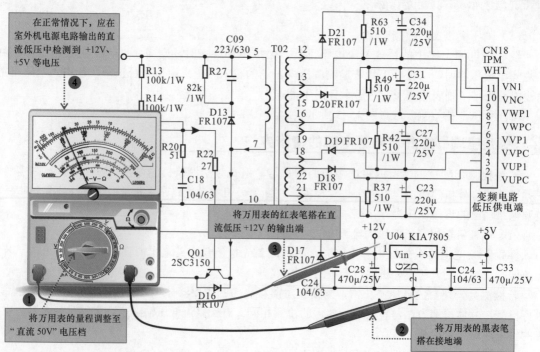

在正常情况下，应在室外机电源电路输出的直流低压中检测到 +12V、+5V 等电压 ④

R13 100k/1W

R14 100k/1W

R27 82k /1W

C09 223/630

D13 FR107

R20 51

R22 27

C18 104/63

T02

D21 FR107

R63 510 /1W

C34 220μ /25V

D20 FR107

R49 510 /1W

C31 220μ /25V

D19 FR107

R42 510 /1W

C27 220μ /25V

D18 FR107

R37 510 /1W

C23 220μ /25V

CN18 IPM WHT

11 VN1
10 VNC
9
8 VWP1
7
6 VWPC
5
4 VVP1
3
2 VVPC
1 VUP1
VUPC

变频电路低压供电端

将万用表的红表笔搭在直流低压 +12V 的输出端 ③

+12V

U04 KIA7805

Vin +5V

+5V

Q01 2SC3150

D17 FR107

C28 470μ/25V

C24 104/63

C24 104/63

C33 470μ/25V

D16 FR107

将万用表的量程调整至"直流 50V"电压档 ①

将万用表的黑表笔搭在接地端 ②

（2）接线端子板的检测方法

经检测室外机电源电路无任何输出电压时，可以对室外机的供电部分进行检测，即检测室内机与室外机的接线端子板处是否正常。

若接线端子板出现损坏时，应对损坏的部分进行更换；若检测接线端子板正常时，则需要对室外机的 +300 V 供电电压进行检测。

接线端子板的检测方法如图 15-7 所示。

图 15-7　接线端子板的检测方法

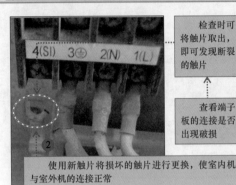

检查时可将触片取出，即可发现断裂的触片

查看端子板的连接是否出现破损

端子板

使用新触片将损坏的触片进行更换，使室内机与室外机的连接正常

（3）桥式整流堆的检测方法

检测室内机与室外机的接线端子板正常时，应进一步对室外机电源电路的 +300 V 电压进行检测。

判断 +300 V 直流电压是否正常时，可对桥式整流堆的输出电压进行检测，若桥式整流堆输出的电压不正常，则应对桥式整流堆的输入电压进行检测；若输出的电压正常，则表明电源电路的 +300 V 供电电压正常。

桥式整流堆的检测方法如图 15-8 所示。

图 15-8　桥式整流堆的检测方法

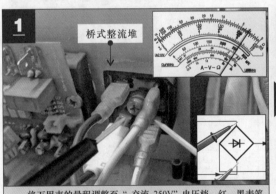
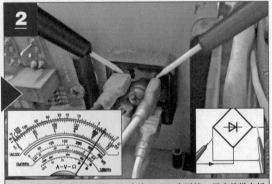

桥式整流堆

1 将万用表的量程调整至"交流 250V"电压档，红、黑表笔分别搭在桥式整流堆的交流输入端，在正常情况下，可得桥式整流堆输入的电压为交流 220V。

2 将万用表的量程调整至"直流 500V"电压档，黑表笔搭在桥式整流堆的负极输出端，红表笔搭在桥式整流堆的正极输出端，在正常情况下，可测得桥式整流堆输出的电压为直流 300V。

（4）开关变压器的检测方法

当检测室外机电源电路的 +300 V 供电电压正常时，该电路仍无直流低压输出，则需要对开关变压器进行检测。若开关变压器没有进入工作状态，则会造成电源电路无直流低压输出。

由于开关变压器输出的脉冲电压较高，所以检测开关变压器是否正常时，可以通过示波器采用感应法判断开关变压器是否工作。正常情况下，应可以感应到脉冲信号，若检测开关变压器的脉冲信号正常，则表明开关变压器及开关振荡电路正常；若检测开关变压器无脉冲信号时，则说明开关振荡电路没有工作，需要对开关振荡电路中的开关晶体管进行检测。

开关变压器的检测方法如图 15-9 所示。

图 15-9　开关变压器的检测方法

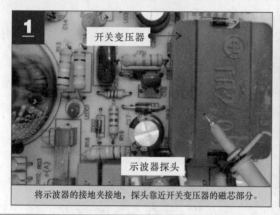
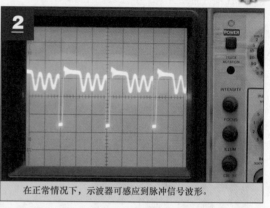

将示波器的接地夹接地，探头靠近开关变压器的磁芯部分。

在正常情况下，示波器可感应到脉冲信号波形。

（5）开关晶体管的检测方法

经检测开关变压器没有进入工作状态时，需要对开关振荡电路中的开关晶体管进行检测。对开关晶体管进行检测时，可使用万用表检测各引脚间的阻值是否正常。

正常情况下，开关晶体管引脚中，基极（b）与集电极（c）正向阻值、基极（b）与发射极（e）之间的正向阻值应有一定的阻值，其他两引脚间的阻值为无穷大。

开关晶体管的检测方法如图 15-10 所示。

图 15-10　开关晶体管的检测方法

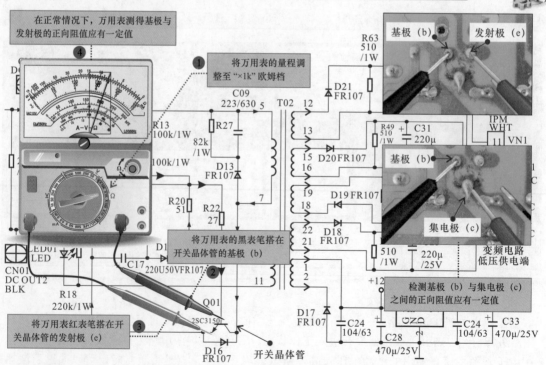

| 特别提示 |

若是在路检测开关晶体管时，与以上检测的规律有所区别时，有可能是受外围元器件的影响，应将开关晶体管取下后，进行开路检测，若在开路状态下检测时，发现引脚间的阻值不正常或趋于 0，则证明开关晶体管已损坏，应对其进行更换。

15.2 变频空调器遥控电路维修

15.2.1 遥控电路的检修分析

变频空调器的遥控电路出现故障后，通常会导致变频空调器控制失常、显示异常等故障，不同元器件出现损坏后，造成的故障也不相同。

1 遥控器的故障特点

变频空调器中遥控器出现故障后，则会造成用户使用遥控器时，变频空调器不开机、制冷/制热不正常、风速无法调节等故障。

2 接收电路和显示电路的故障特点

接收电路出现故障时，则会造成变频空调器不能使用遥控器正常控制或操作失灵等故障，显示电路有故障会引起指示灯不亮或显示失常等故障。接收电路的故障特点如图 15-11 所示。

图 15-11 接收电路的故障特点

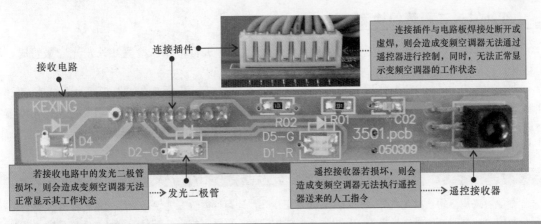

3 变频空调器室内机遥控接收电路和显示电路的检修分析

遥控接收电路和显示电路是变频空调器实现人机交互的部分，若该电路出现故障经常会引起控制失灵、显示异常等故障，对该电路进行检修时，可依据故障现象分析出产生故障的原因，并根据遥控电路的信号流程对可能产生故障的部件逐一进行排查。

当遥控电路出现故障时，首先应对遥控器中的发送部分进行检测，若该电路正常，再对室内机上的接收电路进行检测，图 15-12 为典型变频空调器遥控接收电路和显示电路的检修流程。

图 15-12　典型变频空调器遥控接收电路和显示电路的检修流程

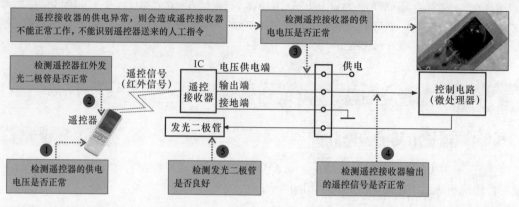

15.2.2　遥控电路的检修方法

遥控电路是变频空调器接收人工指令和显示工作状态的部分，若该电路出现故障经常会引起控制失灵、显示异常等故障现象，对该电路进行检修时，可依据故障现象分析出产生故障的原因，并根据遥控电路的检修分析对可能产生故障的部件逐一进行排查。

1　遥控器供电电压的检测方法

变频空调器出现无法输入人工指令的故障时，应先检测遥控器本身的供电电压是否正常。若供电异常，则应对供电电池进行更换；若供电正常，则应对红外发光二极管的性能进行检测。

2　红外发光二极管的检测方法

若遥控器的供电正常，接下来则应对红外发光二极管进行检测。检测红外发光二极管时，可检测其正反向阻值是否正常。

正常情况下，红外发光二极管的正向阻值应有几十千欧，反向阻值应为无穷大。若检测该器件异常，则需要对红外发光二极管进行更换；若检测红外发光二极管正常，则需要对遥控接收器的微处理器及外围电路进行判断。

红外发光二极管的检测方法如图 15-13 所示。

|相关资料|

除了可采用万用表检测红外发光二极管是否正常外，还可通其他一些快速测试法进行检测，例如通过手机照相功能观察红外发光二极管，当操作遥控器按键时，可看到红光；若将遥控器靠近收音机，当操作遥控器按键时，可听到"噼啦"声，如图 15-14 所示。

3　遥控接收器供电电压的检测方法

若遥控器本身正常，而故障依然存在时，则需要对遥控电路中的遥控接收器进行检测，检测时首先应对该器件的供电电压进行检测。

正常情况下，遥控接收器的供电电压应为 +5V。若供电电压异常，则需要对电源电路进行检测；若供电电压正常，则应进一步对遥控接收器输出的信号进行检测。

遥控接收器供电电压的检测方法如图 15-15 所示。

图 15-13 红外发光二极管的检测方法

红外发光
二极管

② 将万用表的黑表笔搭在红外
发光二极管的正极

在正常情况下，红外发光二
极管的正向阻值为 40kΩ左右

④

③ 将万用表的
红表笔搭在红外
发光二极管的负
极

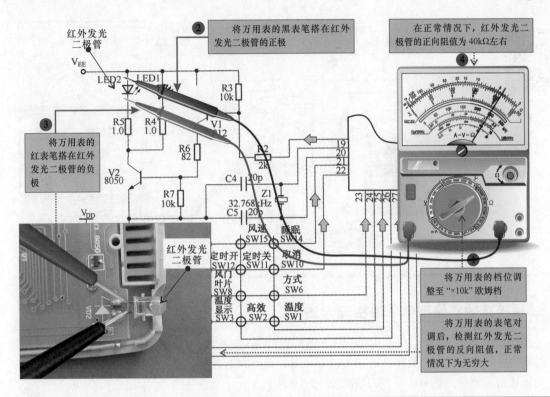

红外发光
二极管

将万用表的档位调
整至"×10k"欧姆档

将万用表的表笔对
调后，检测红外发光二
极管的反向阻值，正常
情况下为无穷大

207

图 15-14 检测红外发光二极管的性能

通常用肉眼很难
观察到红外光线

遥控器

通过手机的照相功能可以清楚地观
察到红外发光二极管发出的红外光

遥控信号
（红外信号）

还可以将收音机的音量调到最大，使
用遥控器在收音机的旁边发送信号，可以
清楚地听到"嚓啦"声

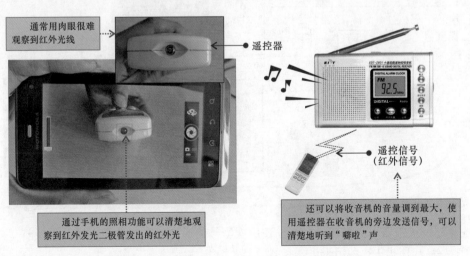

图 15-15　遥控接收器供电电压的检测方法

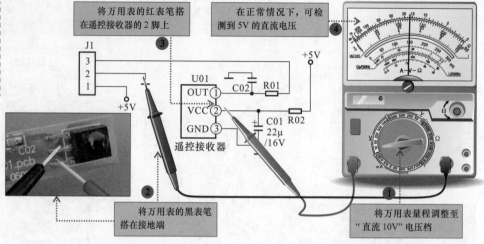

将万用表的红表笔搭在遥控接收器的 2 脚上

在正常情况下，可检测到 5V 的直流电压

将万用表的黑表笔搭在接地端

将万用表量程调整至"直流 10V"电压档

4　遥控接收器输出信号的检测方法

遥控接收器的供电电压正常时，接下来则应对其输出的信号进行检测。若信号波形不正常，说明遥控接收器可能存在故障；若信号波形正常，说明微处理器控制电路等可能存在故障。

遥控接收器输出信号的检测方法如图 15-16 所示。

图 15-16　遥控接收器输出信号的检测方法

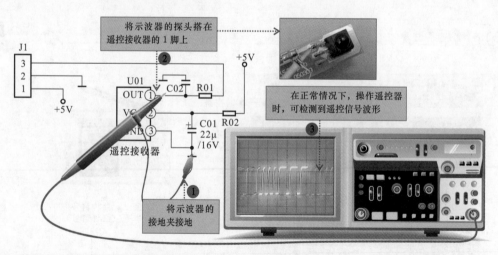

将示波器的探头搭在遥控接收器的 1 脚上

在正常情况下，操作遥控器时，可检测到遥控信号波形

将示波器的接地夹接地

若检测遥控接收器本身损坏时，可以使用同型号的遥控接收器进行更换，更换前，应将损坏的遥控接收器在电路板中拆卸下来。

遥控接收器的拆卸方法如图 15-17 所示。

图 15-17　遥控接收器的拆卸方法

用电烙铁熔化遥控接收器引脚处的焊锡，并用吸锡器吸除焊锡，进行解焊

待焊锡被吸除后，一边用电烙铁加热引脚焊点处，一边用镊子夹住遥控接收头，轻轻用力向外拔出

将遥控接收器取下后，即可通过接收电路板上的标识分辨出遥控接收器的引脚功能和排列顺序

　　取下损坏的遥控接收器后，应使用同型号的遥控接收器进行更换。若没有同型号的遥控接收器，还可以选择其他电子产品中的遥控接收器进行代换。例如，可在彩色电视机、影碟机等产品中找到合适的遥控接收器进行代换，其操作如图 15-18 所示。

图 15-18　焊接代换用遥控接收器

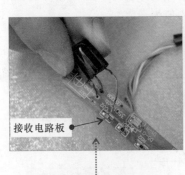

将代换用遥控接收器插入电路板原遥控接收器安装位置上

用电烙铁将焊锡丝熔化在遥控接收头的引脚上，进行焊接

用偏口钳剪掉过长的引脚，对引脚进行修整

│ 特别提示 │

　　在代换遥控接收器时，注意接地端与电源端切不可接反，否则通电后，将立即损坏遥控接收器。

选择替代的遥控接收器时，应注意以下几点：

● 遥控接收器的中心频率与遥控器匹配

大多数红外遥控接收器的中心频率为 38kHz，它可接收 37~39kHz 的遥控器发射频率（相差 1kHz），若偏差较大，则会出现遥控失灵现象。此时，则需要将遥控器的晶振更换为 455kHz 晶振（对应发射频率为 38kHz）。

同样，若遇到一些中心频率为 36kHz、37kHz、39kHz、40kHz 的遥控接收器时，也可通过更换遥控器的晶振实现匹配，分别对应的晶体为 432kHz、445kHz、465kHz、480kHz。

● 选择尺寸相似的遥控接收器

若原遥控接收器的尺寸较大，则选配时随意性大一些，可选择与之尺寸相近的代换，也可用体积小的型号代换；但若原遥控接收器尺寸较小，相应其安装电路板上的安装空间也相对较小，此时应注意选配小体积的遥控接收器进行代换。

在我们日常生活中，带有遥控功能的家用电器产品，大都采用红外遥控接收器，若出现损坏，且无法购得同型号遥控接收器时，可试用其他电器产品中的遥控接收器进行代换，如使用电视机中的遥控接收器代换变频空调器中的遥控接收器。

一般来说，无论哪种型号的遥控接收器基本上均可采用常见型号代换。选配时应注意遥控接收器输出端的机型应一致。

大多数遥控接收器的信号输出端的信号极性为负极性，即在无遥控信号输入时，用万用表检测信号输出端为高电位（一般为 4.8~5.0V）；当接收到遥控信号后，信号输出端的电压下降。但也有少数遥控接收器输出信号为正极性，若用常见型号遥控接收器直接代换，则无法遥控，对于此种情况可在信号输出端加接反相器解决。

5　发光二极管的检测方法

若变频空调器出现显示异常或不显示等故障时，需要对显示部分进行检测，如发光二极管。

正常情况下，发光二极管的正向应有几十千欧的阻值，反向阻值为无穷大。

发光二极管的检测方法如图 15-19 所示。

图 15-19　发光二极管的检测方法

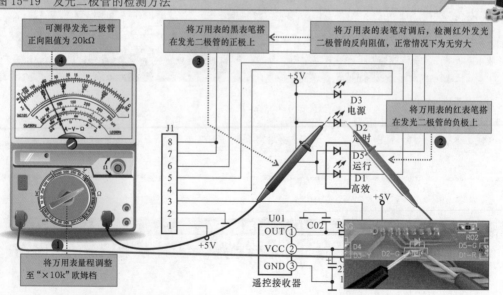

15.3 变频空调器通信电路维修

15.3.1 通信电路的检修分析

当变频空调器的通信电路出现故障后，则会造成各种控制指令无法实现、室外机不能正常运行、运行一段时间后停机或开机即出现整机保护等故障，由于通信电路实现了室内外机的信号传送，若该电路中某一元器件损坏，均会造成变频空调器不能正常运行的故障。

通信电路是变频空调器中重要的数据传输电路，若该电路出现故障通常会引起空调器室外机不运行或运行一段时间后停机等不正常现象，对该电路进行检修时，可根据通信电路的信号流程对可能产生故障的部件逐一进行排查。图 15-20 为变频空调器通信电路的检修分析。

图 15-20 变频空调器通信电路的检修分析

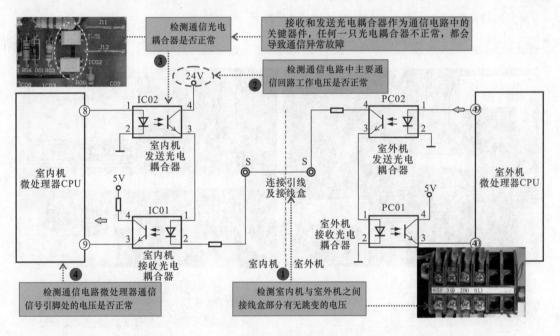

变频空调器的室内机与室外机进行通信的信号为脉冲信号，用万用表检测应为跳变的电压，因此在通信电路中，室内机与室外机连接引线及接线盒处、通信光电耦合器的输入侧和输出侧、室内机/室外机微处理器输出或接收引脚上都应为跳变的电压。因此，对该电路部分的检测，可分段检测，跳变电压消失的地方，即为主要的故障点。

| 特别提示 |

例如：在室内机发送信号、室外机接收信号的状态下，若室内机微处理器输出脉冲信号正常，则在室内机发送光电耦合器上、室外机接收光电耦合器上、室外机微处理器接收端都应有跳变电压，否则说明通信电路存在断路情况，顺信号流程逐级检测即可排除故障。

在室外机发送信号、室内机接收信号的状态下，若室外机微处理器输出脉冲信号正常，则在室外机发送光电耦合器上、室内机接收光电耦合器上、室内机微处理器接收端都应有跳变电压，否则说明通信电路存在断路情况，顺信号流程逐级检测即可排除故障。

15.3.2 通信电路的检修方法

变频空调器通信电路是变频空调器中重要的通信部分，若该电路出现故障后，经常会造成整机不能正常工作的故障，对该电路进行检修时，可依据故障现象分析出产生故障的原因，并根据变频空调器通信电路的检修分析对可能产生故障的部件从易到难的顺序逐一进行排查。

1 室内机与室外机连接部分的检修方法

当变频空调器不能正常工作，怀疑是通信电路出现故障时，应先对室内机与室外机的连接部分进行检修。检修时可先观察是否由硬件损坏造成的，如连接线破损、接线触点断裂等，若连接完好，则需要进一步使用万用表检测连接部分的电压值是否正常。

若检测室内机连接引线处的电压维持在 24V 左右，则多为室外机微处理器未工作，应查通信电路；若电压仅在零至几十伏之间变换，则多为室外机通信电路故障；若电压为 0V，则多为通信电路的供电电路异常，应对供电部分进行检修。

室内机与室外机连接部分的检修方法如图 15-21 所示。

图 15-21 室内机与室外机连接部分的检修方法

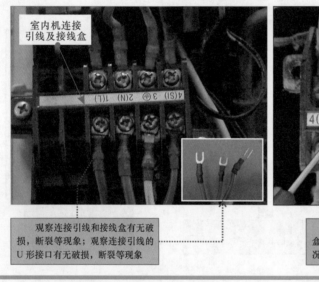

室内机连接引线及接线盒

观察连接引线和接线盒有无破损，断裂等现象；观察连接引线的 U 形接口有无破损，断裂等现象

将万用表红表笔搭在通信电路连接引线接线盒的 SI 端，黑表笔搭在接线盒 N 端，在正常情况下，电压应在 0 ~ 24V 之间变化

2 通信电路供电电压的检修方法

检测通信电路中室内机与室外机的连接部分正常时，若故障依然没有排除，则应进一步对通信电路的供电电压进行检测。

正常情况下，应能检测到 +24V 的供电电压，若该电压不正常，则需要对供电电路中的相关部件进行检测，如限流电阻、整流二极管等；若电压值正常，则需要对通信电路中的关键部件进行检测。

通信电路供电电压的检修方法如图 15-22 所示。

3 通信光电耦合器的检修方法

经检测通信电路的供电电压正常时，则需要对该电路中的关键部件——通信光电耦合器进行检测。在通信电路中通信光电耦合器共有 4 个，每个通信光电耦合器的检测方法基本相同，下面以其中一个为例，介绍一下具体的检测方法。

图 15-22　通信电路供电电压的检修方法

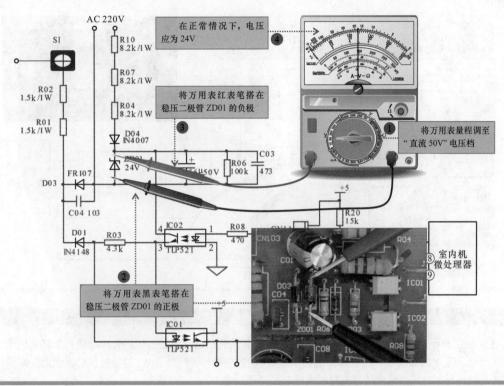

检测时，若输入的电压值与输出的电压值变化正常，则表明通信光电耦合器可以正常工作；若检测输入的电压为恒定值，则应对微处理器输出的电压进行检测。

光电耦合器的检修方法如图 15-23 所示。

图 15-23　光电耦合器的检修方法

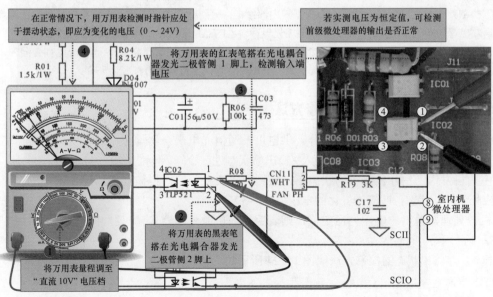

扫一扫看视频

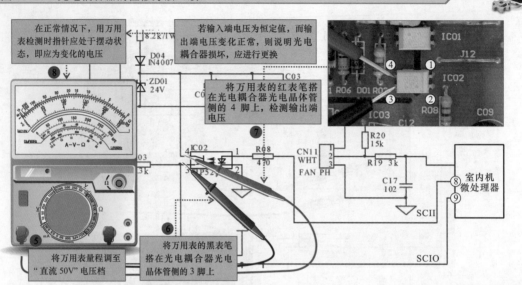

图 15-23　光电耦合器的检修方法（续）

在正常情况下，用万用表检测时指针应处于摆动状态，即应为变化的电压

若输入端电压为恒定值，而输出端电压变化正常，则说明光电耦合器损坏，应进行更换

将万用表的红表笔搭在光电耦合器光电晶体管侧的 4 脚上，检测输出端电压

将万用表的黑表笔搭在光电耦合器光电晶体管侧的 3 脚上

将万用表量程调至"直流 50V"电压档

| 特别提示 |

在变频空调器开机状态，室内机与室外机进行数据通信，通电电路工作。此时，通信电路或处于室内机发送信号、室外机接收信号的状态，或处于室外机发送信号、室内机接收信号的状态，因此，对通信光电耦合器进行检测时，应根据信号流程成对检测。

即室内机发送信号、室外机接收信号的状态时，应检测室内机发送光电耦合器、室外机接收光电耦合器；

室外机发送信号、室内机接收信号的状态时，应检测室外机发送光电耦合器、室内机接收光电耦合器。

若在某一状态下，光电耦合器输入端有跳变电压，而输出端为恒定值，则多为光电耦合器损坏。

| 相关资料 |

在通信电路中，判断通信光电耦合器是否损坏时，除了参照上述方法进行检测和判断外，也可以通过在断电状态下检测其引脚间阻值进行判断，即根据其内部结构，分别检测二极管侧和光电晶体管侧的正反向阻值，根据二极管和光电晶体管的特性，判断通信光电耦合器内部是否存在击穿短路或断路情况。

正常情况下，排除外围元器件的影响（可将通信光电耦合器从电路板中取下）时，通信光电耦合器内发光二极管侧，正向应有一定的阻值，反向为无穷大；光电晶体管侧正反向阻值都应为无穷大。

4 微处理器输入 / 输出状态的检修方法

若检测通信电路中室内外机的连接部分、供电以及通信光电耦合器均正常时，变频空调器仍不能正常工作，则需要进一步对微处理器输入 / 输出的状态进行检修。

通常在室内机发送，室外机接收的状态下，使用万用表检测室内机微处理器的输出电压时万用表的指针应处于摆动状态，即应为变化的电压值（0~5 V）。

若室内机微处理器输出的电压为恒定值，则表明室内机微处理器未输出脉冲信号，应对控制电路部分进行排查。

微处理器输入 / 输出状态的检修方法如图 15-24 所示。

图15-24 微处理器输入／输出状态的检修方法

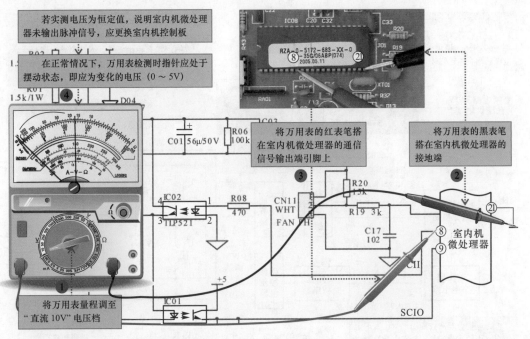

若实测电压为恒定值，说明室内机微处理器未输出脉冲信号，应更换室内机控制板

在正常情况下，万用表检测时指针应处于摆动状态，即应为变化的电压（0～5V）

将万用表的红表笔搭在室内机微处理器的通信信号输出端引脚上

将万用表的黑表笔搭在室内机微处理器的接地端

室内机微处理器

将万用表量程调至"直流10V"电压档

特别提示

检测室内机或室外机微处理器通信信号端的电压状态时，也需要注意当前通信电路所处的状态。例如，当处于室内机发送信号、室外机接收信号的状态时，室内机微处理器通信输出端为跳变电压，表明其脉冲信号已输出；同时室外机微处理器通信输入端也为跳变电压，表明脉冲信号接收到。否则说明通信异常。

15.4 变频空调器变频电路维修

15.4.1 变频电路的检修分析

变频电路出现故障经常会引起变频空调器出现不制冷／不制热、制冷或制热效果差、室内机出现故障代码、压缩机不工作等现象。

变频电路中各工作条件或主要部件不正常都会引起变频电路故障，进而引起变频空调器出现不制冷／不制热、制冷／制热效果差、室内机出现故障代码等现象，对该电路进行检修时，应首先采用观察法检查变频电路的主要元器件有无明显损坏或元器件脱焊、插口不良等现象，如出现上述情况则应立即更换或检修损坏的元器件，若从表面无法观察到故障点，则需根据变频电路的信号流程以及故障特点对可能引起故障的工作条件或主要部件逐一进行排查。图15-25为典型变频空调器变频电路的检修分析。

📷图 15-25 典型变频空调器变频电路的检修分析

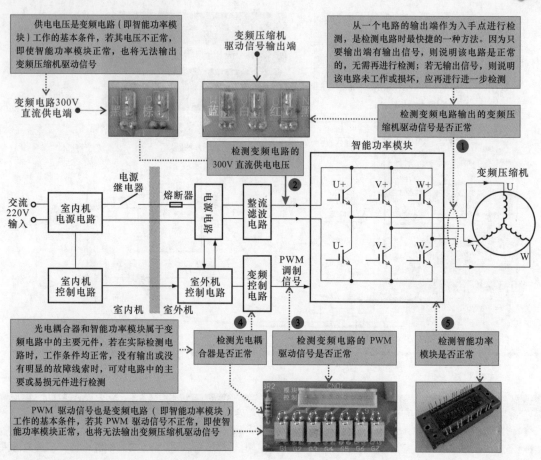

15.4.2 变频电路的检修方法

对变频空调器变频电路的检修,可按照前面的检修分析方法进行逐步检测,对损坏的元件或部件进行更换,即可完成对变频电路的检修。

1 变频压缩机驱动信号的检测

当怀疑变频空调器变频电路出现故障时,应首先对变频电路(智能功率模块)输出的变频压缩机驱动信号进行检测,若变频压缩机驱动信号正常,则说明变频电路正常;若变频压缩机驱动信号不正常,则需对电源电路板和控制电路板送来的供电电压和压缩机驱动信号进行检测。

图 15-26 为变频压缩机驱动信号的检测方法。

图 15-26 变频压缩机驱动信号的检测

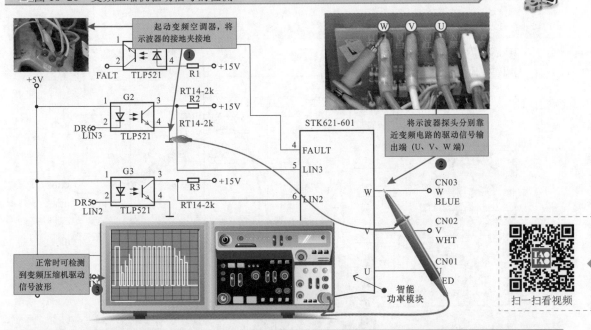

特别提示

在上述检测过程中，对变频压缩机驱动信号进行检测时，使用了示波器进行测试，若不具备该检测条件，也可以用万用表测电压的方法进行检测和判断，如图 15-27 所示。

图 15-27 检测变频电路输出变频压缩机驱动电压

将万用表档位设置在"交流 250V"电压档，红、黑表笔分别搭在变频压缩机驱动信号输出端（U、V、W 端）任意两端上。

在正常时可检测到在 0 ～ 160V 范围内的交流电压。

2 变频电路 300 V 直流供电电压的检测

变频电路的工作条件有两个，即供电电压和 PWM 驱动信号，若变频电路无驱动信号输出，在判断是否为变频电路的故障时，应首先对这两个工作条件进行检测。

检测时应先对变频电路（智能功率模块）的 300 V 直流供电电压进行检测，若 300 V 直流供电电压正常，则说明电源供电电路正常，若供电电压不正常，则需继续对另一个工作条件（PWM 驱动信号）进行检测。

图 15-28 为变频电路 300 V 直流供电电压的检测方法。

图 15-28　变频电路 300 V 直流供电电压的检测方法

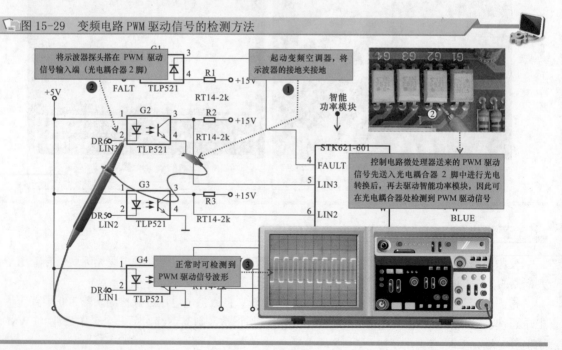

正常时可检测到 270 ～ 300V 的直流电压

将万用表黑表笔搭在变频电路直流电源输入 N 端（300V 接地端）

将万用表档位设置在"直流 500V"电压档

将万用表红表笔搭在变频电路直流电源输入 P 端（300V 直流供电端）

3　变频电路 PWM 驱动信号的检测

　　若经检测变频电路的供电电压正常，接下来需对控制电路板送来的 PWM 驱动信号进行检测，若 PWM 驱动信号也正常，而变频电路无输出，则多为变频电路故障，应重点对光电耦合器和智能功率模块进行检测；若 PWM 驱动信号不正常，则需对控制电路进行检测。

　　图 15-29 为变频电路 PWM 驱动信号的检测方法。

图 15-29　变频电路 PWM 驱动信号的检测方法

将示波器探头搭在 PWM 驱动信号输入端（光电耦合器 2 脚）

起动变频空调器，将示波器的接地夹接地

控制电路微处理器送来的 PWM 驱动信号先送入光电耦合器 2 脚中进行光电转换后，再去驱动智能功率模块，因此可在光电耦合器处检测到 PWM 驱动信号

正常时可检测到 PWM 驱动信号波形

4 光电耦合器的检测

光电耦合器是用于驱动智能功率模块的控制信号输入电路，损坏后会导致来自室外机控制电路中的 PWM 信号无法送至智能功率模块的输入端。

若经上述检测室外机控制电路送来的 PWM 驱动信号正常，供电电压也正常，而变频电路无输出，则应对光电耦合器进行检测。

图 15-30 为光电耦合器的检测方法。

📂 图 15-30 光电耦合器的检测方法

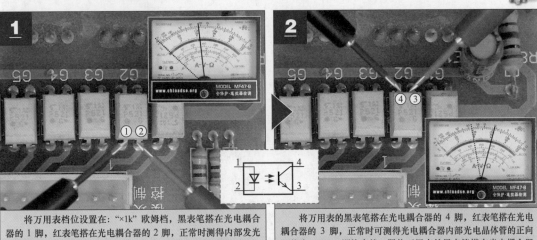

将万用表档位设置在："×1k"欧姆档，黑表笔搭在光电耦合器的 1 脚，红表笔搭在光电耦合器的 2 脚，正常时测得内部发光二极管的正向阻值为 22kΩ。调换表笔，即万用表的黑表笔搭在光电耦合器的 2 脚，红表笔搭在光电耦合器的 1 脚，正常时测得内部发光二极管的反向阻值为无穷大。

将万用表的黑表笔搭在光电耦合器的 4 脚，红表笔搭在光电耦合器的 3 脚，正常时可测得光电耦合器内部光电晶体管的正向阻值为 10kΩ。调换表笔，即将万用表的黑表笔搭在光电耦合器的 3 脚，红表笔搭在光电耦合器的 4 脚，正常时测得内部光电晶体管的反向阻值为 28kΩ。

│ 特别提示 │

由于在路检测，会受外围元器件的干扰，测得的阻值会与实际阻值有所偏差，但内部的发光二极管基本满足正向导通、反向截止的特性；若测得的光电耦合器内部发光二极管或光电晶体管的正反向阻值均为零、无穷大或与正常阻值相差过大，都说明光电耦合器已经损坏。

5 智能功率模块的检测与代换

随着变频空调器型号的不同，采用智能功率模块的型号也有所不同，下面以 STK621-410 型智能功率模块为例，介绍智能功率模块的检测与代换方法。

（1）智能功率模块的检测

确定智能功率模块是否损坏时，可根据智能功率模块内部的结构特性，使用万用表的二极管档检测"P"（"+"）端与 U、V、W 端，或"N"（"+"）与 U、V、W 端，或"P"与"N"端之间的正反向导通特性，若符合正向导通、反向截止的特性，则说明智能功率模块正常，否则说明智能功率模块损坏，如图 15-31 所示。

图 15-32 为 STK621-410 型智能功率模块的检测方法。

调换万用表的表笔，即将万用表黑表笔依次搭在智能功率模块的 U、V、W 端子上，红表笔搭在智能功率模块 P 端子上，正常情况下智能功率模块 P 端与 U、V、W 端之间反向测量结果为无穷大。

图 15-31　智能功率模块的检测方法示意图

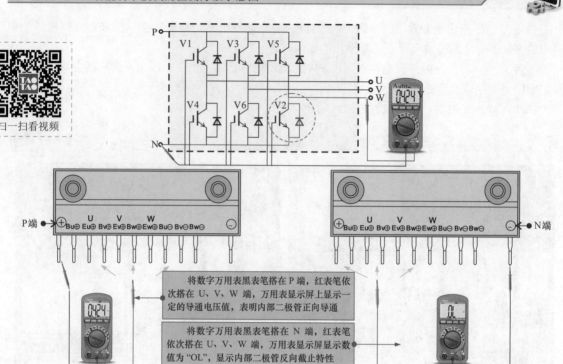

将数字万用表黑表笔搭在 P 端，红表笔依次搭在 U、V、W 端，万用表显示屏上显示一定的导通电压值，表明内部二极管正向导通

将数字万用表黑表笔搭在 N 端，红表笔依次搭在 U、V、W 端，万用表显示屏显示数值为"OL"，显示内部二极管反向截止特性

图 15-32　STK621-410 型智能功率模块的检测方法

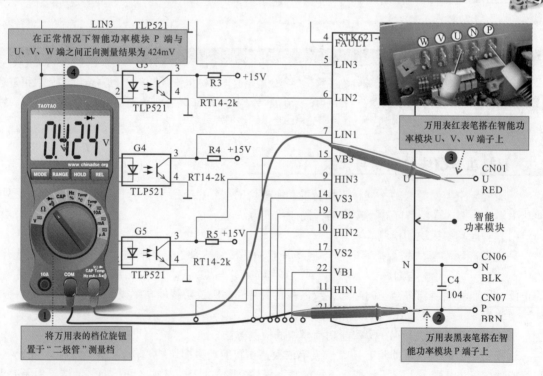

在正常情况下智能功率模块 P 端与 U、V、W 端之间正向测量结果为 424mV

万用表红表笔搭在智能功率模块 U、V、W 端子上

将万用表的档位旋钮置于"二极管"测量档

万用表黑表笔搭在智能功率模块 P 端子上

| 特别提示 |

除上述方法外，还可通过检测智能功率模块的对地阻值，来判断智能功率模块是否损坏，即将万用表黑表笔接地，红表笔依次检测智能功率模块 STK621-601 的各引脚，即检测引脚的正向对地阻值；接着对调表笔，红表笔接地，黑表笔依次检测智能功率模块 STK621-601 的各引脚，即检测引脚的反向对地阻值。

正常情况下智能功率模块各引脚的对地阻值见表 15-1 所列，若测得智能功率模块的对地阻值与正常情况下测得阻值相差过大，则说明智能功率模块已经损坏。

表 15-1　智能功率模块各引脚对地阻值

引脚号	正向阻值 /kΩ	反向阻值 /kΩ	引脚号	正向阻值 /kΩ	反向阻值 /kΩ
1	0	0	15	11.5	∞
2	6.5	25	16	空脚	空脚
3	6	6.5	17	4.5	∞
4	9.5	65	18	空脚	空脚
5	10	28	19	11	∞
6	10	28	20	空脚	空脚
7	10	28	21	4.5	∞
8	空脚	空脚	22	11	∞
9	10	28	P 端	12.5	∞
10	10	28	N 端	0	0
11	10	28	U 端	4.5	∞
12	空脚	空脚	V 端	4.5	∞
13	空脚	空脚	W 端	4.5	∞
14	4.5	∞			

（2）智能功率模块的代换

若检测智能功率模块本身损坏时，可以使用同型号的智能功率模块进行代换，代换前，应将损坏的智能功率模块从变频电路板中拆卸下来。

智能功率模块的拆卸方法如图 15-33 所示。

图 15-33　智能功率模块的拆卸方法

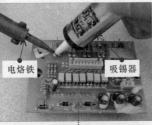

拧下变频电路上的固定螺钉，将变频电路板与散热片分离，并取下

用电烙铁将智能功率模块引脚上的焊锡熔化，并使用吸锡器将熔化的焊锡吸除，将引脚解焊

待智能功率模块所有引脚都解焊后，轻轻用力将智能功率模块与变频电路板分离

拆下损坏的智能功率模块后，则应根据原智能功率模块的型号标识，选择相同的智能功率模块进行代换。

选择好代换用智能功率模块后，将新的智能功率模块的引脚按照变频电路板的智能功率模块的引脚固定孔穿入，然后使用电烙铁和焊锡丝将其焊接固定在变频电路板上，最后将其代换完成的智能功率模块连同变频电路板一同安装到变频空调器室外机变频电路板的安装位置处，便完成了智能功率模块的代换操作。

智能功率模块的代换方法如图 15-34 所示。

图 15-34　智能功率模块的代换方法

根据智能功率模块上的标识信息，识别其型号，作为选配替换件的依据。

将新智能功率模块的引脚按照变频电路板上智能功率模块的引脚固定孔穿入。

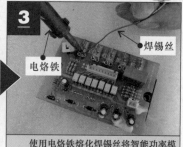

使用电烙铁熔化焊锡丝将智能功率模块的引脚焊接固定在变频电路板上。

在代换完成后的智能功率模块的背面抹上硅胶。

将涂好硅胶的新智能功率模块的螺孔装入螺钉后对准散热片螺孔。

拧紧智能功率模块上的螺钉，连同变频电路板一同固定在散热片上。

| 特别提示 |

使用螺钉旋具紧固智能功率模块及变频电路板固定螺钉时，螺钉应对称均衡受力，避免智能功率模块局部受力而使内部的硅片受应力作用产生变形，损坏智能功率模块。另外，在代换智能功率模块时，必须均匀涂散热胶，保证散热的可靠性，否则会造成智能功率模块保护或损坏。

16.1 电磁四通阀的检测代换

16.1.1 电磁四通阀的特点

图 16-1 和图 16-2 为电磁四通阀的工作过程示意图。

图 16-1 空调器制冷状态下电磁四通阀的工作特点

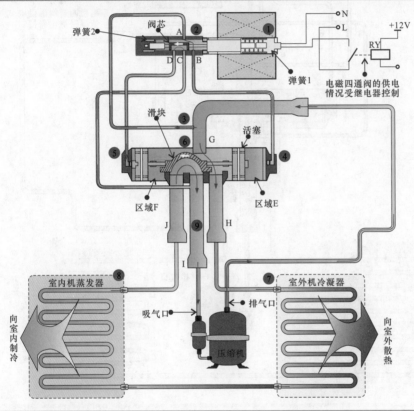

扫一扫看视频

制冷工作第一阶段：

1）空调器处于制冷状态时，电磁导向阀的电磁线圈未通电。

2）阀芯在弹簧的作用下位于左侧，导向毛细管 A、B 和 C、D 分别导通。

制冷工作第二阶段：

3）制冷管路中的制冷剂通过四通换向阀分别流向导向毛细管 A 和 B。

4）高压制冷剂经导向毛细管 A、B 流向区域 E 形成高压区。

5）低压制冷剂经导向毛细管 C、D 流向区域 F 形成低压区。

制冷工作第三阶段：

6）区域 F 的压强小于区域 E 的压强，活塞受到高、低压的影响带动滑块向左移动，使连接管 G 和 H 相通，连接管 I 和 J 相通。

制冷工作第四阶段：

7）从压缩机排气口送出的制冷剂，从连接管 G 流向连接管 H，进入室外机冷凝器，向室外散热。

8）制冷剂经冷凝器向室内机蒸发器流动，向室内制冷。

9）制冷剂经蒸发器后流入电磁四通阀，经连接管 J 和 I 回到压缩机吸气口，开始制冷循环。

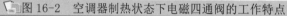

图 16-2 空调器制热状态下电磁四通阀的工作特点

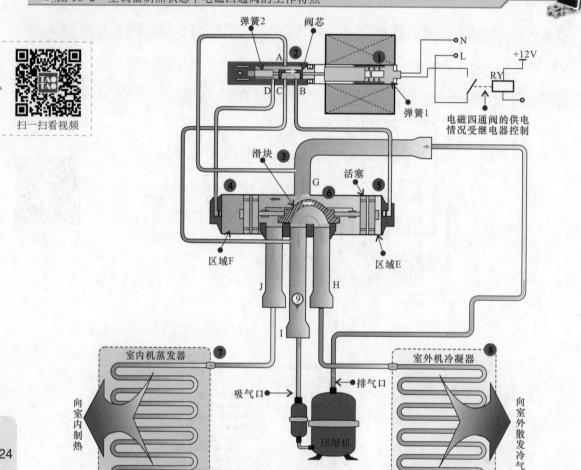

制热工作第一阶段：

1）空调器处于制热状态时，电磁导向阀的电磁线圈通电。

2）阀芯在弹簧和磁力的作用下向右移动，导向毛细管 A、D 和 C、B 分别导通。

制热工作第二阶段：

3）制冷管路中的制冷剂通过四通换向阀分别流向导向毛细管 A 和 D。

4）高压制冷剂经导向毛细管 A、D 流向区域 F 形成高压区。

5）低压制冷剂经导向毛细管 C、B 流向区域 E 形成低压区。

制热工作第三阶段：

6）区域 F 的压强大于区域 E 的压强，活塞受到高、低压的影响带动滑块向右移动，使连接管 G 和 J 相通，连接管 I 和 H 相通。

制热工作第四阶段：

7）从压缩机排气口送出的制冷剂，从连接管 G 流向连接管 J，进入室内机蒸发器，向室内制热。

8）制冷剂经蒸发器向室外机冷凝器流动，向室外散发冷气。

9）冷剂经冷凝器后流入电磁四通阀，经连接管 H 和 I 回到压缩机吸气口，开始制热循环。

16.1.2　电磁四通阀的检测

电磁四通阀发生故障，空调器会出现制冷 / 制热异常、制冷 / 制热模式不能切换、不制冷或不制热的故障。

对电磁四通阀进行检修时，首先应检查电磁四通阀有无泄漏，其次通过检查电磁四通阀管路温度判断内部部件是否良好，最后使用万用表检测电磁四通阀线圈的阻值是否正常。

电磁四通阀的检测方法

（1）电磁四通阀泄漏的检查方法

怀疑电磁四通阀出现泄漏问题，可使用白纸擦拭电磁四通阀的 4 个管路焊口处。若白纸上有油污，说明该焊口处有泄漏故障，需要进行补漏操作。

图 16-3 为检查电磁四通阀的管路焊口是否泄漏。

图 16-3　检查电磁四通阀的管路焊口是否泄漏

用白纸擦拭电磁四通阀的管路接口

纸上有油污，说明接口有泄漏

（2）电磁四通阀堵塞的检查方法

由于电磁四通阀只在进行制热时才会工作，因此，若电磁四通阀长时间不工作，其内部的阀芯或滑块有可能无法移动到位，造成堵塞。在制热模式下，起动空调器时，电磁四通阀会发出轻微的撞击声，若没有撞击声，可使用木棒或螺钉旋具轻轻敲击电磁四通阀，利用振动恢复阀芯或滑块的移动能力

电磁四通阀如果堵塞，可通过检查其连接管路的温度来判断。

用手感觉电磁四通阀管路的温度，与正常情况下管路的温度进行比较，如果温度差别过大，说明电磁四通阀有故障。正常情况下，电磁四通阀管路的冷热见表 16-1。

表 16-1　电磁四通阀管路的冷热

空调器工作情况	接压缩机排气管	接压缩机吸气管	接蒸发器	接冷凝器	左侧毛细管温度	右侧毛细管温度
制冷状态	热	冷	冷	热	较冷	较热
制热状态	热	冷	热	冷	较热	较冷

| 相关资料 |

电磁四通阀常见故障表现和故障原因见表 16-2。

表 16-2   电磁四通阀常见故障表现和故障原因

故障表现	压缩机排气管一侧	压缩机吸气管一侧	蒸发器一侧	冷凝器一侧	左侧毛细管	右侧毛细管	原因
电磁四通阀不能从制冷转到制热	热	冷	冷	热	阀体温度	热	阀体内脏污
	热	冷	冷	热	阀体温度	阀体温度	毛细管堵塞、变形
	热	冷	冷	暖	阀体温度	暖	压缩机故障
电磁四通阀不能从制热转到制冷	热	冷	热	冷	阀体温度	阀体温度	压力差过高
	热	冷	热	冷	阀体温度	阀体温度	毛细管堵塞
	热	冷	热	冷	热	热	导向阀损坏
	暖	冷	暖	冷	暖	阀体温度	压缩机故障
制热时内部泄漏	热	热	热	热	阀体温度	热	串气、压力不足、阀芯损坏
	热	冷	热	冷	暖	暖	导向阀泄漏
不能完全转换	热	暖	暖	热	阀体温度	热	压力不够、流量不足；滑块、活塞损坏

● 电磁四通阀不能从制冷转到制热时：提高压缩机排出压力，清除阀体内的脏物或更换电磁四通阀。

● 电磁四通阀不能完全转换时：提高压缩机排出压力或更换电磁四通阀；阀制热时内部泄漏：提高压缩机排出压力，敲动阀体或更换电磁四通阀。

● 电磁四通阀不能从制热转到制冷时：检查制冷系统，提高压缩机排出压力，清除阀体内的脏物，更换电磁四通阀或更换维修压缩机。

（3）电磁四通阀线圈阻值的检测方法

对电磁四通阀线圈进行检测，需要先将其连接插件拔下，通过连接插件使用万用表对电磁四通阀线圈阻值进行检测，即可判断电磁四通阀是否出现故障，正常情况下，万用表可测得一定的阻值，约为 1200Ω。若阻值极小或为无穷大，说明电磁四通阀损坏。

电磁四通阀线圈阻值的检测方法如图 16-4 所示。

图 16-4   电磁四通阀的检测方法

将万用表档位调至"×100"欧姆档，红、黑表笔任意搭在电磁四通阀的两个插件上。

实测电磁四通阀阻值约为 1200Ω。

16.1.3 电磁四通阀的代换

（1）电磁四通阀的拆卸

若电磁四通阀内部堵塞或部件损坏，则需要对电磁四通阀整体进行代换，若只是线圈损坏，只要单独对线圈进行更换即可。对电磁四通阀整体进行代换时，需要使用气焊设备对损坏的电磁四通阀进行拆焊，然后根据损坏电磁四通阀的规格参数选择适合的部件进行代换。

电磁四通阀的拆卸方法如图16-5所示。

图16-5 电磁四通阀的拆卸方法

使用焊枪对电磁四通阀上与压缩机排气管相连的管路进行加热，待加热一段时间后使用钳子将管路分离

接下来用同样的方法对电磁四通阀上与冷凝器相连的管路进行加热拆焊

使用焊枪对电磁四通阀上与压缩机吸气管相连的管路进行加热，待加热一段时间后使用钳子将管路分离

最后对电磁四通阀上与蒸发器相连的管路进行拆焊操作

（2）电磁四通阀的安装

将新电磁四通阀安装到室外机中，对齐管路位置后，再进行焊接。

电磁四通阀的代换方法如图16-6所示。

图16-6 电磁四通阀的代换方法

将电磁四通阀放置到原位置，注意对齐管路。

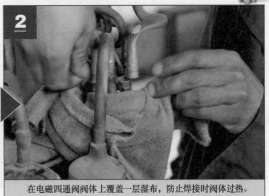

在电磁四通阀阀体上覆盖一层湿布，防止焊接时阀体过热。

227

📷 图 16-6　电磁四通阀的代换方法（续）

使用气焊设备将电磁四通阀的 4 根管路分别与制冷管路焊接在一起。	焊接时间不要过长，以防阀体内的部件损坏，使新电磁四通阀报废。	焊接完成后，进行检漏、抽真空、充注制冷剂等操作。

| 特别提示 |

在拆焊和焊接时要采取严格的安全保护措施，用湿布包裹住电磁四通阀，以免造成其内部部件受热变形。

16.2　电子膨胀阀的检测代换

16.2.1　电子膨胀阀的特点

电子膨胀阀是由电子电路控制的膨胀阀，适用于变频空调器以及一台室外机带动多台室内机的空调器。

图 16-7 为电子膨胀阀的结构，可以看到其主要由阀体和电动机等部分构成。

📷 图 16-7　电子膨胀阀的结构

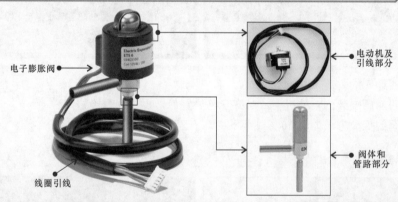

电子膨胀阀由微处理器控制和脉冲电动机驱动，通过轴的升降，阀芯可上下移动，进行流量调节。它安装于制冷管路中，其优点是流量控制范围大、反应灵敏、动作迅速、调节精细、动作稳定，可以使制冷剂往返两个方向流动，弥补了毛细管节流不能调节方向的缺点。

| 相关资料 |

电子膨胀阀的两根铜管与空调器的制冷管路连接。其中，电子膨胀阀的进管与冷凝器出口管路连接；电子膨胀阀的出管与空调器室外机二通截止阀连接。

在空调器制冷模式下，由冷凝器输出的低温高压的制冷剂液体送入电子膨胀阀中，经电子膨胀阀节流后变为低温低压气体，经二通截止阀后送至室内机的蒸发器中。

16.2.2　电子膨胀阀的工作原理

电子膨胀阀的驱动部件是一个脉冲步进电动机，它的转子和定子之间由一个薄圆筒形衬套相隔开，使定子不与制冷剂相接触。定子线圈接收微处理器送来的脉冲电压，使转子以一定的角度步进式向左或向右旋转。

根据电子膨胀阀电动机定子线圈的引线数量不同，电子膨胀阀一般有两种，一种是 6 根引线，一种是 5 根引线，如图 16-8 所示。

图 16-8　电子膨胀阀电动机部分的不同引线数

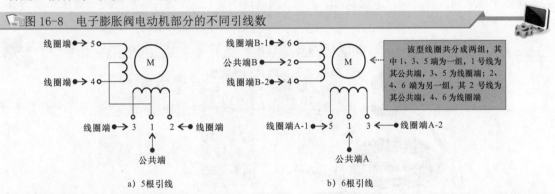

a) 5根引线　　　　　　　　b) 6根引线

电子膨胀阀的工作过程如下：

① 安装在蒸发器进口及出口处的数个温度传感器检测出进、出口处的温度，并输入到微处理器中，经过比较运算电路，使定子绕组得到脉冲电压，从而产生旋转磁场。

② 与转子一体的转轴旋转。

③ 由于阀体上螺母的作用，转轴一面旋转，一面做直线运动。

④ 转轴前端的阀芯在阀孔内进、出移动，流通截面变化。

⑤ 流过电子膨胀阀的制冷剂的流量发生变化。

⑥ 微处理器停止对电动机定子绕组供电。

⑦ 转子停止旋转。

⑧ 流过电子膨胀阀的制冷剂的流量固定不变。

⑨ 当微处理器再次对电动机定子绕组供电时，恢复到第①步。

在蒸发器的入口处安装有温度传感器，可检测出蒸发器内制冷剂的状态。微处理器再根据温度给定值与室温的差值进行比例和积分运算，以控制膨胀阀的开度，直接改变蒸发器中制冷剂的流量，从而使制冷量发生变化。压缩机的转数与膨胀阀的开度相对应，使压缩机的输送量与通过阀的供液量相适应，其过热度不至于太大，使蒸发器的能力得到最大程度的发挥，从而实现高效率的制冷系统的最佳控制。

在冬季供暖时，室外机的 PWM（脉冲调宽）方式与高速、小型的变频器相配合。在供暖运转刚开始时，压缩机以最高频率 125Hz 全力运转，在这一阶段机组进行急速供暖。室温从 0℃升至 18℃约需 18min，而一般定速空调器上升同样的温度却需要 40min，甚至更长时间。在进行急速供暖时，电子膨胀阀供给适量的制冷剂，因而避免了室外温度降低时供暖能力的降低。室外换热器采用不间断运转方式化霜，所以在室外温度为 0℃以下时，空调器尚能保持一定的供暖能力。

定速空调器在进行化霜时，往往需要中断 5~10min 的供暖运转，因此室温也受到影响，可能会使室温降低 6℃。要等化霜完毕以后，空调器才能再次吹出暖风升温。

16.2.3　电子膨胀阀的检测与代换

在变频空调器的制冷系统中，由于采用了电子膨胀阀和室内风扇的微电脑控制，以及小型变频器的配合，实现了压缩机的"不间断运转"，从而避免了化霜时室温的降低，提高了工作效率。

电子膨胀阀的加工精度高，故障相对毛细管也较高。

电子膨胀阀一般有脉冲电动机损坏、转子卡住和针阀密封性差等故障。在正常情况下，当空调器加电起动后，电子膨胀阀应有"咯嗒"的响声，且空调器运行一段时间后用手摸电子膨胀阀的两端，进口处是温热的，出口处是冰凉的。

若没有响声，或在空调器制冷模式下，压缩机工作一段时间后电子膨胀阀结霜，则需要检测其供电（直流12V）、线圈等是否正常。若经检测直流供电电压正常，则说明空调器控制电路正常，若此时电子膨胀阀内仍无声音，则多为电子膨胀阀阀体不良。接下来，可检测电子膨胀阀电动机线圈阻值，如图16-9所示。

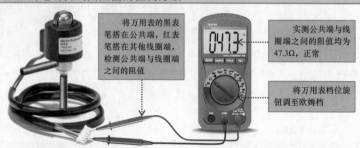

图16-9　电子膨胀阀电动机线圈阻值的检测方法

将万用表的黑表笔搭在公共端，红表笔搭在其他线圈端，检测公共端与线圈端之间的阻值

实测公共端与线圈端之间的阻值均为47.3Ω，正常

将万用表档位旋钮调至欧姆档

在正常情况下，5根引线线圈的公共端（1号线接直流12V）与线圈端（2、3、4、5号线）之间的阻值应在47Ω左右，2号线与3、4号线的电阻值约为94Ω。若测得引线之间电阻为无穷大，则说明线圈开路；如果阻值过小，则说明线圈短路，均需要更换。

在正常情况下，6根引线线圈的第1组线圈中，1号线与3、5号线的电阻分别为47.3Ω、47.5Ω；1号线与4、6号线的电阻值均为47.5Ω。若测得引线之间电阻为无穷大，则说明线圈开路；如果阻值过小，则说明线圈短路，均需要更换。

若实际检测电子膨胀阀电动机线圈均正常，则可能是阀体内脏堵，可用高压气体进行吹洗。

｜提示说明｜

在空调器断电时，电子膨胀阀应复位，这时可通过听声音或感觉是否振动来判定阀针是否有问题。在关机状态下，阀芯一般处在最大开度，此时断开线圈引线，然后开机运行，如果此时制冷剂无法通过，可以判定阀针卡死。

｜提示说明｜

当判断电子膨胀阀阀体部分损坏且需要更换时应注意，在对电子膨胀阀与过滤器进行焊接时，需对阀体进行冷却保护，使阀主体温度不超过120℃，并且防止杂质及水分进入阀体内。另外，火焰不要直对阀体，同时需向阀体内部充入氮气，以防止产生氧化物。

电子膨胀阀前的管路系统应安装过滤器，防止系统内氧化皮及杂物堵塞。

16.3　风扇组件的检测代换

16.3.1　贯流风扇组件的检测代换

1　贯流风扇组件的特点

图16-10为分体壁挂式空调器贯流风扇组件的工作原理。贯流风扇驱动电动机通电运转后，带

动贯流风扇扇叶转动,使室内空气强制对流。此时,室内空气从室内机的进风口进入,经过蒸发器降温、除湿后,在贯流风扇扇叶的带动下,从室内机的出风口沿导风板排出。导风板驱动电动机控制导风板的角度(关于导风板组件将在下一节介绍)。

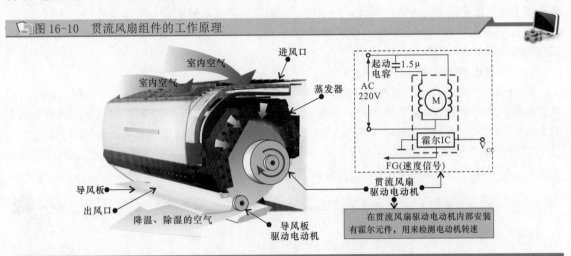

图 16-10 贯流风扇组件的工作原理

图 16-11 为空调器室内风扇组件的信号流程框图。空调器室内机微处理器接收到遥控信号后,起动空调器开始运行。同时过零检测电路将基准信号送入微处理器中。微处理器将驱动信号送到室内风扇驱动电动机的驱动电路中,由驱动电路控制贯流风扇运转,风扇驱动电动机运转后,霍尔元件将检测到的反馈信号(风速检测信号)通过风速检测电路送到微处理器中,由微处理器控制并调整风扇的转速。

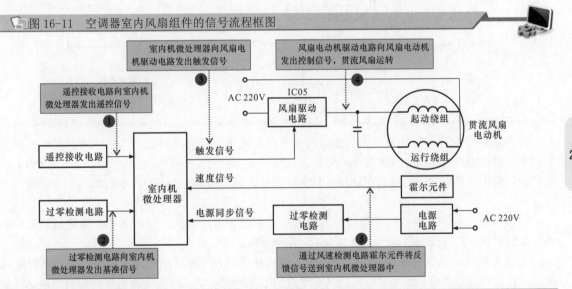

图 16-11 空调器室内风扇组件的信号流程框图

2 贯流风扇组件的检测

室内机贯流风扇组件出现故障,多表现为出风口不出风、制冷效果差、室内温度达不到指定温度等现象。当室内机出现上述故障时,应重点对室内机风扇组件进行检查。

对于室内机贯流风扇组件的检修,应首先检查贯流风扇扇叶否变形损坏。若没有发现机械故障,再对贯流风扇驱动电动机(电动机绕组、霍尔元件)进行检查。

231

（1）对贯流风扇扇叶进行检查

空调器长时间未使用，贯流风扇的扇叶会堆积大量灰尘，会出现风扇送风效果差的现象。出现此种情况时，打开空调器室内机的外壳后，首先检查贯流风扇外观及周围是否有异物，扇叶若是被异物卡住，散热效果将大幅度降低，严重时，还会造成贯流风扇驱动电动机损坏。

贯流风扇扇叶存在严重脏污、变形或破损而无法运转，则需要用相同规格的扇叶进行代换，或使用清洁刷对扇叶进行清洁处理。

（2）对贯流风扇驱动电动机进行检查

图 16-12 为海信 KFR-25GW/06BP 型空调器室内机风扇电动机驱动电路。从图可见，室内机风扇电动机是由交流 220 V 电源供电，在交流输入电路的 L 端经 TLP361 按到电动机的公共端，交流 220 V 输入的相线（N）加到电动机的运行绕组，再经起动电容 C 加到电动机的起动绕组上。当 TLP361 中的晶闸管导通时才能有电压加到电动机绕组上，TLP361 中的晶闸管受发光二极管的控制，当发光二极管发光时，晶闸管导通，有电流流过。

图 16-12　海信 KFR-25GW/06BP 型空调器室内机风扇电动机驱动电路

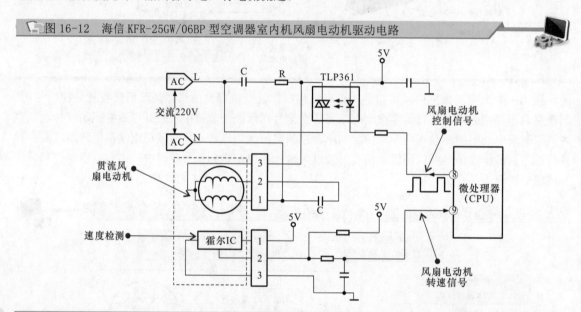

室内机风扇电动机的转速是由设在电动机内部的霍尔元件进行检测的，霍尔元件是一种磁感应元件，受到磁场的作用会转换成电信号输出。在转子上会装有小磁体，当转子旋转时，磁体会随之转动，霍尔元件输出的信号与电动机的转速成正比，该信号被送到 CPU 的 9 脚，为 CPU 提供参考信号。

贯流风扇组件工作异常时，若经检查贯流风扇扇叶正常，则接下来应对贯流风扇驱动电动机进行仔细检查，若贯流风扇驱动电动机损坏应及时更换。

贯流风扇驱动电动机是贯流风扇组件中的核心部件，若贯流风扇驱动电动机不转或是转速异常，可以使用万用表对贯流风扇驱动电动机绕组的阻值进行检测，进而判断贯流风扇驱动电动机是否出现故障。

1）贯流风扇驱动电动机各绕组间阻值的检测。

对贯流风扇驱动电动机进行检测时，一般可使用万用表的欧姆档检测其绕组阻值的方法来判断其好坏。将万用表调至"×100"欧姆档，红黑表笔任意搭接在贯流风扇驱动电动机的绕组端分别检测各引脚之间的阻值。

贯流风扇驱动电动机各绕组间阻值的检测方法如图 16-13 所示。

图 16-13 贯流风扇驱动电动机各绕组间阻值的检测方法

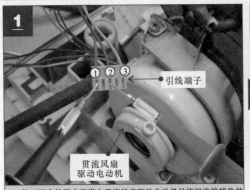

引线端子

贯流风扇
驱动电动机

将万用表的黑表笔搭在贯流风扇驱动电动机的绕组连接插件的 1 脚，红表笔搭在贯流风扇驱动电动机的绕组连接插件的 2 脚。

在正常情况下，驱动电动机内各绕组间有一定的阻值。

正常情况下，可测得插件 1、2 脚之间阻值为 750 Ω，2、3 脚之间阻值为 350 Ω，1、3 脚之间阻值为 350 Ω。若检测到的阻值为零或无穷大，说明该贯流风扇驱动电动机损坏，需进行更换；若经检测正常，则应进一步对其内部霍尔元件进行检测。

2）贯流风扇驱动电动机内霍尔元件的检测。

霍尔元件是贯流风扇驱动电动机中的位置检测元件，若该元件损坏也会引起贯流风扇驱动电动机运转异常或不运转的故障。

对霍尔元件的检测与贯流风扇驱动电动机相似，可使用万用表对其连接插件引脚之间的阻值进行检测，来判断其是否损坏。将万用表量程调至"×100"欧姆档，红、黑表笔任意搭接在贯流风扇驱动电动机的霍尔元件连接端，分别检测各引脚之间的阻值。

贯流风扇驱动电动机内霍尔元件的检测方法如图 16-14 所示。

图 16-14 贯流风扇驱动电动机霍尔元件的检测方法

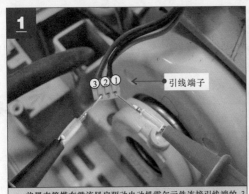

引线端子

将黑表笔搭在贯流风扇驱动电动机霍尔元件连接引线端的 3 脚，红表笔搭在贯流风扇驱动电动机霍尔元件连接引线端的 1 脚。

在正常情况下，贯流风扇驱动电动机霍尔元件引脚间有一定的阻值。

正常情况下，可测得插件 1、2 脚之间阻值为 2000 Ω，2、3 脚之间阻值为 3050 Ω，1、3 脚之间阻值为 600 Ω。若检测时发现某两个接线端的阻值为零或无穷大，则说明该驱动电动机的霍尔元件可能损坏，应对贯流风扇驱动电动机进行更换。

相关资料

霍尔元件是一种传感器件，一般有 3 只引脚，分别为供电端、接地端和信号端。若能够准确区分出这 3 只引脚的排列顺序，可以在判断霍尔元件的好坏时，只检测供电端与接地端之间的阻值、信号端与接地端之间的阻值即可。正常情况下，这两组阻值应为一个固定的数值，若出现零或无穷大的情况，多为霍尔元件损坏。

3　贯流风扇驱动电动机的代换

　　贯流风扇组件中的驱动电动机老化或出现无法修复的故障时，就需要使用同型号或参数相同的贯流风扇驱动电动机进行代换。在代换之前需要将损坏的贯流风扇驱动电动机取下。

　　（1）对贯流风扇驱动电动机进行拆卸

　　贯流风扇组件安装在室内机的机体内，通常贯流风扇扇叶安装在蒸发器下方，横卧在室内机中，贯流风扇驱动电动机安装在贯流风扇扇叶的一端。贯流风扇组件在室内机的安装位置比较特殊，拆卸时应按顺序逐一进行。对贯流风扇的拆卸，首先是对连接插件以及蒸发器进行拆卸，接着是对固定螺钉进行拆卸，最后是对贯流风扇驱动电动机和贯流风扇扇叶进行拆卸。

　　由于贯流风扇组件中的贯流风扇驱动电动机与电路板之间是通过连接线进行连接的，因此在拆卸前应先将连接插件拔下，并取下贯流风扇扇叶上方的蒸发器。

　　贯流风扇组件的拆卸如图 16-15 所示。

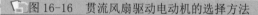

图 16-15　贯流风扇组件的拆卸方法

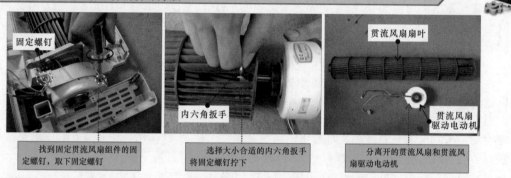

固定螺钉

贯流风扇扇叶

内六角扳手

贯流风扇
驱动电动机

找到固定贯流风扇组件的固
定螺钉，取下固定螺钉

选择大小合适的内六角扳手
将固定螺钉拧下

分离开的贯流风扇和贯流风
扇驱动电动机

　　将固定螺钉取下后，取出贯流风扇组件，然后，再完成对贯流风扇驱动电动机的拆卸分离。

　　（2）对贯流风扇驱动电动机进行代换

　　将损坏的贯流风扇驱动电动机拆下后，接下来需要寻找可替代的贯流风扇驱动电动机进行代换。代换时需要根据损坏贯流风扇驱动电动机的类型、型号、大小等规格参数选择适合的器件进行代换。

　　贯流风扇驱动电动机的选择方法如图 16-16 所示。

图 16-16　贯流风扇驱动电动机的选择方法

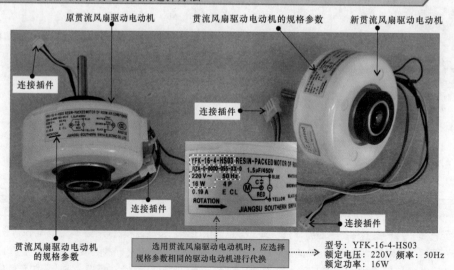

原贯流风扇驱动电动机　　贯流风扇驱动电动机的规格参数　　新贯流风扇驱动电动机

连接插件

连接插件

连接插件

连接插件

贯流风扇驱动电动机
的规格参数

选用贯流风扇驱动电动机时，应选择
规格参数相同的驱动电动机进行代换

型号：YFK-16-4-HS03
额定电压：220V　频率：50Hz
额定功率：16W

将新贯流风扇驱动电动机安装到贯流风扇扇叶上，并将贯流风扇组件安装好后，通电试机。贯流风扇驱动电动机的代换方法如图 16-17 所示。

图 16-17　贯流风扇驱动电动机的代换方法

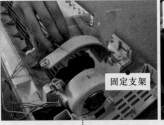

贯流风扇驱动电动机

贯流风扇扇叶

固定支架

贯流风扇驱动电动机内绕组的连接插件

电路板

将新的贯流风扇驱动电动机与贯流风扇扇叶进行连接

将固定贯流风扇驱动电动机的支架安装好并进行固定

将贯流风扇驱动电动机内绕组的连接插件与电路板进行连接

16.3.2　导风板组件的检测代换

1　导风板组件的特点

不同类型的空调器中，导风板组件的工作原理基本相同，因此这里以分体壁挂式空调器为例进行讲解。在空调器工作时，水平导风板便会在电动机的驱动下垂直摆动，从而实现垂直风向的调节。

当空调器的供电电路接通后，由控制电路发出控制指令并起动导风板驱动电动机工作，同时带动组件中的导风板摆动。图 16-18 为导风板组件的功能示意图。

图 16-18　导风板组件的功能示意图

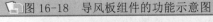
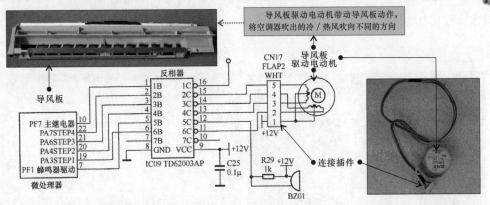

导风板驱动电动机带动导风板动作，将空调器吹出的冷／热风吹向不同的方向

导风板

反相器

导风板驱动电动机

CN17 FLAP2 WHT

连接插件

PF7 主继电器　10
PA7STEP4　22
PA6STEP3　21
PA4STEP2　20
PA3STEP1　19
PF1 蜂鸣器驱动　7

IC09 TD62003AP

C25 0.1μ

R29 +12V
1k

BZ01

微处理器

2　导风板组件的检测

导风板组件出现故障后，空调器可能会出现空调出风口的风向不能调节等现象。若怀疑导风板组件出现故障，就需要对导风板组件进行检查。

对导风板组件进行检查时，首先检查导风板的外观及周围是否损坏。若没有发现机械故障，可再对导风板驱动电动机部分进行检查。

（1）对导风板进行检查

首先检查导风板的外观及周围是否损坏，若导风板被异物卡住，则会出现空调器出风口不出风或无法摆动的现象。

导风板的检查方法如图 16-19 所示。

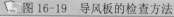

图 16-19　导风板的检查方法

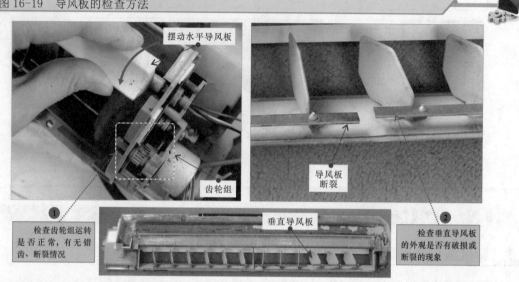

摆动水平导风板

齿轮组

导风板
断裂

① 检查齿轮组运转
是否正常，有无错
齿、断裂情况

垂直导风板

② 检查垂直导风板
的外观是否有破损或
断裂的现象

若经检查，导风板存在严重的破损或脏污现象，则需要用相同规格的导风板进行代换，或使用清洁刷对导风板进行清洁处理。

（2）对导风板驱动电动机进行检查

导风板组件工作异常时，若经检查导风板机械部分均正常，则接下来应对导风板驱动电动机进行检查，可使用万用表检测导风板驱动电动机阻值的方法判断其好坏。检测时将万用表的红黑表笔任意搭接在导风板驱动电动机的连接插件中，分别检测任意两个引脚间的阻值。

导风板驱动电动机的检测方法如图 16-20 所示

图 16-20　导风板驱动电动机的检测方法

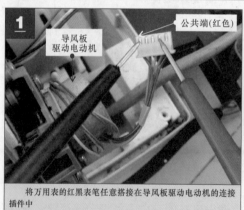

导风板
驱动电动机

公共端(红色)

将万用表的红黑表笔任意搭接在导风板驱动电动机的连接
插件中

在正常情况下，导风板驱动电动机内各绕组间应有一定的
阻值

正常情况下，检测导风板驱动电动机任意两个引脚之间，应能检测到一定的阻值。经检测，发现该导风板驱动电动机（脉冲步进电动机）红色引线为公共端，与其他任意引脚之间的阻值为 150 Ω，由此可判断，该导风板驱动电动机正常。若测得的阻值为 ∞，则说明内部绕组出现断路故障；若测得的阻值为 0Ω，则说明内部绕组短路。

3 导风板驱动电动机的代换

导风板驱动电动机老化或出现无法修复的故障时，就需要使用同型号或参数相同的导风板驱动电动机进行代换，在代换之前需要将损坏的导风板驱动电动机取下。

（1）对导风板驱动电动机进行拆卸

导风板组件安装在空调器室内机的出风口处，去掉外壳后可以发现在垂直导风板的侧面安装有导风板驱动电动机，用来带动导风板工作。导风板组件安装较为简单，拆卸时可按从外到内的顺序逐一进行。对导风板组件进行拆卸时，首先是对连接插件进行拆卸，再对导风板组件进行拆卸，最后对导风板驱动电动机进行拆卸。

1）对连接插件进行拆卸。

导风板组件一端安装有空调器室内机的电路板部分，导风板驱动电动机的连接引线插接在电路板上，因此拆卸导风板组件时，应先拨开导风板驱动电动机的连接插件。先将电路板从电控盒中抽出，然后拔下导风板驱动电动机连接插件即可。

导风板驱动电动机连接插件的拆卸方法如图 16-21 所示，

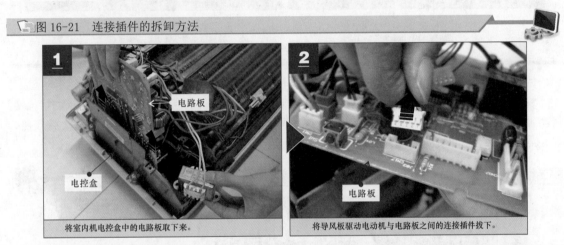

图 16-21　连接插件的拆卸方法

2）对导风板组件进行拆卸。

导风板组件一般通过卡扣的形式固定在空调器的室内机中，可先找到卡扣并拆卸。掰开固定导风板组件的各个卡扣，轻轻用力，即可将导风板组件分离出来。

导风板组件的拆卸方法如图 16-22 所示。

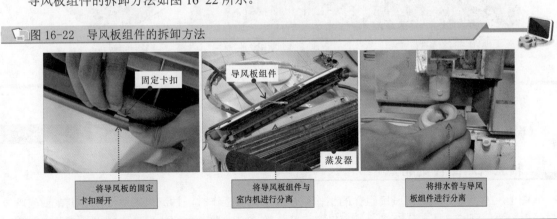

图 16-22　导风板组件的拆卸方法

3）对导风板驱动电动机进行拆卸。

237

取下导风板组件后，将固定导风板驱动电动机的固定螺钉取下，并分离导风板驱动电动机与导风板。

导风板驱动电动机的拆卸方法如图 16-23 所示。

图 16-23 导风板驱动电动机的拆卸方法

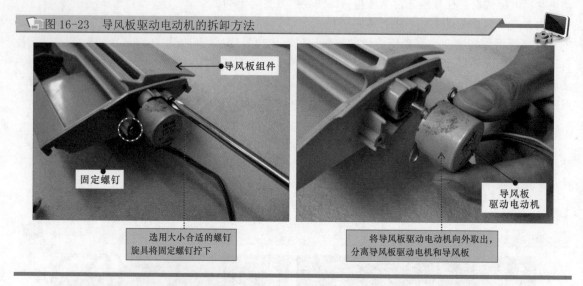

（2）对导风板驱动电动机进行代换

将损坏的导风板驱动电动机拆下后，接下来便可寻找可替代的新导风板驱动电动机进行代换。代换时需要根据损坏的导风板驱动电动机类型、型号、大小等规格参数选择适合的器件进行代换。

导风板驱动电动机的选择方法如图 16-24 所示。

图 16-24 导风板驱动电动机的选择方法

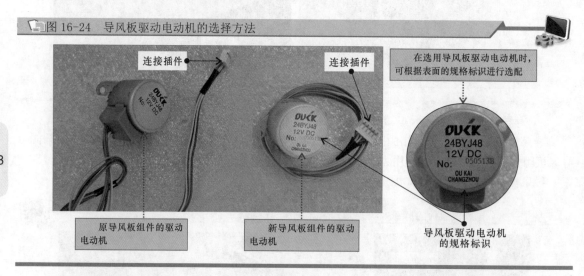

将选择好的导风板驱动电动机安装到导风板组件中，并将该组件安装回空调器室内机。

16.3.3 轴流风扇组件的检测代换

1 轴流风扇组件的特点

图 16-25 为室外机轴流风扇组件的工作原理。空调器工作时，轴流风扇驱动电动机在轴流风扇起动电容的控制下运转，从而带动轴流风扇扇叶旋转，将空调器中的热气尽快排出。确保空调器制冷管路热交换过程的顺利进行。

图 16-25　室外机轴流风扇组件的工作原理

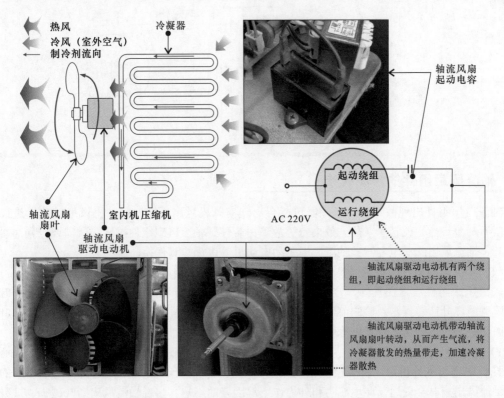

图 16-26 为室外机轴流风扇组件的信号流程框图。空调器起动后，室内机微处理器通过通信电路向室外机微处理器发出起动信号。室外机微处理器接收到起动信号后，向反相器发出驱动信号，由反相器控制继电器工作。继电器导通后，便接通室外机轴流风扇驱动电动机的供电电压。室外机轴流风扇驱动电动机起动工作，带动轴流风扇扇叶转动。

图 16-26　室外机轴流风扇组件的信号流程框图

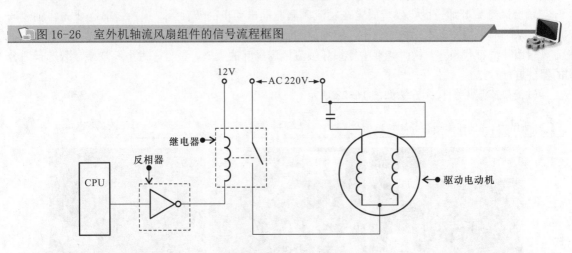

具有绕组抽头的轴流风扇电动机可通过切换供电插头的方式改变风扇的转速，其结构如图 16-27 所示。

图 16-27　具有绕组抽头的风扇电动机

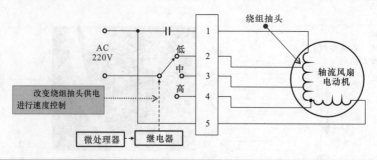

2 轴流风扇组件的检测代换

轴流风扇组件出现故障后，空调器可能会出现室外机风扇不转、室外机风扇转速慢进而导致空调器不制冷（热）或制冷（热）效果差等故障。若怀疑轴流风扇组件损坏，就需要分别对轴流风扇扇叶、轴流风扇起动电容器、轴流风扇驱动电动机等进行检测代换。

（1）轴流风扇扇叶的检测代换

轴流风扇组件放置在室外，容易堆积大量的灰尘，若有异物进去极易卡住轴流风扇扇叶，导致轴流风扇扇叶运转异常。检修前，可先将轴流风扇组件上的异物进行清理。若轴流风扇扇叶由于变形而无法运转，则需要对其进行更换。

1）对轴流风扇进行检查。

打开空调器室外机后，首先检查轴流风扇外观及周围有无异物，尤其是长时间不使用的空调器，轴流风扇扇叶会受运行环境恶劣和外力作用等因素的影响，出现轴流风扇扇叶破损、被异物卡住或轴流风扇扇叶与轴流风扇驱动电动机转轴被污物缠绕或锈蚀等情况，这将使散热效能大幅度降低，使空调器出现停机现象，严重时，还会造成驱动电动机损坏。

2）对轴流风扇扇叶进行代换。

若经检查，轴流风扇扇叶存在严重破损和脏污，则需要对扇叶进行清洁处理，若轴流风扇扇叶无法修复则需要用相同规格的风扇扇叶进行代换。

轴流风扇扇叶通过固定螺母固定在轴流风扇驱动电动机的转轴上，代换之前需要先将轴流风扇扇叶从轴流风扇驱动电动机中取下。将损坏的轴流风扇扇叶拆下后，接下来需要寻找可替代的轴流风扇扇叶进行代换。代换时需要根据损坏轴流风扇扇叶的类型、型号、大小等规格参数选择适合的器件进行代换。

轴流风扇扇叶的代换方法如图 16-28 所示。

图 16-28　轴流风扇扇叶的代换方法

使用扳手顺时针旋动取下固定轴流风扇扇叶的固定螺母

将轴流风扇扇叶轴心中凸出部分，对准电动机轴上的卡槽

安装新的轴流风扇扇叶安装到位，并重新用固定螺母固定好，轴流风扇扇叶的代换完成

（2）轴流风扇起动电容器的检测代换

轴流风扇起动电容器正常工作是轴流风扇驱动电动机起动运行的基本条件之一。因此当轴流风扇组件工作异常时，首先应检查轴流风扇起动电容器是否正常，若不正常应对起动电容器进行代换；若正常则应进行下一步检测。

1）对轴流风扇起动电容器进行拆卸。

轴流风扇起动电容器通过固定螺钉安装在电路支撑板上，引脚端通过连接引线与轴流风扇驱动电动机连接。拆卸轴流风扇起动电容器时，主要需将连接引线拔开、固定螺钉卸下，使轴流风扇起动电容器与电路支撑板和轴流风扇驱动电动机的连接引线分离。

将连接引线拔下，然后用螺钉旋具将固定螺钉拧下就可以将轴流风扇起动电容器从电路支撑板上取下了。

轴流风扇起动电容器的拆卸方法如图16-29所示。

图16-29　轴流风扇起动电容器的拆卸方法

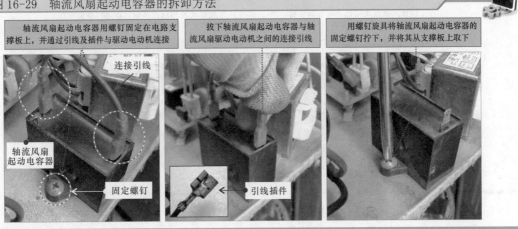

2）对轴流风扇起动电容器进行检测。

轴流风扇起动电容器正常工作是轴流风扇驱动电动机起动运行的基本条件之一。若轴流风扇驱动电动机不起动或起动后转速明显偏慢，应先对轴流风扇起动电容器进行检测。

轴流风扇起动电容器的检测方法如图16-30所示。

图16-30　轴流风扇起动电容器的检测方法

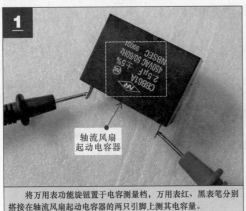

将万用表功能旋钮置于电容测量档，万用表红、黑表笔分别搭接在轴流风扇起动电容器的两只引脚上测其电容量。

观察万用表显示屏读数，若读数与轴流风扇起动电容器标称容量相差无几，说明轴流风扇起动电容器正常。

若轴流风扇起动电容器因漏液、变形导致容量减少时，多会引起轴流风扇驱动电动机转速变慢故障；若轴流风扇起动电容器漏电严重，完全无容量时，将会导致轴流风扇驱动电动机不起动、不运行故障。

| 相关资料 |

　　由于轴流风扇起动电容器工作在交流电环境下，在检测前不需要进行放电操作。另外，检测轴流风扇起动电容器时，也可使用指针万用表电阻档测量电容充放电特性，通过观察万用表指针的摆动情况，来判断轴流风扇起动电容器的好坏。正常情况下，万用表指针应有明显的摆动。

　　3）对轴流风扇起动电容器进行代换。

　　将损坏的轴流风扇起动电容器拆下后，接下来便可寻找可替代的新轴流风扇起动电容器进行代换。代换时需要根据原轴流风扇起动电容器的标称参数，选择容量、耐压值等均相同的电容器进行代换。

　　如图 16-31 所示，选择好代换的轴流风扇起动电容器后，将代换用起动电容器安装到原轴流风扇起动电容器的位置上，完成代换后，通电试机运行。

图 16-31　轴流风扇起动电容器的选择方案

（3）轴流风扇驱动电动机的检测代换

　　轴流风扇组件工作异常时，若经检测和代换轴流风扇起动电容器后故障依旧，则接下来应对轴流风扇驱动电动机进行仔细检查，若轴流风扇驱动电动机损坏应及时进行更换。

　　1）对轴流风扇驱动电动机进行拆卸。

　　轴流风扇驱动电动机通过固定螺钉固定在电动机支架上，电动机引线通过线卡固定，拆卸轴流风扇驱动电动机时，主要需将固定螺钉卸下，将线卡掰开，使轴流风扇驱动电动机与电动机支架分离，连接引线与线卡和连接部件分离即可。

　　使用适当尺寸的螺钉旋具将轴流风扇驱动电动机的固定螺钉一一拧下，并将连接引线从线卡中抽出，就可以取下轴流风扇驱动电动机了。

　　轴流风扇驱动电动机的拆卸方法如图 16-32 所示。

图 16-32　轴流风扇驱动电动机的拆卸方法

使用螺钉旋具将轴流风扇驱动电动机四周的固定螺钉一一拧下

将轴流风扇驱动电动机与电动机支架分离

将轴流风扇驱动电动机连同引线从电动机支架上取出

2）对轴流风扇驱动电动机进行检测。

将轴流风扇驱动电动机拆下后，接下来需要对驱动电动机进行检测。轴流风扇驱动电动机是轴流风扇组件中的核心部件。在轴流风扇起动电容器正常的前提下，若轴流风扇驱动电动机不转或转速异常，则需通过万用表对轴流风扇驱动电动机绕组的阻值进行检测，来判断轴流风扇驱动电动机是否出现故障。

轴流风扇驱动电动机绕组阻值的检测方法如图 16-33 所示。

扫一扫看视频

图 16-33　轴流风扇驱动电动机绕组阻值的的检测方法

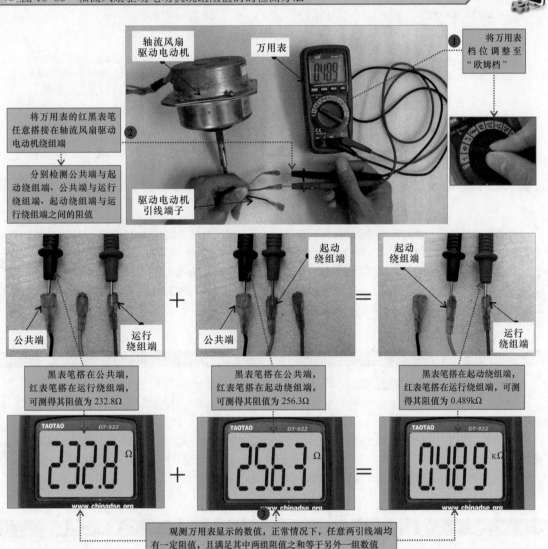

观察万用表显示的数值，正常情况下，任意两引线端均有一定阻值，且满足其中两组阻值之和等于另外一组数值。

若检测时发现某两个引线端的阻值趋于无穷大，则说明绕组中有断路的情况。

若 3 组数值间不满足等式关系，则说明驱动电动机绕组可能存在绕组间短路的情况；出现上述两种情况均应更换驱动电动机。

| 相关资料 |

　　空调器室外机轴流风扇驱动电动机绕组的连接方式较为简单，通常有 3 个输出端，其中一条引线为公共端，另外两条分别为运行绕组端和起动绕组引线端，如图 16-34 所示。

📷 图 16-34　空调器室外机轴流风扇驱动电动机绕组的连接方式

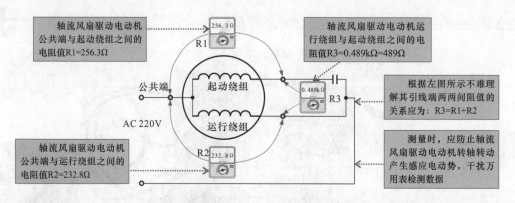

　　根据其接线关系不难理解其引线端两两间阻值的关系应为：轴流风扇驱动电动机运行绕组与起动绕组之间的电阻值 = 运行绕组与公共端间的电阻值 + 起动绕组与公共端间的电阻值。

　　需注意的是，测量轴流风扇驱动电动机绕组间阻值时，应防止轴流风扇驱动电动机转轴转动（如未拆卸进行检测时，由于刮风等原因，扇叶带动电动机转轴转动），否则可能因轴流风扇驱动电动机转动时产生感应电动势，干扰万用表检测数据。

| 特别提示 |

　　根据维修经验，室外机轴流风扇驱动电动机常见故障原因主要如下：

◆ 开机后轴流风扇驱动电动机不运行，多为轴流风扇驱动电动机线圈开路引起的，应更换轴流风扇驱动电动机。

◆ 轴流风扇驱动电动机转速慢或运行时熔断器熔断，排除起动电容器故障后，多为电动机线圈存在短路故障引起的，此时用万用表测其运行电流时超过额定电流值许多，应及时更换轴流风扇驱动电动机。

◆ 轴流风扇驱动电动机运转时有异常声响，多为电动机内部轴承缺油，应加油润滑或更换电动机。

| 相关资料 |

　　空调器室外机的轴流风扇驱动电动机一般有 5 根引线和 3 根引线两种。在对空调器室外机轴流风扇驱动电动机进行检测时，首先需要明确电动机各引线的功能（即区分起动端、运行端和公共端），在实际检测中，维修人员一般根据轴流风扇驱动电动机铭牌标识进行区分。在轴流风扇驱动电动机外壳上都贴有该电动机的铭牌，通过轴流风扇驱动电动机的铭牌标识很容易区别不同颜色连接引线的功能，如图 16-35 所示。

图 16-35 根据铭牌标识区分轴流风扇驱动电动机 3 根引线的功能

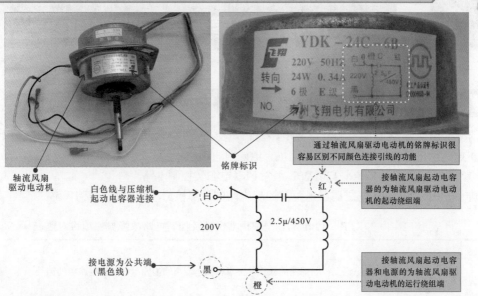

通过轴流风扇驱动电动机的铭牌标识很容易区别不同颜色连接引线的功能

轴流风扇驱动电动机

铭牌标识

接轴流风扇起动电容器的为轴流风扇驱动电动机的起动绕组端

白色线与压缩机起动电容器连接

白

红

200V

2.5μ/450V

接电源为公共端（黑色线）

黑

橙

接轴流风扇起动电容器和电源的为轴流风扇驱动电动机的运行绕组端

3）对轴流风扇驱动电动机进行代换。

轴流风扇驱动电动机老化或出现无法修复的故障时，就需要使用同型号或参数相同的轴流风扇驱动电动机进行代换。代换之前应根据原轴流风扇驱动电动机上的铭牌标识，选择型号、额定电压、额定频率、功率、极数等规格参数相同的电动机进行代换。

选择好代换用轴流风扇驱动电动机后，将代换用轴流风扇驱动电动机安装到电动机支架上，并将轴流风扇驱动电动机也装回到机轴上，通电试机。

轴流风扇驱动电动机的代换方法如图 16-36 所示。

图 16-36 轴流风扇驱动电动机的代换方法

1 将代换用的轴流风扇驱动电动机放到电动机支架上，拧紧固定螺钉。

2 将轴流风扇扇叶轴心中凸出部分，对准电动机轴上的卡槽。

3 将轴流风扇扇叶穿入驱动电动机转轴上，使轴流风扇扇叶安装到位，拧紧螺母。

4 将轴流风扇驱动电动机的连接引线分别与电路板部分、轴流风扇起动电容器、接地端等进行连接。

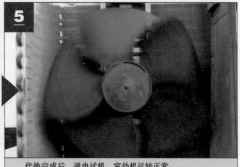

5 代换完成后，通电试机，室外机运转正常。

17.1 海尔 KFRd-120LW/L 型空调器电源及控制电路的故障检修

海尔 KFRd-120LW/L 型空调器电源电路与市电交流 220V 输入电压连接，为室内机控制电路板和室外机电路供电。控制电路是控制压缩机、电磁四通阀、风扇电动机等电气部件协调运行的电路。

图 17-1 所示为海尔 KFRd-120LW/L 型空调器电源及控制电路。

海尔 KFRd-120LW/L 型空调器电源及控制电路的故障检修项目对照见表 17-1。

表 17-1　海尔 KFRd-120LW/L 型空调器电源及控制电路故障检修项目对照表

检修说明	对于该空调器电源及控制电路的检修，重点检测电源电路的输出、控制电路中的微处理器、反相器等部分	
检修项目	检修分析	检修内容
电源电路输出的直流低压	当怀疑空调器电源电路出现故障时，首先应对电源电路输出的直流低压进行检测	若电源电路输出的直流低压均正常，则表明电源电路正常
		若输出的直流低压有异常，则可顺电路流程对前级电路进行检测
微处理器	微处理器是空调器中的核心部件，该部件损坏将直接导致空调器不工作、控制功能失常等故障	一般对微处理器的检测包括三个方面，即检测工作条件、检测输入和输出信号。检测结果的判断依据为：在工作条件均正常的前提下，若输入信号正常，而无输出或输出信号异常，则说明微处理器本身损坏
反相器	反相器是空调器中各种功能部件的驱动电路部分，该器件损坏将直接导致空调器室内、室外风扇电动机不运行、电磁四通阀不换向引起的空调器不制热等	反相器好坏可通过检测反相器各引脚对地阻值或反相器输入、输出端信号进行判断

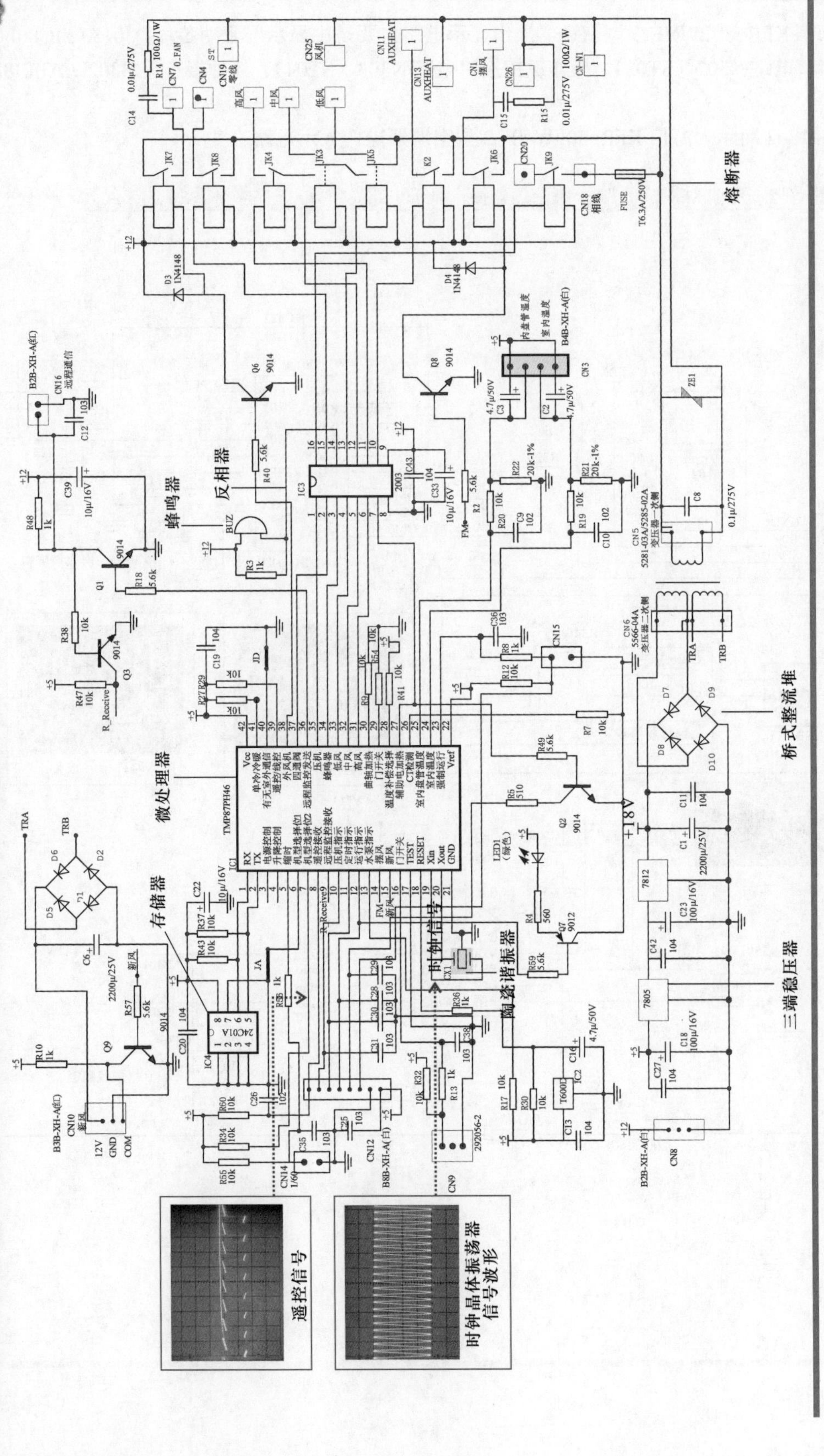

图17-1 海尔 KFRd-120LW/L 型空调器电源及控制电路

17.2 海信 KFR-50LWVF-2 型空调器操作显示电路的故障检修

海信 KFR-50LWVF-2 型空调器操作显示电路主要是由显示屏驱动芯片 D301A（MC80F0604D）、键控接口电路 N302（ST02）、操作键控接口电路 N303（ST04）、红外接收头 B302（AT138B）等构成的。

图 17-2 所示为海信 KFR-50LWVF-2 型空调器操作显示电路。

📷 图 17-2　海信 KFR-50LWVF-2 型空调器操作显示电路

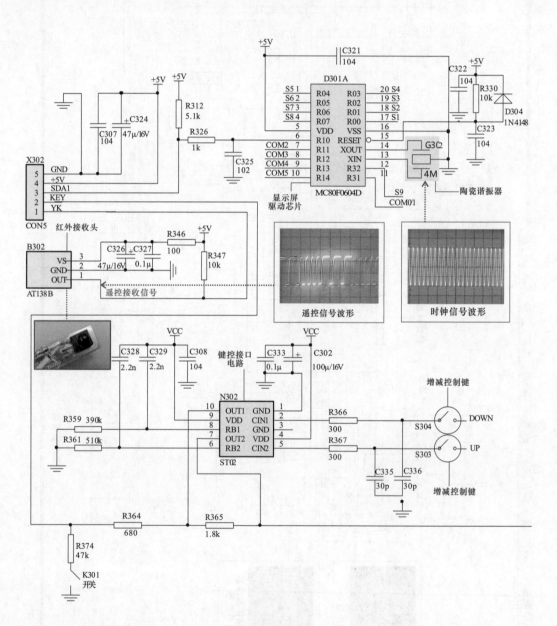

a）操作显示电路

图 17-2 海信 KFR-50LWVF-2 型空调器操作显示电路的故障检修（续）

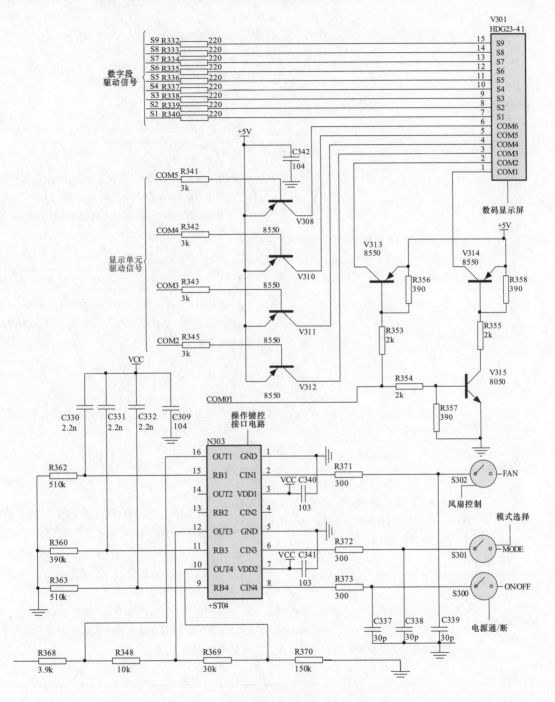

b) 操作显示电路

对于该空调器操作显示电路的检修，重点检测红外遥控接收器、显示屏驱动芯片、操作键控接口电路等部分。

海信 KFR-50LWVF-2 型空调器操作显示电路的故障检修项目对照见表 17-2。

表 17-2　海信 KFR-50LWVF-2 型空调器操作显示电路故障检修项目对照表

检修说明	对于该空调器操作显示电路的检修，重点检测操作显示电路的接收、芯片和供电部分	
检修项目	检修分析	检修内容
红外遥控接收器	首先应对该器件的供电电压进行检测，当遥控接收器的供电电压正常时，接下来应对遥控器输出的信号进行检测	在正常情况下，红外接收头的供电电压应为 +5V。若供电电压异常，则需要对电源电路进行检测；若供电电压正常，则应进一步对红外接收头输出的遥控接收信号进行检测
		若信号波形不正常，则说明遥控接收器可能存在故障；若信号波形正常，则说明微处理器控制电路等可能存在故障
显示屏驱动芯片	对显示屏驱动芯片进行检测时首先应对该器件供电电压进行检测	在正常情况下，显示屏驱动芯片的供电电压应为 +5V
	时钟信号是显示屏驱动芯片工作的另一个基本条件，该信号异常将引起显示屏驱动芯片不工作或控制功能错乱等现象	一般可通过用示波器检测显示屏驱动芯片时钟信号端信号波形或晶体引脚的信号波形进行判断
操作键控接口电路	操作键控接口电路的 3、7 脚为供电电压端，是该电路正常工作的重要条件，该处电压不正常也将导致操作显示电路工作异常	用万用表检测接口电路供电引脚的电压值，在正常情况下在该引脚处可测得相应的电压值，否则应检查供电电路部分

17.3　长虹 KFR-52LW/DAW1+1 型柜式空调器电源电路的故障检修

长虹 KFR-52LW/DAW1+1 型柜式空调器电源电路采用开关电源电路结构形式。该电路将市电交流 220V 电源转换为室内机电路元器件及电气部件工作所需的直流电压 +12V、+5V。

图 17-3 所示为长虹 KFR-52LW/DAW1+1 型柜式空调器电源电路。

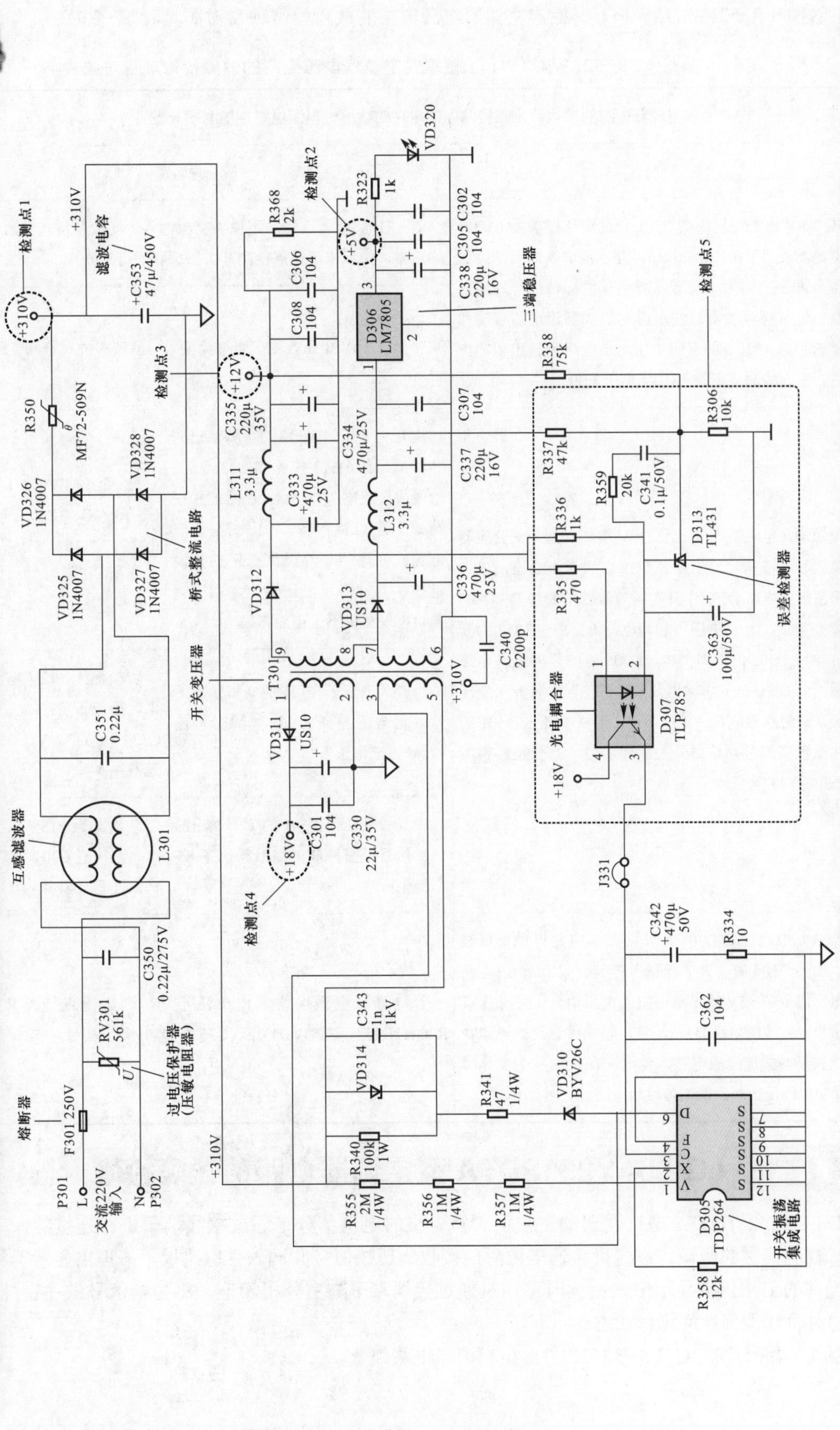

图17-3 长虹 KFR-52LW/DAW1+1 型柜式空调器电源电路

长虹 KFR-52LW/DAW1+1 型柜式空调器电源电路的故障检修项目对照见表 17-3。

表 17-3　长虹 KFR-52LW/DAW1+1 型柜式空调器电源电路的故障检修项目对照表

检修说明	对于该空调器电源的检修，重点检测电源电路的输出、电源电路中的易损元器件	
检修分析	检修内容	
交流 220V 电源经熔断器 F301 和过电压保护器 RV301 加到互感滤波器 L301 的输入端，互感滤波器既可滤除电网中的脉冲干扰信号，也可以防止开关振荡信号对电源的干扰。经互感滤波器滤波后再由桥式整流电路整流和电容滤波形成 +310V 的直流电压。当电源无输出或输出异常时，可先检测该部分 +310V 电压是否正常	若 +310V 电压正常，则说明交流输入、滤波和桥式整流电路均正常，接下来可重点检测开关振荡和输出部分	
	若无 +310V 电压，则应查交流输入、滤波和桥式整流电路	
由电源输入电路形成的直流 310V 电压加到开关变压器一次侧绕组的 5 脚，经一次侧绕组后由 3 脚输出，送到开关振荡集成电路 D305 中开关场效应管的漏极 D（D305 的 6 脚）。同时 310V 电压将起动电路 R355～R357 为开关集成电路 D305 的 1 脚供电，D305 内的开关振荡电路起振后，由 D305 的 6 脚输出开关脉冲信号，使开关变压器的一次侧绕组形成开关脉冲电流。开关变压器 T301 的三组二次侧绕组分别输出开关脉冲信号，并分别经整流滤波输出不同的直流电压	由开关变压器 T301 的 7 脚输出的脉冲信号经 D313 整流和 C336 滤波后变成直流电压，再经 LC 滤波和三端稳压器（LM7805）输出 +5V 直流电压，为控制芯片提供稳定的直流电压。若该路无电压输出，则空调器将出现整机不工作故障	应查 LM7805、L312、C305、C338、C307、C337、C336、VD313 等元器件
	由开关变压器 T301 的 9 脚输出的脉冲信号经整流和 LC 滤波后输出 +12V 直流电压	若检测无 +12V 电压输出，则应查 L311、C335、C334、C333、VD312 等元器件
	由开关变压器 T301 的 1 脚输出的脉冲信号经整流和滤波后输出 +18V 直流电压	若检测无 +18V 电压输出，则应查 C301、C330、VD311 等元器件
电路中光电耦合器 D307 为开关振荡电路提供负反馈信号，加到 D305 的 3 脚进行稳压控制。+12V 输出电路中的电压信号和 +5V 输出电路中的电压信号，经分压取样电路和误差检测电路 D313，将误差信号通过光电耦合器反馈到开关振荡集成电路，使电源在负载发生变化时能自动实现稳压控制，保证各控制电路能正常工作	若检测该电源电路输出电压不稳，则应重点检测 R337、R306、R359、C341、D313、C363、D307 等元器件	

17.4　LG LS-Y251PDTA 型空调器电路的故障检修

　　LG LS-Y251PDTA 型空调器的室内机和室外机的电气部分是通过接线端子进行连接的，完成电压、控制信号的传输。室内机接通电源后，接收到遥控信号并送入主电路板中，再由显示器将空调器当前的工作状态显示出来；同时室内机通过接线端子与室外机相连，将控制信号送往室外机，控制室外机功能部件的工作状态。

　　图 17-4 所示为 LG LS-Y251PDTA 型空调器电路部分。

图 17-4 LG LS-Y251PDTA 型空调器电路部分

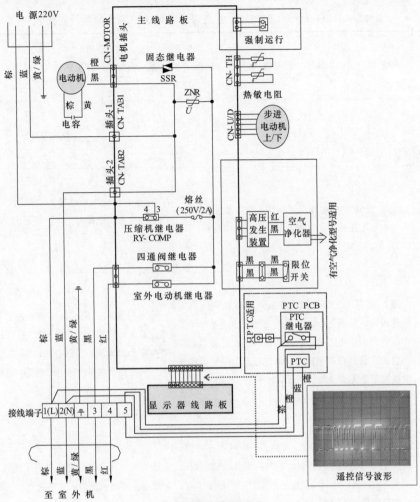

a) 室内机控制电路部分

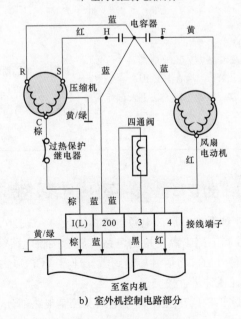

b) 室外机控制电路部分

LG LS-Y251PDTA 型空调器电路的故障检修项目对照见表 17-4。

表 17-4　LG LS-Y251PDTA 型空调器电路的故障检修项目对照表

检修说明	对于该空调器电路部分的检修，重点检测电路中的供电、关键信号、主要电气部分等部分	
检修项目	检修分析	检修内容
交流 220V 供电电压	交流 220V 供电电压通过插件为空调器进行供电，若该电压不正常，则空调器无法进入工作状态	用万用表检测插件处的电压值，若 220V 正常，则说明交流供电条件正常；若无 220V，则应查交流输入线路部分
遥控器	遥控器将人工操作指令送入主电路板中，由主电路板将该信号进行处理后，控制其他功能部件工作，同时由主电路板输出显示信号，通过显示器将当前的工作状态显示出来，遥控器无电或故障将导致控制信号无法送入空调器电路中	用手机照相功能检查遥控器能够正常发出红外光。若无任何输出，则可更换电池后再次检查，若更换电池仍无法输出红外光，则多为遥控器内部损坏，应检查遥控器内部电路或更换遥控器
风扇电动机	风扇电动机带动扇叶，将冷风 / 热风吹入室内，从而使空气流通，若该器件损坏，则会造成空调器不制冷 / 制热，当制冷温度达不到设定的温度值时，可对该器件进行检测	检查风扇电动机连接插件有无松脱、损坏，用万用表检测电动机绕组阻值判断电动机是否损坏
热敏电阻器	热敏电阻器（温度传感器）主要是将温度信号传送到主电路板中，若该器件损坏，则会导致空调器室内机温度异常，控制电路无法进入自行保护的状态	检测热敏电阻器时，主要检测不同温度下热敏电阻器的阻值是否正常，若阻值不随温度的变化而变化，则表明该器件损坏

17.5　松下 CS/CU-973/1273 型空调器室内机电源及控制电路的故障检修

松下 CS/CU-973/1273 型空调器通电后，电源电路将输入的 AC 220V 电压整流滤波后，输出直流 12V、5V 电压为微处理器控制电路、温度检测电路、显示接收电路等提供工作电压。遥控接收电路接收由遥控器传输的遥控信号后，将信号传输到微处理器（CPU）中，经微处理器识别和处理后，对室内机和室外机的各种元器件进行控制。

图 17-5 所示为松下 CS/CU-973/1273 型空调器电源及控制电路部分。

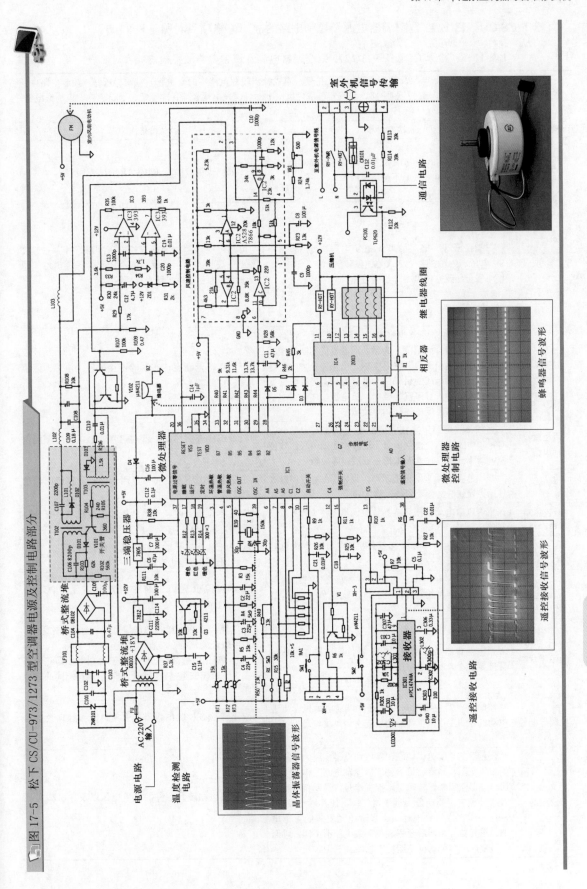

图17-5 松下CS/CU-973/1273型空调器电源及控制电路部分

室外机信号传输

通信电路

继电器线圈

相反器

微处理器控制电路

蜂鸣器信号波形

遥控接收信号波形

桥式整流堆

三端稳压器

桥式整流堆+18V

接收器

遥控接收电路

AC 220V 输入

电源电路

温度检测电路

晶体振荡器信号波形

255

松下 CS/CU-973/1273 型空调器电源及控制电路的故障检修项目对照见表 17-5。

表 17-5　松下 CS/CU-973/1273 型空调器电源及控制电路故障检修项目对照表

检修说明	对于该空调器电源及控制电路部分的检修，重点检测电源电路中的开关管、三端稳压器，控制电路中的温度检测电路、遥控接收电路、蜂鸣器、室内风扇电动机、光电耦合器、端子板、通信部件、控制继电器、反相器等部分	
检修项目	检修分析	检修内容
开关管	开关管 V101 是电路中的主要元器件，损坏后会引起室内机不开机、风扇不运转等故障	应重点检查 D101、R103、R102、C105 等
三端稳压器	三端稳压器 7805 用来将＋12V 电压稳压后输出＋5V 电压，为微处理器、复位电路等提供工作电压，损坏后会导致室内机不开机的故障	可通过检测输入和输出端电压判断好坏。一般在断开负载状态下，若输入端电压正常，输出端无电压，则多为三端稳压器本身损坏
温度检测电路	温度检测电路用来检测室内的环境温度、管路温度、室内风扇排风温度，为微处理器提供判断和控制的依据。温度检测电路将温度感知信号转换为电信号送入微处理器相应的引脚中，由微处理器进行分析处理，对空调器进行停机等控制，该电路损坏会引起空调器运行失常显示故障代码等故障	应重点检查温度传感器的连接插件、传感器阻值（常温为 15 kΩ）等
遥控接收电路	遥控接收电路用来接收遥控器传输的人工指令信号，该电路损坏会使空调器无法接收遥控信号，致使空调器不开机、输入人工指令无反应等故障	应重点检查遥控接收器的信号波形以及外围元器件
蜂鸣器	蜂鸣器主要用来发出提示声，通常，在对空调器进行遥控操作时会伴随着蜂鸣器的声音	在正常情况下，这里可以用示波器测得蜂鸣器的信号
室内风扇电动机	室内风扇电动机损坏会导致空调器制冷/制热效果变差	应重点检查室内风扇电动机的绕组阻值（每个绕组阻值为 300 Ω 左右）及其 5V 供电电压
端子板	端子板发生故障会引起室外机不工作、室内机对室外机控制失灵等故障	应仔细检查端子板上的引线插件是否老化，端子板上的固定螺钉是否有松动
通信电路	通信电路主要用于室内机与室外机之间的信号传输，损坏后会引起室外机不工作、显示故障代码等故障	应重点检查通信电路中的光电耦合器 PC101、C112、R114、R113 等元器件
光电耦合器	光电耦合器是通电电路中的器件，该器件损坏将直接导致通信功能失常的故障	光电耦合器 PC101 有通信信号时，检测其输入端，即万用表红表笔搭在 2 脚、黑表笔搭在 1 脚，可测得 0.7V/0V 变化的脉冲电压；测量其输出端，即红表笔搭在 3 脚、黑表笔搭在 4 脚，也可以测得相同的脉冲电压
控制继电器	控制继电器主要用来控制室内风扇电动机、步进电动机等的工作，损坏后引起室内风扇电动机等不工作的故障	应重点检查控制继电器的供电电压和触点吸合情况
反相器	反相器的 9 脚为供电端，接收由电源电路为其提供的工作电压。当室内机微处理器控制电路工作后，由微处理器向反相器传输驱动控制信号，经反相器反相放大处理后，驱动各个继电器工作，使其触点吸合，进而接通室内风扇电动机、步进电动机等的供电电路。该元器件损坏后会引起控制继电器不工作，进而导致室内风扇电动机不运转等故障	应重点检测该元器件的供电电压以及各引脚之间的阻值

第18章 变频空调器综合维修实例

18.1 长虹KFR-50L-Q1B型分体落地式空调器室内机控制电路的检修

长虹 KFR-50L-Q1B 型分体落地式空调器室内机电源控制电路的检修要点如图 18-1 所示，它是以微处理器 D301 为核心的控制电路，D301 是一种 32 脚双列集成电路。

长虹 KFR-50L-Q1B 型分体落地式空调器室内机电源和控制电路的故障检修项目对照见表 18-1。

表 18-1　长虹 KFR-50L-Q1B 型分体落地式空调器室内机电源和控制电路的故障检修项目对照表

检修说明	对于该空调器电源和控制电路的检修，重点检测电源电路的输出、电源电路中的易损元器件、控制电路中的主要控制信号等	
检修分析		**检修内容**
查供电。由开关电源送来的 +5V 电压加到 D301 的 13 脚为其供电，该供电电压是空调器室内机控制电路的三大工作条件之一，当空调器室内机不动作，控制功能失常时，可首先检测该引脚端供电电压是否正常		若电压正常，则可检测控制电路其他工作条件；若无电压则应检测开关电源电路部分
查复位电路。D301 的 16 脚为接地端，11 脚为复位端。+5V 电压经复位信号产生电路 PS1600D 为微处理器 D301 的 11 脚提供复位信号。复位信号也是微处理器正常工作的条件之一，正常情况下，在开机瞬间微处理器复位端应有一个电压跳变		若无复位信号，则应查 PS1600D、R304、VD301、C313 等
查时钟信号。D301 的 13、14 脚为晶体振荡器端，D301 的 13、14 脚外接晶体 G301，该晶体振荡器与微处理器内的时钟振荡电路构成时钟振荡电路，为微处理器提供 8.38MHz 的时钟信号		若无时钟信号，则应查晶体振荡器 G301 等
微处理器 D301 进入工作状态后，由 1 脚输出室外机电源控制信号，2 脚输出 SOC 电源控制信号，3 脚输出 DCM（直流电动机）驱动信号，4 脚接收温度检测信号，5 脚输出 90s 延迟信号，6 脚为室温检测端，7 脚为内盘管温度检测端，8 脚为机型选择端，9 脚为空气质量检测端，10 脚为基准电压输入端（+5V）		当微处理器控制功能失常时，可借助万用表检测上述引脚处的电压值，通过电压值判断输入或输出的控制信号是否正常。一般情况下，当微处理器的供电、复位、时钟三大工作条件都正常时，若输入控制信号或检测信号正常，无任何输出信号，则多为微处理器芯片内部损坏，需更换微处理器；若某一路输出异常，则可重点检测该输出端引脚外接的元器件、印制电路板线路有无损坏
微处理器的 17~19 脚为微处理器的时钟和数据信号端；20 脚为电动机的测速信号输入端；23~26 脚为步进电动机脉冲信号输出端，该信号经反相器后驱动部件电动机（上、下竖摆叶片电动机）进行控制；30 脚输出加热器控制信号；31 脚为通信信号的接收端；32 脚为通信信号的发送端，用来与室外机进行通信		

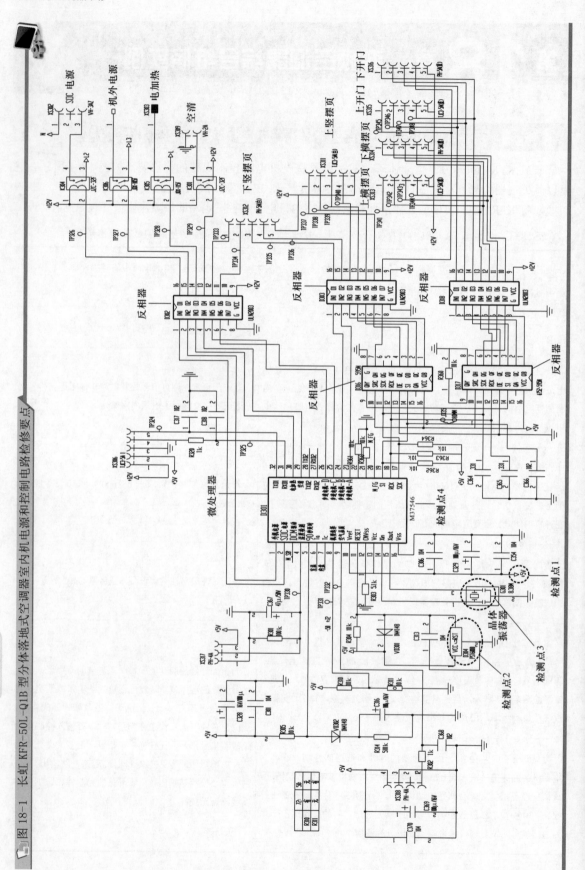

图18-1 长虹 KFR-50L-Q1B 型分体落地式空调器室内机电源和控制电路检修要点

18.2 长虹 KFR-50L-Q1B 型分体落地式空调器室内机电源电路的检修

图 18-2 所示为长虹 KFR-50L-Q1B 型分体落地式空调器室内机开关电源电路，检测点已标记在图中。

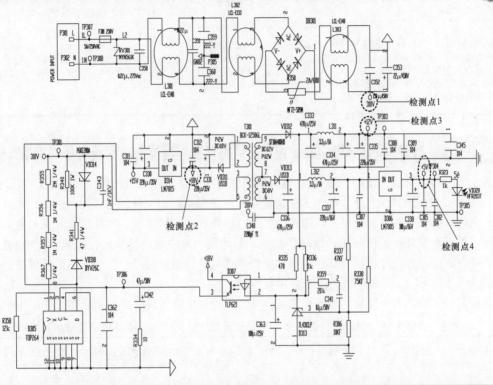

长虹 KFR-50L-Q1B 型分体落地式空调器室内机开关电源电路的故障检修项目对照见表 18-2。

表 18-2 长虹 KFR-50L-Q1B 型分体落地式空调器室内机开关电源电路的故障检修项目对照表

检修说明	对于该空调器电源和控制电路的检修，重点检测电源电路的输出、电源电路中的易损元器件	
检修分析		**检修内容**
该电路最上端为交流电源输入电路，该电路是由多级滤波和整流电路构成的，它将交流 220V 电源变成直流 310V 电源，再为开关电源等电路供电。该电路有效防止了电网中的干扰脉冲，同时也阻止了开关电源中产生的脉冲对电网的辐射。在检修电源电路时，310V 电压是电路中检测的重点		一般若 310V 正常，则表明交流电源输入电路部分正常
		若无 310V 电压，则首先应排查交流电源输入电路部分，重点查熔断器 F301、过电压保护器桥式整流电路、滤波电容 C352 等
电路下部分为开关电源电路，其功能是将直流 310V 电压变成稳定的 +12V、+15V 和 +5V 电压为控制电路供电。+310V 电压在为开关变压器一次侧绕组供电的同时，经降压电阻为开关振荡集成电路 D305 的 1 脚提供电源电压，使之能起动振荡。+310V 经开关变压器一次侧绕组为开关振荡集成电路中的开关场效应晶体管漏极 D 供电。开关振荡集成电路起振后，由 D305 的 6 脚（D）产生开关电流，使开关变压器一次侧绕组中形成开关电流，于是二次侧绕组也会感应频率相同的开关脉冲		若 310V 电源正常，开关电源电路不起振，则应重点检测降压电阻 R367、R357、R356、R355，开关振荡集成电路 D305，VD310，R341，等器件
开关变压器三路二次侧绕组的输出分别经整流、滤波和稳压后输出不同的直流电压。其中 1、2 绕组的输出经 VD311 整流，再经 C311、C312 滤波后形成 +18V 直流，+18V 再经三端稳压器 D314（LM7815）输出 +15V 直流电压		若 +18V 电压不正常，则应重点查开关变压器、VD311、C311、C312 等元器件
		若 +15V 电压不正常，但 +18V 电压正常，则应重点检查三端稳压器 D314

（续）

检修分析	检修内容
开关变压器二次侧 6-7 绕组的输出经 VD313 整流，C336 滤波后再经 LC 滤波后，由三端稳压器 D306（LM7805）稳压后输出 +5V 电压	若 +5V 电压不正常，则应查开关变压器、VD313、C336、L312、C337、D306 等器件
开关变压器二次侧 8-9 绕组的输出经 VD312 整流和 π 型滤波器滤波后形成 +12V 电压	若 +12V 电压不正常，则应查开关变压器、VD312、C333、L311、C334、C335 等器件
稳压电路是由误差取样电路和光电耦合器等构成的。+12V 和 +5V 分别经电阻分压电路送到误差检测电路 TL431 上。误差电压通过 TL431 变成控制光电耦合器中的发光二极管，从而通过光电耦合器 D307 将误差信号反馈到开关振荡集成电路 D305 的 3 脚，通过控制振荡电路的输出脉冲进行稳压控制	若开关电源电路输出电压不稳，则应重点查 TL431，分压电阻 R337、R338、R306、R335、R336、D307，D305 等

18.3 长虹 KFR-50L-Q1B 型分体落地式空调器室外机控制电路的检修

图 18-3 所示为长虹 KFR-50L-Q1B 型分体落地式空调器室外机电源和控制电路。

长虹 KFR-50L-Q1B 型分体落地式空调器室外机控制电路由主控微处理器（CPU）和外围电路组成。来自室内机的电源供电压和通信信号通过接线板送到室外机。室外机接收来自室内机的起动信号，然后对室外机的压缩机、电阻膨胀阀、四通阀、风扇电动机等进行控制。在控制过程中，还不断接收各部位温度传感器的信号，例如室外机排气管的温度信号、室外温度信号以及室外机盘管的温度信号。同时还对压缩机的温控器进行检测。

长虹 KFR-50L-Q1B 型分体落地式空调器室外机控制电路的故障检修项目对照见表 18-3。

表 18-3　长虹 KFR-50L-Q1B 型分体落地式空调器室外机控制电路的故障检修项目对照表

检修说明	对于该空调器电源和控制电路的检修，重点检测微处理器本身及外围电路重要元器件的好坏
检修分析	**检修内容**
室外机需要接受和反馈室内机的通信信息才能正常工作	当室内机与室外机通信不良时，应重点检测室内机与室外机之间的接线板、通信电路和连接端口部分
室外机微处理器 D450 是一种具有 32 个引脚的集成电路。+5V 为 D450 的 13 脚电源端供电，同时经复位电路 D452 产生的复位信号送到 11 脚，14 和 15 脚外接晶体振荡器 X451 与芯片内的电路产生时钟信号，使 CPU 开始工作	当室外机控制功能失常时，可首先检测微处理器的供电、复位和时钟三大基本条件，重点检测 C454、D452、X451 等器件
CPU 的 3~7 脚为温度传感器接口，接收来自各部位温度传感器的信号	温度检测功能失常时，应重点检测温度传感器及接口电路部分
CPU 的 17 脚为四通阀控制端，18 脚为室外风机的控制端（中速 M），19 脚为冷媒选择端，20 脚为室外风机高速（H）控制端，24 脚为电磁阀控制端，25 脚为室外机交流电源控制端，这几个脚输出的信号经外部的反相器电路 D462 反相后去控制各自的继电器，通过继电器实现对目标的控制	当四通阀或室外风机、电磁阀控制失常时，应重点检测微处理器控制信号输出端引脚到四通阀等功能部件之间的线路元器件，如反相器、继电器及接口插件等
CPU 的 27~30 脚输出电子膨胀阀（P1~P4）的控制信号，该信号经反相器 D461 反相后送到电子膨胀阀接口	当电子膨胀阀控制失常时，应重点查 CPU 的 27~30 脚到电子膨胀阀之间的电路器件，如 D461、XS461 等
CPU 的 23 和 21 脚为发送信号端（TXD 内）和接收信号端（RXD 内），该信号分别经 V401 和光电耦合器 D402 将信号发送到通信线路，同时来自通信电路的室内机通信信号经光电耦合器 D401 送到室外机的 RXD 内端	当空调器控制功能失常时，应重点查 CPU 的 23 和 21 脚到通信电路之间的电路器件，如 V401、D402、D401 等

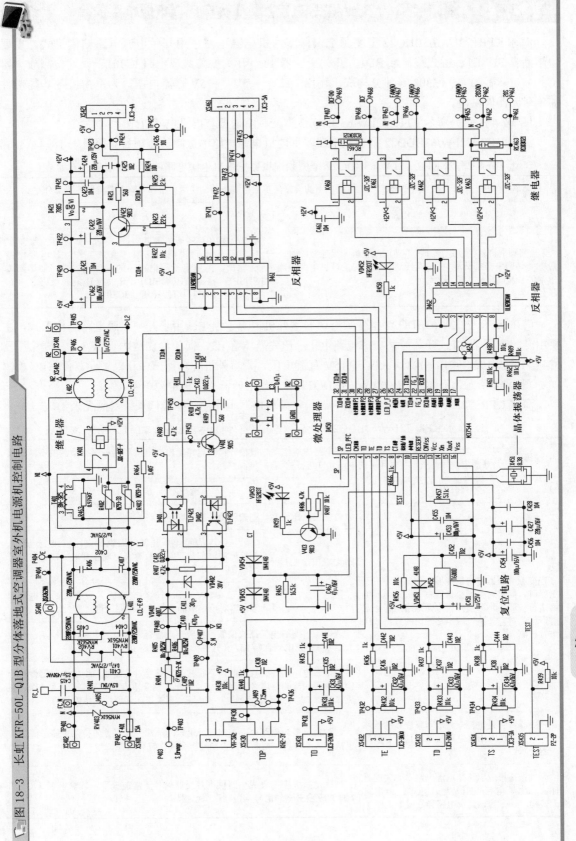

图18-3 长虹 KFR-50L-Q1B 型分体落地式空调器室外机电源机控制电路

261

18.4 海尔 KFR-72LW/63BDQ22 型变频空调器电源电路的检修

海尔 KFR-72LW/63BDQ22 型变频空调器室内机电源电路采用开关电源电路结构形式，主要由熔断器 FUSE1、桥式整流堆 BD1、开关变压器 T1、开关振荡集成电路 IC301、误差检测放大器 IC304、三端稳压器 IC303 等部分构成，输出 +12V、+5V、+15V 直流电压，为室内机各功能部件和电子元器件供电。

图 18-4 所示为海尔 KFR-72LW/63BDQ22 型变频空调器室内机电源电路。

海尔 KFR-72LW/63BDQ22 型变频空调器室内机电源电路的故障检修项目对照见表 18-4。

表 18-4　海尔 KFR-72LW/63BDQ22 型变频空调器室内机电源电路的故障检修项目对照表

检修说明	对于该变频空调器室内机电源电路的检修，重点检测电路输出端电压和电路主要元器件等部分	
检修分析		**检修内容**
当变频空调器出现遥控开机不动作，整机无反应故障时，一般首先怀疑电源部分异常（排除遥控器故障），可将电源电路输出端的直流电压作为检测入手点		若有输出则说明电路正常 若无输出则说明电路损坏或未工作。若电源电路无输出，则重点检测电路中的主要元器件，如熔断器 FUSE1、桥式整流堆 BD1、开关振荡集成电路 IC301、开关变压器 T1、三端稳压器 IC303 等

海尔 KFR-72LW/63BDQ22 型变频空调器室外机电源电路也采用了开关电源电路结构形式，主要由开关变压器 T1、开关振荡集成电路 IC1、开关晶体管 E3、误差检测放大器 IC3、三端稳压器 IC4 等部分构成，输出 +12V、+5V、+15V 直流电压，为室外机各功能部件和电子元器件供电。

图 18-5 所示为海尔 KFR-72LW/63BDQ22 型变频空调器室外机电源电路。

海尔 KFR-72LW/63BDQ22 型变频空调器室外机电源电路的故障检修项目对照见表 18-5。

表 18-5　海尔 KFR-72LW/63BDQ22 型变频空调器室外机电源电路的故障检修项目对照表

检修说明	对于该变频空调器室外机电源电路的检修，一般首先检测电路输出端电压，然后根据检测的不同结果圈定故障范围，并对怀疑的电路元件进行检测，排除故障		
检修分析		**检修内容**	
当变频空调器室内机能够起动，室外机不工作时，需要对变频空调器室外机的电源电路进行检测，判断室外机电源电路是否正常时，应先对室外机电源电路输出的直流低压进行检测	若输出低压正常，则表明室外机的电源电路正常		
	若检测电源电路无输出，则接下来可通过检测电路 +310V 来判断故障范围	若 +310V 直流电压正常，则说明电路前级交流输入及整流滤波部分正常，故障应出现在开关振荡电路部分（查 IC1、E3 等元器件）	
		若无 +310V 电压则说明交流输入及整流滤波电路异常，再对电路中的元件进行检测即可	
	若电源电路输出偏高或偏低，则应重点检查误差检测电路，即检测误差放大器 IC3、光电耦合器 IC2 和开关振荡集成电路 IC1		
	若电源电路某一路直流低压不正常，则需要对该路线路中的主要器件进行检测。例如检测该电源电路无 +5V 输出，则应重点检测三端稳压器 IC4、整流二极管 D8、滤波电容器 E7、E8 等，更换损坏元器件，排除故障		
开关晶体管是电源电路故障率最高的器件之一，多表现为击穿短路故障，且会导致熔断器烧断	这种情况多为电路中存在比较严重短路故障，需要首先排除短路故障，再更换开关晶体管、熔断器，否则开机会再次烧坏器件		
开关振荡集成电路是电源电路中的关键器件，当电源电路 +310V 电压正常，但电路无输出时，多为该集成电路异常或未工作	当确定开关振荡集成电路供电及反馈信号正常前提下，其输出端（IC1 的 7 脚）应输出驱动信号，否则说明已损坏		

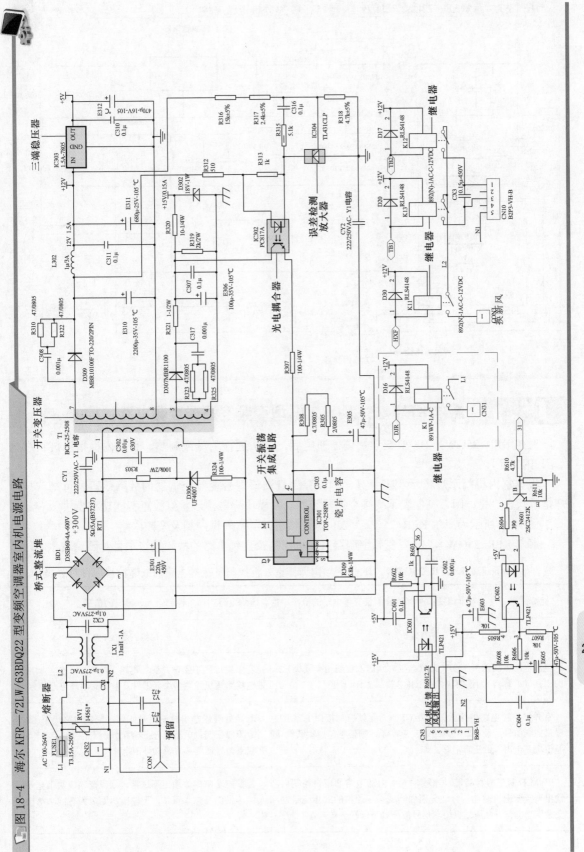

图18-4 海尔 KFR—72LW/63BDQ22 型变频空调器室内机电源电路

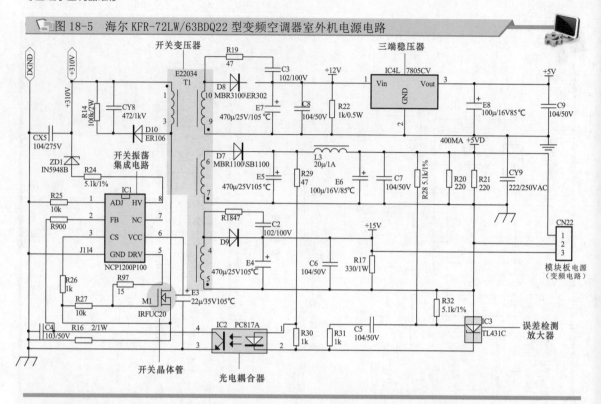

图 18-5　海尔 KFR-72LW/63BDQ22 型变频空调器室外机电源电路

18.5　海尔 KFR-25GW×2JF 型变频空调器变频电路的检修

海尔 KFR-25GW×2JF 型变频空调器通电后，无法进行制冷或制热，且室内机指示灯状态为"亮、闪、亮"。

根据室内机指示灯指示状态"亮、闪、亮"查询该型号变频空调器的故障代码表可知，指示灯指示状态"亮、闪、亮"表示变频空调器智能功率模块异常，应重点检查智能功率模块。

图 18-6 所示为海尔 KFR-25GW×2JF 型变频空调器室外机控制及变频电路。

海尔 KFR-25GW×2JF 型变频空调器室外机控制及变频电路的故障检修项目对照见表 18-6。

表 18-6　海尔 KFR-25GW×2JF 型变频空调器室外机控制及变频电路的故障检修项目对照表

检修说明	对于该变频空调器控制及变频电路的检修，重点检测电路工作条件和输入、输出的信号

检修分析	检修内容
电源电路输出的 +300 V 直流电压分别送入智能功率模块 F21 的 "+（P）端"，为该模块内的 IGBT 提供工作电压	若供电电压不正常，变频电路无法正常工作，则应沿供电线路逐级检查各个元器件及前级的电源电路部分
室外机控制电路中的微处理器 CPU 为变频控制接口电路 IC2 提供控制信号，经 IC2 处理后输出 PWM 控制信号，控制智能功率模块 F21 内部的逻辑电路工作	若微处理器输出控制信号正常，变频电路仍不工作，则故障躲在变频电路部分；若微处理器无控制信号输出，则应查微处理器芯片及其外围电路
PWM 控制信号经智能功率模块 F21 内部电路的逻辑控制后，输出变频压缩机驱动信号，分别加到变频压缩机的三相绕组端，变频压缩机在变频压缩机驱动信号的驱动下起动运转工作	若智能功率模块输出不正常，则应查该模块供电及输入；若供电及输入正常，无输出，则多为智能功率模块损坏

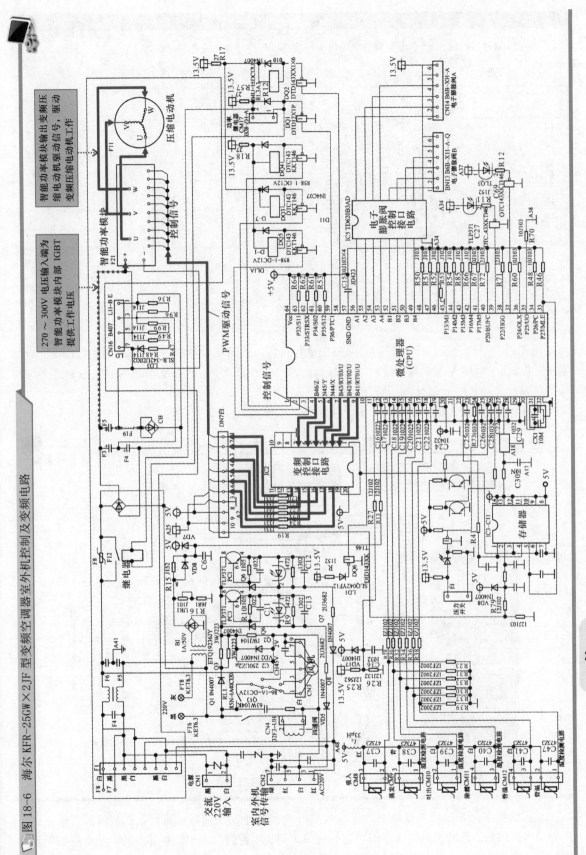

图18-6 海尔 KFR-25GW×2JF 型变频空调器室外机控制及变频电路

| 相关资料 |

海尔 KFR-25GW×2JF 型变频空调器室内机运行状态指示灯故障含义见表 18-7。

表 18-7　海尔 KFR-25GW×2JF 型变频空调器室内机运行状态指示灯故障含义

指示灯指示 （故障代码）	表示内容（含义）
闪、灭、灭	室内环境温度传感器故障
闪、亮、亮	室内管路温度传感器故障
闪、灭、亮	变频压缩机运转异常
闪、闪、亮	智能功率模块或其外围电路故障
闪、闪、灭	过电流保护
闪、闪、闪	制热时，蒸发器温度上升（68℃以上）或室内风机风量小
闪、灭、闪	电流互感器断线保护
亮、闪、亮	智能功率模块异常
灭、灭、闪	通信异常
灭、闪、灭	变频压缩机排气管温度超过 120℃
灭、闪、亮	电源故障

注：指示灯依次为电源灯、定时灯、运行灯。

　　根据以上检修分析，应对智能功率模块进行检修，而智能功率模块常见的故障为 P 端子与 N 端子，P 端子与 U、V、W 端子，N 端子与 U、V、W 端子击穿，而击穿率最高的则为 P 端子与 N 端子，因此先对 P 端子与 N 端子进行检测。

　　图 18-7 所示为智能功率模块 P 端子与 N 端子的检测。

图 18-7　智能功率模块 P 端子与 N 端子的检测

经检测智能功率模块 P 端子与 N 端子之间正向测量结果为 0mV

将万用表的黑表笔搭在智能功率模块 P 端子上

将万用表的红表笔搭在智能功率模块 N 端子上

将万用表的档位旋钮置于"二极管"测量档

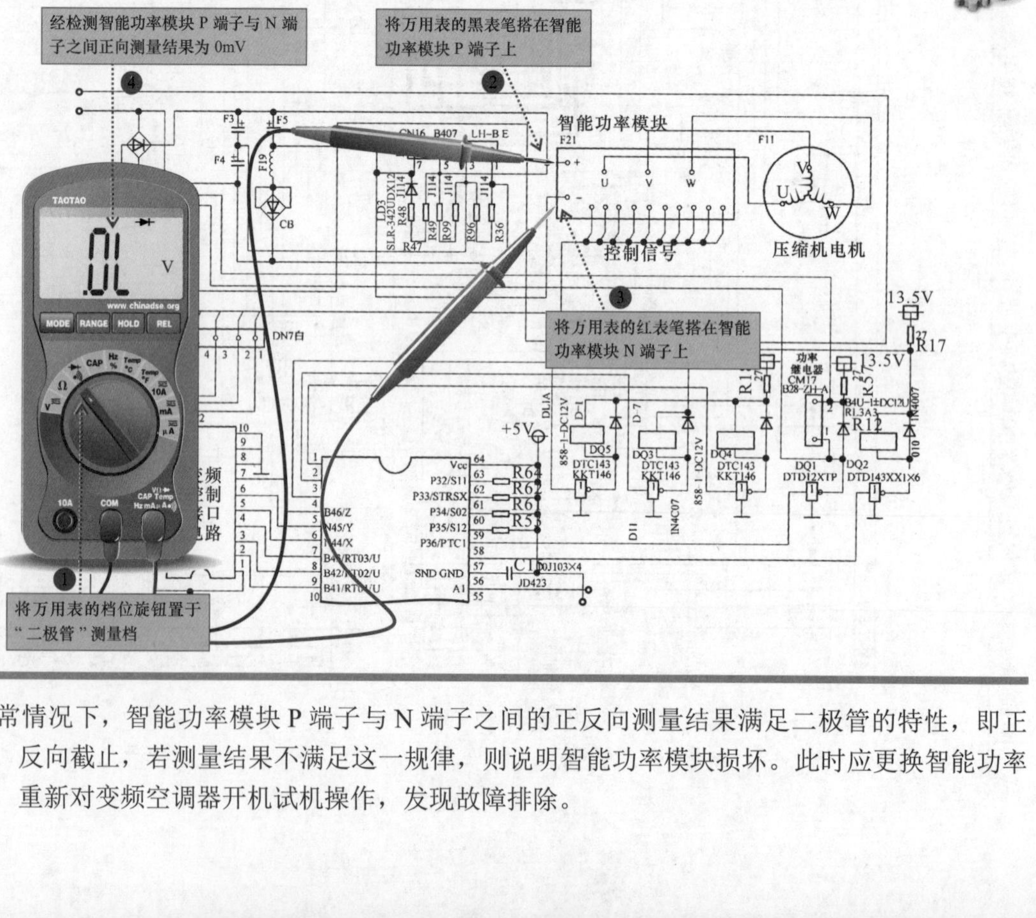

　　正常情况下，智能功率模块 P 端子与 N 端子之间的正反向测量结果满足二极管的特性，即正向导通，反向截止，若测量结果不满足这一规律，则说明智能功率模块损坏。此时应更换智能功率模块后，重新对变频空调器开机试机操作，发现故障排除。

18.6 海信 KFR-4539（5039）LW/BP 型变频空调器变频电路的检修

图 18-8 所示为海信 KFR-4539（5039）LW/BP 型变频空调器变频电路。

图 18-8 海信 KFR-4539（5039）LW/BP 型变频空调器变频电路

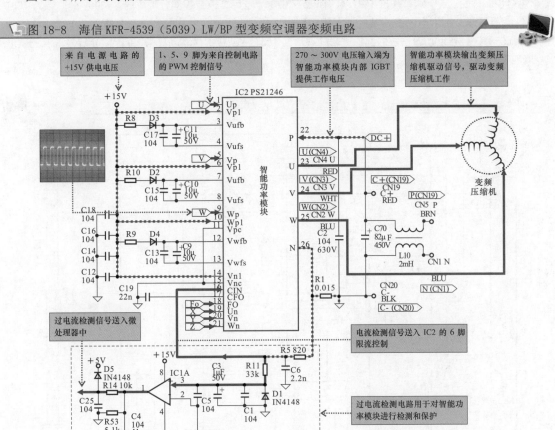

海信 KFR-4539（5039）LW/BP 型变频空调器变频电路的故障检修项目对照见表 18-8。

表 18-8 海信 KFR-4539（5039）LW/BP 型变频空调器变频电路的故障检修项目对照表

检修说明	对于该变频空调器变频电路的检修，重点检测电路工作条件和输入、输出的信号	
检修分析		检修内容
电源电路输出的＋15 V 直流电压分别送入智能功率模块 IC2（PS21246）的 2 脚、6 脚、10 脚和 14 脚中，为智能功率模块提供所需的工作电压		借助万用表检测供电引脚的电压值，若电压正常，则进入下一步检测；若无电压则应顺供电线路逐一检测线路中的元器件及前级电源电路部分，找到故障元器件，排除故障
智能功率模块 IC2（PS21246）的 22 脚与 +300V 电压输入端（P），为该模块内的 IGBT 提供工作电压，N 端经限流电阻 R1 接地		借助万用表检测 +300V 供电电压，若电压正常，则进入下一步检测；如无电压，则应查前级电源部分
室外机控制电路中的微处理器 CPU 为智能功率模块 IC2（PS21246）的 1 脚、5 脚、9 脚、18~22 脚提供 PWM 控制信号，控制智能功率模块内部的逻辑电路工作		借助示波器检测 PWM 信号波形，若波形正常则说明 CPU 送来的控制信号正常，可进入下一步检测；如无信号，则应查 CPU 本身及 PWM 信号输出引脚到变频电路之间的线路元器件
PWM 控制信号经智能功率模块 IC2（PS21246）内部电路的逻辑控制后，由 23~25 脚输出变频压缩机驱动信号，分别加到变频压缩机的三相绕组端。变频压缩机在变频压缩机驱动信号的驱动下起动运转工作		借助示波器检测智能功率模块输出的驱动信号，若信号正常，则智能功率模块及其前级电路均正常，若此时压缩机仍无法起动运转，则多为压缩机本身异常，可进行更换以排除故障

267

｜特别提示｜

图 18-9 所示为智能功率模块 PS21246 的内部结构。该模块内部主要由 HVIC1、HVIC2、HVIC3 和 LVIC 4 个逻辑控制电路、6 个功率输出 IGBT（门控管）和 6 个阻尼二极管等部分构成的。+300V 的 P 端为 IGBT 管提供电源电压，由供电电路为其中的逻辑控制电路提供 +5V 的工作电压。由微处理器为 PS21246 输入 PWM 控制信号，经智能功率模块内部的逻辑处理后为 IGBT 控制极提供驱动信号，U、V、W 端为直流无刷电动机绕组提供驱动电流。

图 18-9　智能功率模块 PS21246 的内部结构

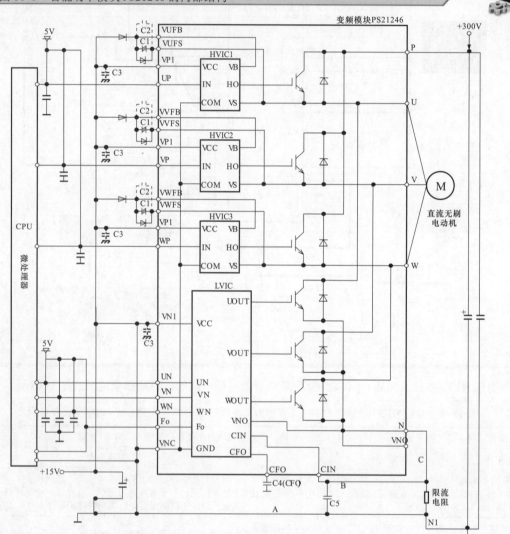

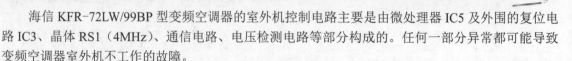

18.7　海信 KFR-72LW/99BP 型变频空调器室外机控制电路的检修

海信 KFR-72LW/99BP 型变频空调器的室外机控制电路主要是由微处理器 IC5 及外围的复位电路 IC3、晶体 RS1（4MHz）、通信电路、电压检测电路等部分构成的。任何一部分异常都可能导致变频空调器室外机不工作的故障。

图 18-10 所示为海信 KFR-72LW/99BP 型变频空调器室外机控制电路。

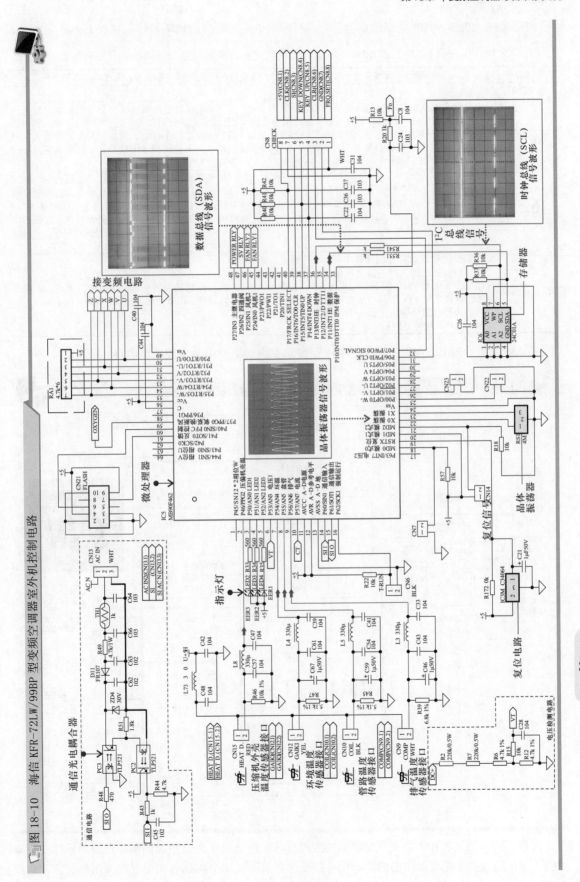

图 18-10 海信 KFR-72LW/99BP 型变频空调器室外机控制电路

269

海信 KFR-72LW/99BP 型变频空调器室外机控制电路的故障检修项目对照见表 18-9。

表 18-9　海信 KFR-72LW/99BP 型变频空调器室外机控制电路的故障检修项目对照表

检修说明	对于该变频空调器室外机控制电路的检修,重点检测微处理器、存储器、温度传感器等部分。	
检修项目	检修分析	检修内容
微处理器	微处理器 IC1 是控制电路中的核心器件,主要用来对人工指令信号和传感器检测信号进行识别处理,并转换为相应的控制信号,对变频空调器整机进行控制。该部件损坏将直接导致变频空调器不工作、控制功能失常等故障	对微处理器检测包括三个方面,即工作条件(直流供电、复位信号、时钟信号)、输入和输出信号。在工作条件均正常的前提下,若输入信号正常,而无输出或输出信号异常,则说明微处理器本身损坏
存储器	当系统发生存储器故障时,在断电状态下用万用表电阻档测量 VCC 与 GND 之间是否发生短路击穿	如果正常,则上电首先确认存储器的供电电源是否正常,若电源不正常则应首先检查开关电源电路。在以上检查都正常的情况下,测量 SCL、SDA 与微处理器的连接是否有问题,同时检查上拉电阻 R37、R36 阻值和连接是否有问题,也可以采用替换法排除存储器本身故障
温度传感器	该变频空调器室外机设有 4 只温度传感器,通过接口与微处理器关联。温度传感器本身的电阻值随温度的变化而变化,此电阻与电阻 R39、R45、R47、R46 串联并对 +5V 分压,取样电压经滤波之后输入到芯片相应的引脚,进行 A-D 转换。从而使芯片根据输入电压值可以判断出温度数值	温度传感器是否正常,可借助万用表检测其在不同温度下阻值变化情况进行判断

图 18-11 所示为海信 KFR-72LW/99BP 型变频空调器室外机四通阀控制电路。

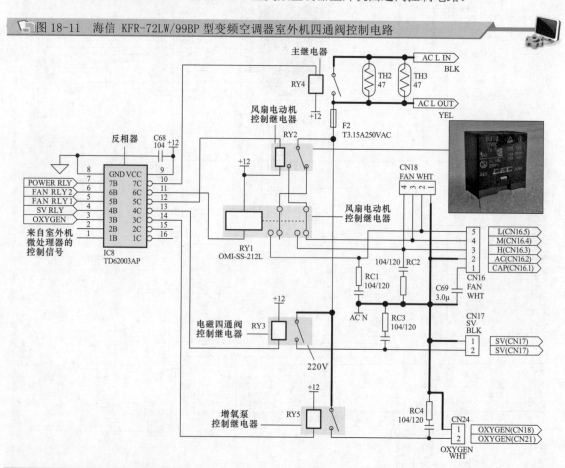

图 18-11　海信 KFR-72LW/99BP 型变频空调器室外机四通阀控制电路

海信 KFR-72LW/99BP 型变频空调器的室内外风扇电动机、电磁四通阀都是在室外机微处理器控制下工作的。由微处理器输出的控制信号经反相器 IC8 反相后控制各继电器线圈得电状态,由继电器线圈带动触点动作，从而控制室内外风扇电动机、电磁四通阀得电工作。

海信 KFR-72LW/99BP 型变频空调器室外机四通阀控制电路的故障检修项目对照见表 18-10。

表 18-10 海信 KFR-72LW/99BP 型变频空调器室外机四通阀控制电路的故障检修项目对照表

检修说明	对于该变频空调器室外机四通阀控制电路，重点检测反相器、继电器等部分	
检修项目	检修分析	检修内容
反相器	反相器用于将微处理器输出的控制信号进行反相放大，可作为微处理器的接口电路，对控制电路中继电器、电动机等器件进行控制。该器件损坏将直接导致变频空调器相关的功能部件失常，如常见的室内、风扇电动机不运行、电磁四通阀不换向引起的变频空调器不制热等	判断反相器是否损坏时，可使用万用表对其各引脚的对地阻值进行检测判断，若检测出的阻值与正常值偏差较大，则说明反相器已损坏，需进行更换
继电器	继电器中触点的通断状态决定着被控部件与电源的通断状态，继电器功能失常或损坏将直接导致某些功能部件不工作或某些功能失常 检测继电器通常在路检测继电器线圈侧和触点侧的电压值；或开路状态下检测继电器线圈侧和触点侧的阻值，判断继电器的好坏	在正常情况下，继电器线圈得电后，控制触点闭合，因此线圈侧应有直流 12 V 电压；触点侧接通交流供电，应测得 220 V 电压值 用万用表检测阻值时，线圈侧应为一个固定值，触点侧为无穷大，否则说明继电器异常

18.8 海信 KFR-50LW/27ZB 型变频空调器变频电路的检修

海信 KFR-50LW/27ZB 型变频空调器的变频电路主要是由逻辑控制芯片 IC11、变频模块 U1、晶体 Z1（8M）、过电流检测电路（U2A、R32~R40）等部分构成的。主要功能就是为变频压缩机提供驱动信号，用来调节变频压缩机的转速，实现变频空调器制冷剂的循环，完成热交换的功能。

图 18-12 所示为海信 KFR-50LW/27ZB 型变频空调器变频电路。

海信 KFR-50LW/27ZB 型变频空调器变频电路的故障检修项目对照见表 18-11 所列。

表 18-11 海信 KFR-50LW/27ZB 型变频空调器变频电路的故障检修项目对照表

检修说明	对于该变频空调器变频电路的检修，重点检测逻辑控制芯片、变频模块等部分	
检修项目	检修分析	检修内容
逻辑控制芯片	逻辑控制芯片在室外机微处理器控制下输出 PWM 驱动信号，驱动变频模块工作，该芯片不良将导致变频电路不工作，变频压缩机不起动故障	可检测工作条件（供电、时钟）、输入和输出信号的方法判断好坏，即当工作条件正常，输入控制信号正常，无输出时，多为芯片内部损坏
变频模块	变频模块是一种混合集成电路，其内部一般集成有逆变器电路（功率输出管）、电压电流检测电路、电源供电接口等，主要用来输出变频压缩机的驱动信号，是变频电路中的核心部件	当变频压缩机不起动、不运转时，怀疑变频模块异常，检修变频模块需要首先拔掉变频压缩机 U、V、W 三相电源线，然后用万用表电阻档测量模块 P 和 N 脚之间，P 脚分别和 U、V、W 之间，N 脚分别和 U、V、W 之间，以及 U、V、W 任意量两脚之间是否有短路现象，如果有短路现象则表明模块已经损坏

由变频模块输出的 U、V、W 三相电流经 R32~R34、R35~R37 和 R38~R40 采样后转化成电压信号，然后合成一路送 LM393 的 2 脚（比较放大器内部的负输入端），信号经 LM393 比较放大后送入逻辑控制芯片的 14 脚进行判断。当变频模块输出电流过高时，逻辑控制芯片在室外机微处理器控制下，控制变频模块停止输出，实现保护功能。

| 特别提示 |

变频电路中各工作条件或主要部件不正常都会引起变频电路故障，进而引起变频空调器出现不制冷／制热、制冷／制热效果差、室内机出现故障代码等现象，对该电路进行检修时，应首先采用观察法检查变频电路的主要元器件有无明显损坏或元器件脱焊、插口不良等现象，如出现上述情况则应立即更换或检修损坏的元器件，若从表面无法观测到故障点，则需根据变频电路的信号流程以及故障特点对可能引起故障的工作条件或主要部件逐一进行排查。

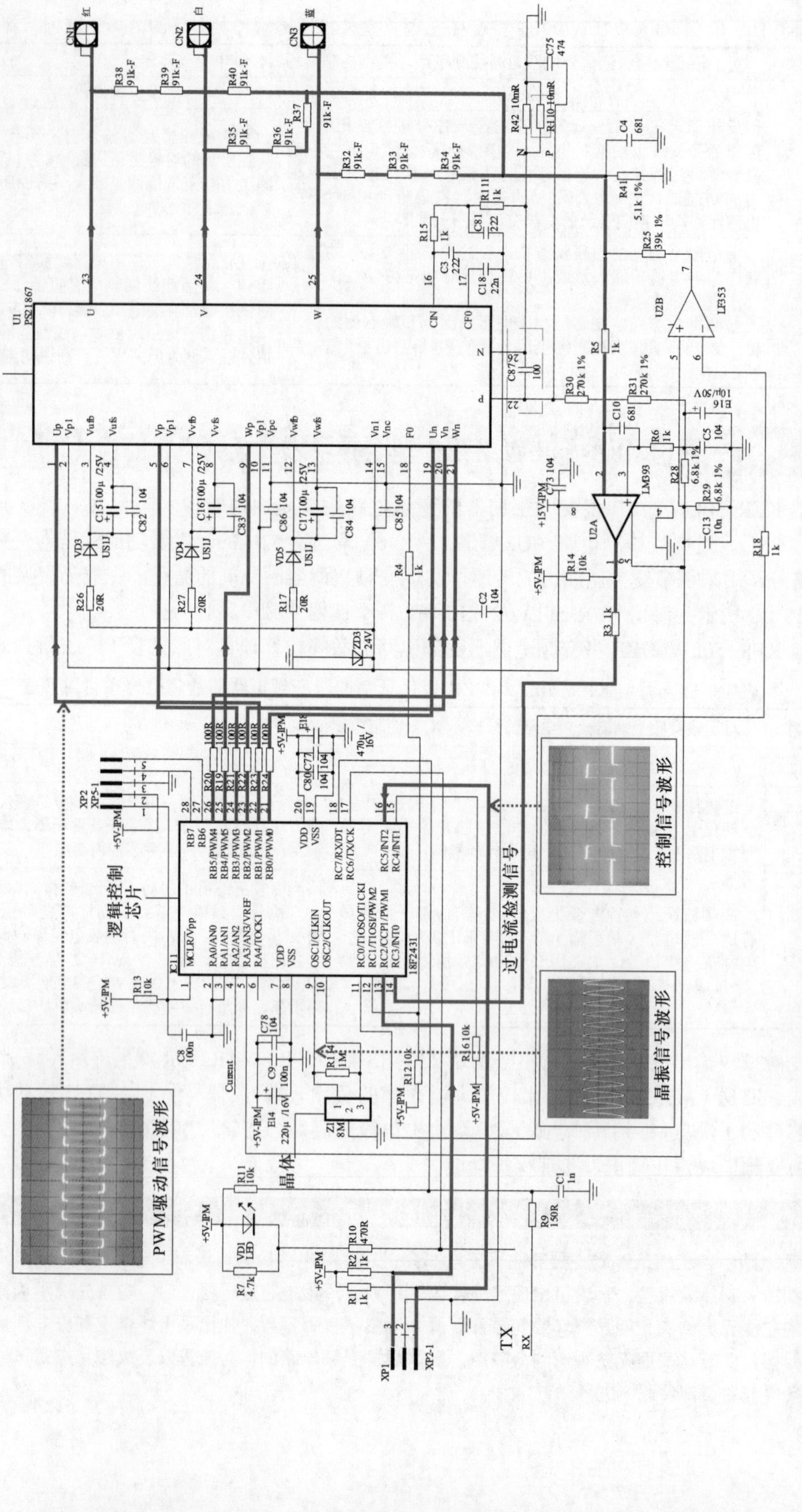

图 18-12　海信 KFR-50LW/27ZB 型变频空调器变频电路

18.9 格力 FRD-35GWA 型变频空调器室内机控制电路的检修

格力 FRD-35GWA 型变频空调器室内机控制电路主要是由微处理器（PC7580BCU1）、操作按键、继电器以及外围电路构成的，当该电路出现故障后，会造成空调器室内机不工作，从而导致室外机无法正常被控制，空调器不能正常制冷／制热。对该电路进行检修时主要是对其供电及主要器件进行检测，排除故障器件。

图 18-13 所示为格力 FRD-35GWA 型变频空调器室内机控制电路。

格力 FRD-35GWA 型变频空调器室内机控制电路的故障检修项目对照见表 18-12。

表 18-12　格力 FRD-35GWA 型变频空调器室内机控制电路的故障检修项目对照表

检修说明	对于该变频空调器室内机控制电路的检修，应重点检测电路中的供电、微处理器、温度传感器等部分	
检修项目	检修分析	检修内容
供电电压	空调器正常工作时，交流 220V 市电通过电源线送入室内机，为其提供相应的工作电压 交流 220V 市电经变压器降压后输出两组交流低电压，分别经桥式整流堆进行整流后，送往三端稳压器中，分别由三端稳压器 IC4 和 IC5 输出 12V 和 5V 电压，为其他功能部件进行供电	可借助万用表检测各路直流电压是否正常。若电压正常，则可进入下一步检测；若无电压，则应顺信号流程逐级向前级检测，找到故障元器件并更换
微处理器	微处理器 IC1 是室内机控制电路的核心器件，正常情况下，微处理器应有 5V 的供电电压、晶体振荡器提供的时钟信号。若这两个条件有一个不正常，则微处理器不能进入正常的工作状态 微处理器的工作条件正常，输入信号均正常时，会将控制信号通过不同的引脚输出，分别去控制继电器的工作状态，通过对继电器的控制实现对功能部件的间接控制。当微处理器输出的信号正常，而功能部件本身也正常时，需要对控制继电器的触点部分进行检测，正常情况下控制继电器在未通电时触点间的阻值为无穷大；通电后，触点间的阻值应为零欧姆	可借助万用表和示波器检测微处理器供电、复位、时钟三大基本工作条件，任何一个条件不正常，微处理器均无法正常工作 若微处理器三大条件均正常，则可检测微处理器输入和输出的信号，若输入的指令信号、检测信号均正常，无任何输出，则多为微处理器芯片内部损坏，需用同型号微处理器替换
遥控器	人工指令通过操作按键或遥控器送入微处理器中，由微处理器对其进行处理，并控制其他功能部件工作，若输入的人工信号异常则微处理器无法正常输出控制信号	通常按下遥控器时，可以在遥控接收器引脚端检测到相应的信号波形
温度传感器	温度传感器用于检测室内温度和管路的温度等，为微处理器提供温度信息。当空调器无法正常识别室内温度或管路温度时，应重点检查温度传感器的插件连接情况和传感器本身的性能是否正常	正常情况下温度传感器的阻值会随温度的变化发生变化

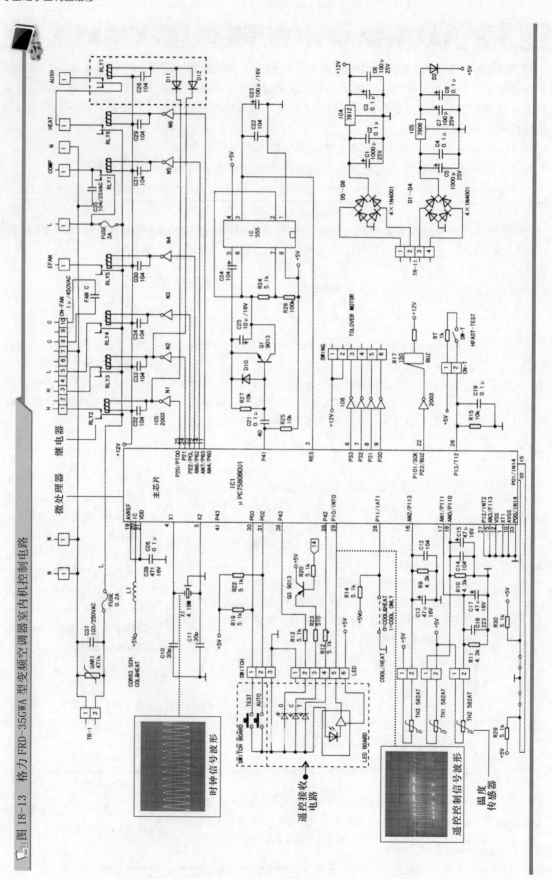

图18-13 格力FRD-35GWA型变频空调器室内机控制电路

19.1 空调器的安装

空调器根据产品型号、规格及功能的不同，对安装的要求也有所不同。因此，在安装空调器之前，必须仔细阅读随机附带的安装使用说明书。说明书中详细记载了空调器随机附带的零部件、安装操作规程。在实际操作时，遵循一定的安装顺序和规范，对快速、准确地完成安装十分有帮助。

提示说明

在安装空调器之前，首先根据房间的大小选用制冷量相当的空调器是非常关键的环节。一般房间所需制冷量的大小可通过每平方米所需制冷量的大小进行估算。例如，房间面积为 15m² 以下时，选择 1 匹（制冷量约为 2500W）的空调器即可；如果房间面积为 20m² 左右，则最好选择 1.5 匹（制冷量约为 3600W）的空调器；如果房间面积为 30m² 左右，则空调器的制冷量应为 2 匹（制冷量约为 5000W）。也就是说，每增加 1m²，空调器的制冷量就要增加 160~240W。

在实际安装之前，可首先了解空调器的整体安装规范。图 19-1 所示为分体壁挂式空调器的整体安装规范示意图。

图 19-1 分体壁挂式空调器的整体安装规范示意图

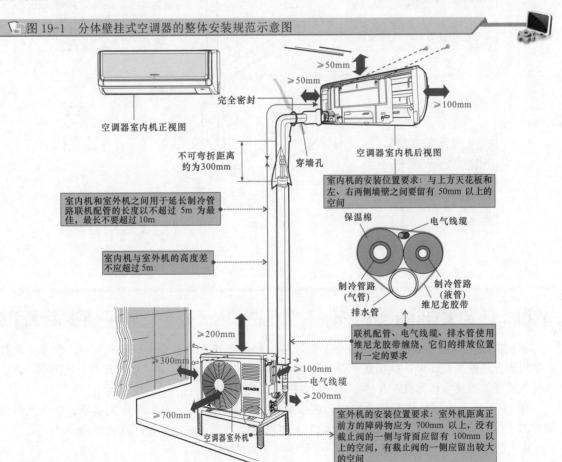

图 19-2 所示为分体柜式空调器的整体安装规范示意图。

图 19-2　分体柜式空调器的整体安装规范示意图

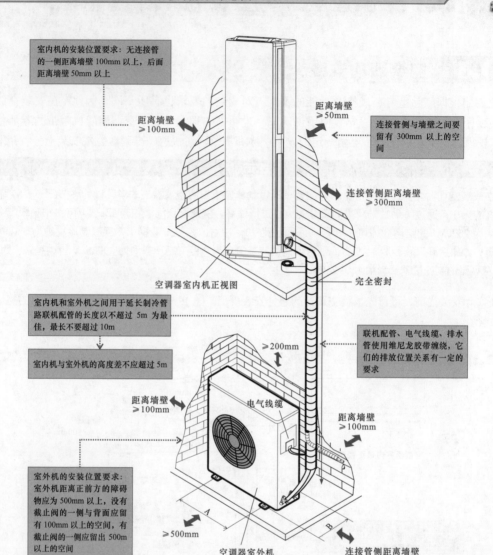

室内机的安装位置要求：无连接管的一侧距离墙壁 100mm 以上，后面距离墙壁 50mm 以上

距离墙壁 ≥100mm

距离墙壁 ≥50mm

连接管侧与墙壁之间要留有 300mm 以上的空间

连接管侧距离墙壁 ≥300mm

空调器室内机正视图

完全密封

室内机和室外机之间用于延长制冷管路联机配管的长度以不超过 5m 为最佳，最长不要超过 10m

室内机与室外机的高度差不应超过 5m

≥200mm

联机配管、电气线缆、排水管使用维尼龙胶带缠绕，它们的排放位置关系有一定的要求

距离墙壁 ≥100mm

电气线缆

距离墙壁 ≥100mm

室外机的安装位置要求：室外机距离正前方的障碍物应为 500mm 以上，没有截止阀的一侧与背面应留有 100mm 以上的空间，有截止阀的一侧应留出 500m 以上的空间

A

≥500mm

空调器室外机

B

连接管侧距离墙壁 ≥500mm

19.1.1　空调器室内机的安装

不同结构类型空调器室内机的安装方法不同。一般柜式空调器室内机安装简单，将室内机摆放到地面合适的位置即可；壁挂式空调器室内机安装对机体的固定、水平度等都有一定要求，这里以壁挂式空调器室内机为例，介绍空调器室内机的安装方法。

图 19-3 所示为壁挂式空调器室内机的安装位置规范示意图。其安装位置要求：壁挂式空调器室内机的安装高度要高于地面 150cm 以上；室内机与上方天花板和左、右两侧墙壁之间要留有 5cm 以上的空间；距离门窗应大于 5cm，以免冷气损失过大。

图 19-3　壁挂式空调器室内机的安装位置规范示意图

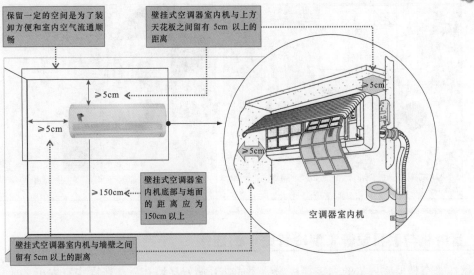

保留一定的空间是为了装卸方便和室内空气流通顺畅

壁挂式空调器室内机与上方天花板之间留有 5cm 以上的距离

≥5cm

≥5cm

≥5cm

≥5cm

≥150cm

壁挂式空调器室内机底部与地面的距离应为 150cm 以上

空调器室内机

壁挂式空调器室内机与墙壁之间留有 5cm 以上的距离

│提示说明│

分体壁挂式空调器室内机在安装时应注意：

1）室内机的进风口和送风口处不能有障碍物，否则会影响空调器的制冷效果。

2）室内机安装的高度要高于目视距离，距地面障碍物 0.6m 以上。

3）安装的位置要尽可能缩短与室外机之间的连接距离，减少管路弯折数量，确保排水系统的畅通。

4）确保安装墙体的牢固性，避免运行时产生振动。

确定好室内机的安装位置，明确相应的安装要求后，按照操作步骤和安装规范进行安装即可。

1 选择室内机的安装位置并固定挂板

根据规范要求，在室内选定好室内机的安装位置后固定室内机的挂板。室内机安装位置的选定和挂板的固定方法如图 19-4 所示。

图 19-4　室内机安装位置的选定和挂板的固定方法

1 取出空调器室内机的安装挂板。

2 根据挂板安装孔的位置，在墙体上标记打孔位置后，钻孔，并安装胀管，用固定螺钉将挂板固定在墙体上。

3 使用水平尺测量挂板的安装是否到位，在正常情况下，出水口一侧应略低 2mm 左右。

2 开凿穿墙孔

固定好室内机挂板后，接下来的操作是打穿墙孔，即根据事先确定的安装方案，配合室内机的安装位置开凿穿墙孔。穿墙孔的开凿方法如图 19-5 所示。

图19-5　穿墙孔的开凿方法

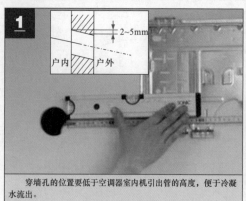

1

户内　户外

2~5mm

2

开凿完成的穿墙孔

穿墙孔的位置要低于空调器室内机引出管的高度，便于冷凝水流出。

用电锤或水钻打孔机在选定的位置上开凿穿墙孔，注意需要提前确认墙体无暗敷管路或电缆。

3　室内机与联机配管（制冷管路）的连接

　　壁挂式空调器室内机的固定挂板安装完成、开凿好穿墙孔后，在固定室内机之前，需要先连接室内机与联机配管（延长制冷管路）。

　　将空调器翻转过来，如图19-6所示，可以看到，室内机的制冷管路从背部引出且很短，如果要与室外机连接，就必须通过联机配管延长制冷管路。

图19-6　空调器室内机与联机管路的连接方法

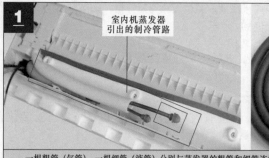
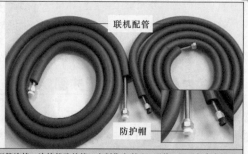

1

室内机蒸发器引出的制冷管路

联机配管

防护帽

一根粗管（气管）、一根细管（液管）分别与蒸发器的粗管和细管连接。连接管路的管口应制作为喇叭口形状，用于与室内机上的制冷管路连接（在初始状态下安装有防护帽，未安装前不要取下）。

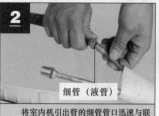
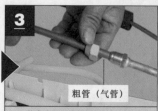
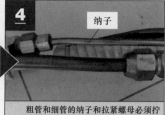

2

细管（液管）

将室内机引出管的细管管口迅速与联机配管的细管（液管）管口连接。

3

粗管（气管）

将室内机引出管的粗管管口迅速与联机配管的粗管（气管）管口连接。

4

纳子

粗管和细管的纳子和拉紧螺母必须拧紧，使管路紧密连接后，完成连接。

| 提示说明 |

　　由于空调器使用的制冷剂不同，因此配管的喇叭口尺寸也不同。不同制冷剂配管喇叭口的尺寸及拉紧螺母的尺寸见表19-1。

表 19-1　不同制冷剂配管喇叭口的尺寸及拉紧螺母的尺寸

制冷剂型号	公称尺寸 /in①	外径 /mm	喇叭口尺寸 /mm	拉紧螺母尺寸 /mm
R22	1/4	6.35	9.0	17
	3/8	9.52	13.0	22
	1/2	12.70	16.2	24
	5/8	15.88	19.4	27
R410a	1/4	6.35	9.1	17
	3/8	9.52	13.2	22
	1/2	12.70	16.6	27
	5/8	15.88	19.7	29

① 1in=0.0254m。

安装空调器室内机时，若原厂附带的制冷管路长度不足，则可以配置延长的制冷管路。但应注意，不同制冷剂循环的制冷管路压力不同，所使用的延长制冷管路的厚度及耐压力也不同，应根据所需管路的承载压力、制冷剂及铜管的尺寸进行选择。制冷剂及铜管的选择、制冷剂配管的折弯尺寸见表 19-2、表 19-3。

表 19-2　制冷剂及铜管的选择

制冷剂型号	公称尺寸 /in	外径 /mm	壁厚 /mm	设计压力 /MPa	耐压压力 /MPa
R22	1/4	6.35（±0.04）	0.6（±0.05）	3.15	9.45
	3/8	9.52（±0.05）	0.7（±0.06）		
	1/2	12.70（±0.05）	0.8（±0.06）		
	5/8	15.88（±0.06）	10（±0.08）		
R410a	1/4	6.35（±0.04）	0.8（±0.05）	4.15	12.45
	3/8	9.52（±0.05）	0.8（±0.06）		
	1/2	12.70（±0.05）	0.8（±0.06）		
	5/8	15.88（±0.06）	10（±0.08）		

表 19-3　制冷剂配管的折弯尺寸

公称尺寸 /in	外径 /mm	正常半径 /mm	最小半径 /mm
1/4	6.35	大于 100	小于 30
3/8	9.52	大于 100	小于 30
1/2	12.70	大于 100	小于 30

当制冷管路延长后的长度超过标准长度 5m 时，必须追加制冷剂。制冷剂的追加量见表 19-4。

表 19-4　制冷管路过长时制冷剂的追加量

制冷管路长度	5m	7m	15m
制冷剂的追加量	不需要	40g	100g

室内机的制冷管路与联机配管连接完成后，需要对连接接口部分进行防潮、防水处理。空调器排水管的长度通常也不足以连接到室外，因此，对制冷管路进行延长连接后，还要对排水管进行加长连接，如图 19-7 所示。

图 19-7　管路连接接口处的防潮、防水及排水管的处理

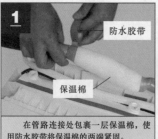

1

防水胶带

保温棉

在管路连接处包裹一层保温棉，使用防水胶带将保温棉的两端紧固。

2

用一根排水管与原排水管对接，增加排水管的长度。排水管对接后用防水胶带缠紧接头处，防止漏水。

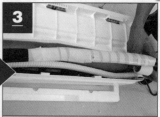

3

使用维尼龙胶带将连接管路缠绕包裹在一起。缠绕过程中，维尼龙胶带稍倾斜，确保每一圈与上一圈有一定的交叠。

4

分别缠绕

在连接管路端部，分别包扎两根连接管路。

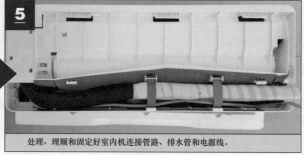

5

处理、理顺和固定好室内机连接管路、排水管和电源线。

4　固定室内机

连接管路、排水管和电源线处理完毕后，即可将包扎好的室内机管路及电路系统从室内机的配管口处引出，从穿墙孔穿过引到室外，然后把空调器室内机小心稳固地挂在挂板上，完成室内机的安装，如图 19-8 所示。

图 19-8　壁挂式空调器室内机的安装固定

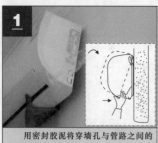

1

用密封胶泥将穿墙孔与管路之间的缝隙处封严，安装好穿墙孔挡板。

2

右手握住钢丝钳，用钳头钳住要去掉的绝缘层。

3

水平尺

穿墙孔挡板

用水平尺测量室内机安装的水平度（出水口侧略低），确保安装准确无误。

19.1.2　空调器室外机的安装

空调器室外机的安装位置直接决定散热效果的好坏，对空调器高性能的发挥起关键的作用，为避免由于室外机安装位置不当造成的不良后果，对室外机的安装位置有一定的要求。

图 19-9 所示为壁挂式空调器室外机的安装位置规范示意图。其安装位置要求：室外机距离正前方（出风侧）的障碍物应为 70cm 以上；室外机没有截止阀的一面（进风侧）距离障碍物必须在 10cm 以上；室外机背面（进风侧）距离障碍物必须在 10cm 以上；室外机顶盖板距离上方障碍物必须在 20cm 以上；有截止阀的一侧（维修侧）应留出较大空间，便于对制冷管路进行检修。

图 19-9 壁挂式空调器室外机的安装位置规范示意图

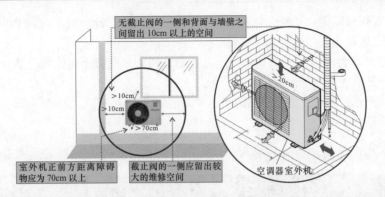

无截止阀的一侧和背面与墙壁之间留出 10cm 以上的空间

> 20cm

> 10cm

> 10cm

> 70cm

室外机正前方距离障碍物应为 70cm 以上

截止阀的一侧应留出较大的维修空间

空调器室外机

─────────────

│提示说明│

安装分体壁挂式空调器室外机时应注意：

1）室外机的周围要留有一定的空间，以利于排风、散热、安装和维修。如果有条件，则在确保与室内机保持最短距离的同时，尽可能避免阳光的照射和风吹雨淋（可选择背阴处并加盖遮挡物）。

2）安装的高度最好不要接近地面（与地面保持 1m 以上的距离为宜）。排出的风、冷凝水及发出的噪声不应影响邻居的生活起居。

3）安装位置应不影响他人，如空调器排出的风和排水管排出的冷凝水不要给他人带来不便，接近地面安装时，需要增加必要的防护罩，确保设备及人身安全。

4）若室外机安装在墙面上，则墙面必须是实心砖、混凝土或强度等效的墙面，承重能力大于 300kg/mm^2。

5）在高层建筑物的墙面安装施工时，操作人员应注意人身安全，需要正确佩戴安全带和护具，并确保安全带的金属自锁钩一端固定在坚固可靠的固定端。

不同的安装环境、不同类型的空调器室外机（功率大小有区别）具体的安装要求不同，实际安装时，应结合实际环境，严格按照安装说明书并参考国家《家用和类似用途空调器安装规范》的要求进行操作。

确定好室外机的安装位置，明确安装要求后，按照操作步骤安装即可。

1 确定室外机的安装位置并固定

分体式空调器室外机的固定方式主要有平台固定和角钢支撑架固定两种，如图 19-10 所示。

图 19-10 空调器室外机的固定方式

281

可直接固定在平台上，也可加装底座固定

角钢支撑架

通过角钢支撑架、螺栓固定在建筑物墙壁上

平台固定

空调器室外机通过地脚螺栓固定在平台上

空调器室外机地脚与角钢支撑架固定

2 连接室内机与室外机之间的管路

空调器的室外机固定完成后，需要将室内机送出的连接管路与空调器室外机上的管路接口（三通截止阀和二通截止阀）连接。

连接时需要特别注意，必须确认室外机三通截止阀和二通截止阀的阀门是关闭状态，严禁松动阀门，避免室外机的制冷剂泄漏。

如图 19-11 所示，将从室内机引出的粗、细两根制冷连接管路分别与室外机侧面的三通截止阀和二通截止阀连接。

图 19-11　空调器室内机引出的连接管路与室外机管路接口的连接

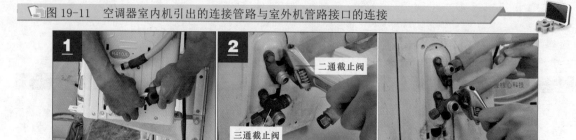

根据空调器制冷管路的循环关系，将室内机引出的联机管路与室外机截止阀连接。

将细管（液管）与空调器室外机的二通截止阀连接，并用扳手拧紧，将粗管（气管）与三通截止阀连接，并用扳手拧紧后，完成空调器室内机与室外机之间的管路连接。

3 连接室内机与室外机之间的电气线缆

空调器室外机管路部分连接完成后，就需要对电气线缆进行连接了，空调器室外机与室内机之间的线缆连接是有极性和顺序的。

如图 19-12 所示，连接时，应参照空调器室外机外壳上电气接线图上的标注顺序，将室内机送出的线缆连接到指定的接线端子上。

图 19-12　空调器室内机与室外机之间的电气连接关系

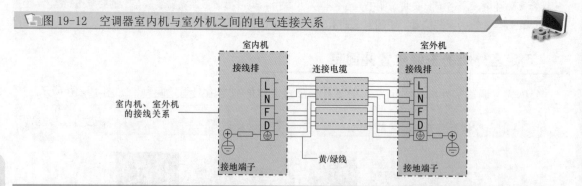

在空调器说明书中，电路连接图都有详细标注，具体安装连接时以具体的说明书为准。

室内机与室外机之间的电气线缆连接方法如图 19-13 所示。

| 提示说明 |

室内机、室外机接线完成后，一定要再次仔细检查室内机、室外机接线板上的编号和颜色是否与导线对应，两个机组中编号与颜色相同的端子一定要用同一根导线连接，接线错误将使得空调器不能正常运行，甚至会损坏空调器。

另外，室内机和室外机的连接电缆要有一定的余量，且室内机和室外机的地线端子一定要可靠接地。

图 19-13　室内机与室外机之间的电气线缆连接方法

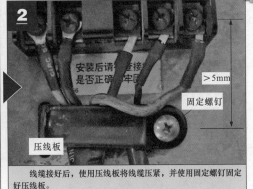

按照接线标识，将相应颜色的线缆连接到接线盒相应的端子上，拧紧固定螺钉。

线缆接好后，使用压线板将线缆压紧，并使用固定螺钉固定好压线板。

4　试机

室内机和室外机安装连接完成后，开始试机操作。一般试机操作包括室内机及管路的排气、检漏和排水试验、通电试机三个步骤。

（1）排出室内机及管路中的空气

排出室内机中的空气是安装过程中非常重要的一个环节，因为连接管和蒸发器内留存大量的空气，空气中含有的水分和杂质在空调器系统内会造成压力增高、电流增大、噪声增大、耗电量增多等，使制冷（热）量下降，同时还可能造成冰堵和脏堵等故障。

目前，排出室内机和管路中的空气多采用由室外机制冷剂顶出的方法。

如图 19-14 所示，根据操作步骤逐步操作，即可实现用制冷剂顶出空调器室内机管路和连接管路中的空气。

图 19-14　制冷剂顶空的操作方法

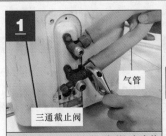

将连接管路的气管（粗管）与室外机三通截止阀（阀门和工艺管口必须处于关闭状态）分开或拧松。

使用六角力矩扳手将二通截止阀的阀门打开，制冷剂慢慢进入连接管路和室内机管路，同时将管路中的空气顶出。

迅速将粗管（气管）管口上的纳子与三通截止阀拧紧，拧好三通截止阀和二通截止阀的阀帽，至此排气操作完成。

| 提示说明 |

这里所说的排气时间 30s 只是一个参考值，在实际操作时，还要通过用手去感觉喷出的气体是否变凉来控制排气时间。掌握好排气时间对空调器的使用来说非常重要，因为排气时间过长，制冷系统内的制冷剂就会过量流失，从而影响空调器的制冷效果；排气时间过短，室内机和管路中的空气没有排净，也会影响空调器的制冷效果。

目前，新装的空调器大多为变频空调器，变频空调器的排空操作必须采用抽真空的方法。

如图 19-15 所示，确保三通截止阀和二通截止阀的阀门均处于关闭状态下，将真空泵连接三通压力表阀后，再用连接软管连接到三通截止阀的工艺管口上。

图 19-15 抽真空排空的基本操作步骤和注意事项

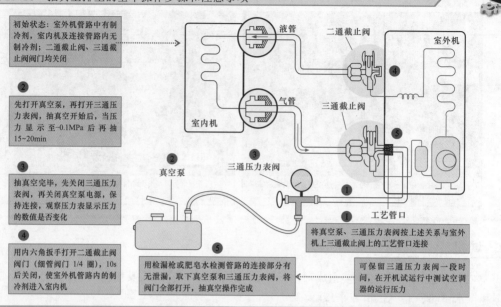

初始状态：室外机管路中有制冷剂，室内机及连接管路内无制冷剂；二通截止阀、三通截止阀阀门均关闭

② 先打开真空泵，再打开三通压力表阀，抽真空开始后，当压力显示至-0.1MPa后再抽15~20min

③ 抽真空完毕，先关闭三通压力表阀，再关闭真空泵电源，保持连接，观察压力表显示压力的数值是否变化

④ 用内六角扳手打开二通截止阀阀门（细管阀门1/4圈），10s后关闭，使室外机管路内的制冷剂进入室内机

⑤ 用检漏枪或肥皂水检测管路的连接部分有无泄漏，取下真空泵和三通压力表阀，将阀门全部打开，抽真空操作完成

① 将真空泵、三通压力表阀按上述关系与室外机上三通截止阀上的工艺管口连接

可保留三通压力表阀一段时间，在开机试运行中测试空调器的运行压力

液管　二通截止阀　室外机
气管　三通截止阀
室内机　三通压力表阀　真空泵　工艺管口

| 提示说明 |

步骤1中，连接三通截止阀工艺管口的连接软管应带有阀针，能够顶开工艺管口内的阀芯。

步骤2中，抽真空抽至-0.1MPa后，还应再抽15～20min，以确保管路中的真空状态。

步骤3中，抽真空完毕，必须先关闭三通压力表阀后再关闭真空泵电源，防止真空泵里的润滑油在负压力下进入空调系统。

步骤4中，打开二通截止阀阀门1/4圈，10s后再关闭，可以使室外机管路中的负压变为正压，正压状态下可检漏；确保最后一步在正压状态下，取下三通压力表阀，防止空气回流。

步骤5中，取下真空泵和三通压力表阀，全部打开三通截止阀和二通截止阀的阀门，变频空调器的抽真空操作完成。

| 提示说明 |

如图19-16所示，在抽真空操作中，当室内机管路和连接管路中的空气未排出前，室外机管路必须处于密封状态，即此时二通截止阀、三通截止阀阀门必须关闭；当通过三通截止阀的工艺管口连接三通压力表阀及真空泵后，由连接软管一端的阀针将三通截止阀工艺管口的阀芯顶开，此时工艺管口与连接管路、室内机制冷管路相通，可通过工艺管口将管路中的空气抽出。

需要注意的是，不论三通截止阀的阀门是否关闭，只要工艺管口的阀芯被顶开，工艺管口即可与连接管路导通。

图 19-16 抽真空操作中三通截止阀内的三通关系

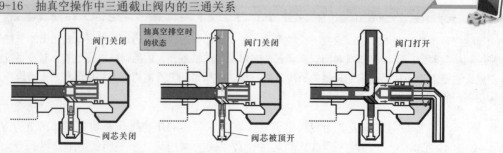

阀门关闭　　　抽真空排空时的状态　阀门关闭　　阀门打开
阀芯关闭　　　阀芯被顶开

（2）空调器排水试验

空调器在正常工作时，冷凝器因气液变化会在管路上产生冷凝水。这些冷凝水需要排出。若排水不当，则也会导致空调器工作异常。因此，排水检查是空调器安装完毕后的一个重要检查项目，即检查室内机能否将水排出室外。

│提示说明│

如图 19-17 所示，空调器冷凝水排出是否顺利，除了与安装中穿墙孔的位置、室内机的位置和高度等有关外，还与排水管的引出方法有直接关系，排水管弯曲、引入排水沟或水池等不当操作均会引起排水异常情况，因此当排水不良时，需要检查排水管的引出情况。

图 19-17　排水管的几种引出方式

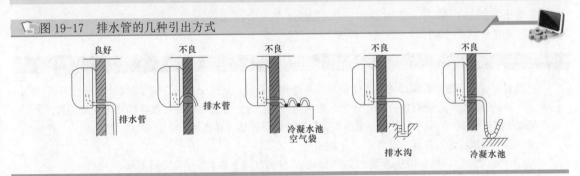

在确认管路无泄漏、排水系统良好后，就可以通电试机了。

（3）通电试机

通电试机是指接通空调器的电源，通过试操作运行检查空调器的安装成功与否。该操作是空调器安装操作中的最后步骤，也是正式投入使用前的重要步骤。空调器安装完成后的通电测试如图 19-18 所示。

图 19-18　空调器安装完成后的通电测试

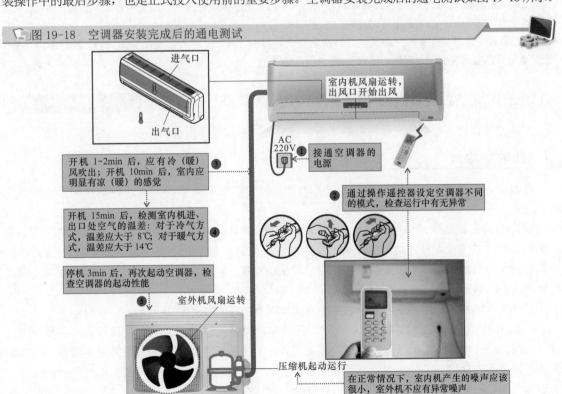

19.2 空调器的移机

空调器在使用过程中常常会因位置不当或环境因素影响而进行位置的变化或移动。由于空调器室内机与室外机两个部分构成了封闭的制冷循环管路，因此移机时，不仅仅是将室内机与室外机的位置进行变化，还涉及封闭制冷循环管路的打开与连接、制冷剂的处理等操作，作为一名空调器的维修人员，掌握空调器移机前的准备及操作基本规程和操作方法是十分必要的。

不同品牌、类型和结构形式的空调器，移机的操作方法和要求基本相同，下面仍以典型分体壁挂式空调器为例（其他类型空调器的移机操作方法与其类似）介绍空调器的移机操作方法。

按照正常的操作顺序，空调器的移机技能分为四个方面的内容，即回收制冷剂、拆卸机组、移机、重新安装四个步骤。

| 提示说明 |

空调器的移机是指将原本正常工作的空调器从原始位置移动到另一个指定位置的操作过程。由于该过程中涉及对封闭循环制冷管路的打开、连接、制冷剂回收等专业性操作，因此要求维修人员必须按照规范要求和顺序进行操作，避免因操作不当或不规范导致空调器无法继续使用，给用户造成经济损失。

空调器的移机操作规程及注意事项主要包括：

1）在移机之前，需要确保空调器工作正常，没有任何故障，避免移机后带来麻烦。

2）在移机过程中，不要损坏室内机和室外机，尤其是制冷管路和连接电缆。

3）移机完成后，一定要进行检漏操作，避免重装的空调器发生故障。

4）在回收制冷剂时，关闭低压气体阀的动作要迅速，阀门不可停留在半开半闭状态，否则会有空气进入制冷系统。

5）应注意截止阀是否漏气，在回收制冷剂时，若看到低压液体管结露，则说明截止阀有漏气故障，此时应停止回收制冷剂，及时采取补漏措施。

6）重新安装好后，需要开机试运行，检测空调器的运行压力、绝缘阻值、制冷温差和制热温差等数据，保证重新安装后的空调器能够正常使用。

19.2.1 空调器移机前的准备

空调器在移机之前要做好移机前的准备。移机前的准备包括回收制冷剂和拆机两个步骤。

1 回收制冷剂

移机之前，需要将制冷管路中的制冷剂回收。目前，最常采用的方法是将制冷剂回收到室外机管路中。

制冷剂的回收操作：当空调器在制冷状态下运行 5~10min 后，制冷剂在室内、外机管路中形成循环，此时关闭二通截止阀，室外机的制冷剂将不能进入室内机；空调器继续运行 1min 后，制冷剂在循环压力的作用下，因无法进入室内机而集中在室外机管路中，此时关闭三通截止阀，即可将制冷剂全部封闭在室外机管路中。

空调器内制冷管路中的制冷剂回收到室外机的操作方法如图 19-19 所示。

一般 5m 的制冷管路回收 48s 即可收净，回收制冷剂时间过长，压缩机负荷增大，用耳听声音变得沉闷，空气容易从低压气体截止阀连接处进入。另外要注意的是，某些变频空调器截止阀的质量较差，只有当阀门完全打开或完全关闭时才不会漏气。回收制冷剂时，关闭低压气体截止阀动作要迅速，阀门不可停留在半开半闭状态，否则会有空气进入制冷系统。

图 19-19　制冷剂回收操作方法

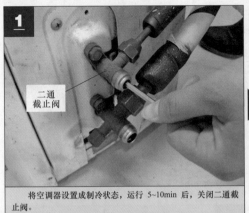

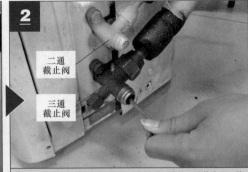

将空调器设置成制冷状态，运行 5~10min 后，关闭二通截止阀。

1min 后，二通截止阀表面可能结霜，关闭三通截止阀，并关机断开电源，完成制冷剂回收。此时，应确保二通截止阀已关闭。

提示说明

在上述制冷剂的回收过程中，制冷剂回收的时间是根据维修人员积累的经验而定的，也可借助复合修理阀准确判断制冷剂的回收情况，如图 19-20 所示。

图 19-20　借助复合修理阀准确判断制冷剂的回收情况

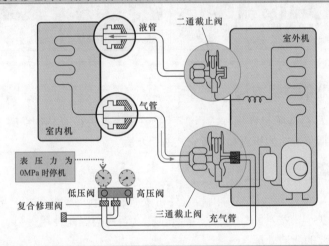

具体的操作过程与前述操作过程相似。首先卸下三通截止阀和二通液体截止阀的阀帽，确认阀门处于开放位置，起动空调器 10～15min，使空调器停止运转并等待 3min，将复合修理阀接至三通截止阀的工艺管口，打开复合修理阀的低压阀，将充气管中的空气排出。

将二通截止阀调至关闭的位置（用六角扳手将阀杆沿顺时针方向旋转到底），使空调器在冷气循环方式下运转，当表压力为 0MPa 时，使空调器停止运转，迅速将三通截止阀调至关闭的位置（将阀杆沿顺时针方向旋转到底），安装好二通截止阀和三通截止阀的阀帽和工艺管口帽后，制冷剂回收完成。

2　拆机

制冷剂回收完成，确认二通截止阀和三通截止阀关闭密封良好后，便可将空调器机组拆卸下来，即将室外机与室内机之间的连接管路和通信电缆拆开，如图 19-21 所示，使室内机与室外机分离。

图 19-21　分离空调器室内机和室外机并拆下

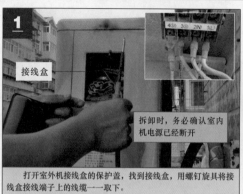

1

接线盒

拆卸时，务必确认室内机电源已经断开

打开室外机接线盒的保护盖，找到接线盒，用螺钉旋具将接线盒接线端子上的线缆一一取下。

2

将三通截止阀与连接管路分开，并将阀口及所连接管路管口使用胶带封闭。

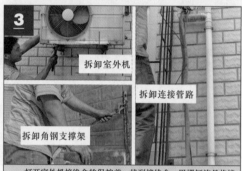

3

拆卸室外机

拆卸连接管路

拆卸角钢支撑架

打开室外机接线盒的保护盖，找到接线盒，用螺钉旋具将接线盒接线端子上的线缆一一取下。

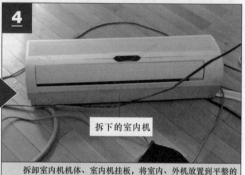

4

拆下的室内机

拆卸室内机机体、室内机挂板，将室内、外机放置到平整的地面上，拆卸过程中不可损坏、损伤室内机和室外机。

19.2.2　空调器的移机方法

空调器的移机要严格按照操作规程，否则可能由于操作失误而导致空调器故障或缩短使用寿命。空调器的移机包括重装前的检查和重新安装两个步骤。

1　重装前的检查

如图 19-22 所示，将分离后的室内机和室外机妥善移至新的安装环境，尤其注意管路不能弯折，若制冷管路外保护层破损严重，则需要重新包扎，否则会影响使用效果。若空调器脏污严重，则在安装前要进行必要的清洁处理。

图 19-22　空调器重装前的检查

1

妥善放置拆卸分离的空调器室内机与室外机。

2

检查空调器内部是否脏污严重。若脏污严重，则需对空调器内部进行必要的清洁处理。

2 重新装机并试机

如图 19-23 所示，空调器的重装过程与新空调器的安装操作类似。需要注意的是，由于是重装机，在拆机、移动过程中难免会出现磕碰、制冷剂泄漏等情况，因此重装完毕后，检漏、排水实验、通电试机都是十分重要的验收环节。若出现制冷剂泄漏或制冷剂不足等情况，则应及时修补并充注制冷剂。

图 19-23 重装试机

管路检漏

充注制冷剂

检测运行电流

│ 提示说明 │

需要注意的是，移机前一定要确认空调机组运行正常，移机重装后的检漏、排水试验、通电试机也是十分重要的环节。在试机过程中，空调器运行压力正常、空调器制冷或制热达到要求后，空调器移机才最终完成。

空调器移机时，若所有操作都是严格按照规范要求执行，且回装完成开机运行后制冷良好，则不需额外添加制冷剂，但对于使用中已经出现制冷剂轻微泄漏，或在移机中由于排气动作迟缓或操作不当，制冷剂出现微量减少，或由于移机后将管路在要求的范围内延长等因素，都将导致空调器因制冷剂不足而出现异常情况，如空调器的运行压力低于 4.9kgf/mm^2、管道结霜、电流减少、室内机出风温度不符合等，则必须补充制冷剂。

第 **20** 章　中央空调的工作原理与结构

20.1　多联式中央空调的结构与工作原理

20.1.1　多联式中央空调的结构

多联式中央空调系统采用集中空调的设计理念，室外机安装于户外，室外机有一组（或多组）压缩机，可以通过一组（或多组）管路与室内机相连，构成一个（或多个）制冷（制热）循环，具有送风形式多用、送风量大、送风温差小、制冷（制热）速度快、温度均衡等特点。

如图 20-1 所示，多联式中央空调的室内机中，管路及电路系统相对独立，而室外机中可容纳多个压缩机，每个压缩机都有一个独立的循环系统。不同的压缩机可以构建各自独立的制冷循环。

图 20-1　多联式中央空调压缩机的控制关系

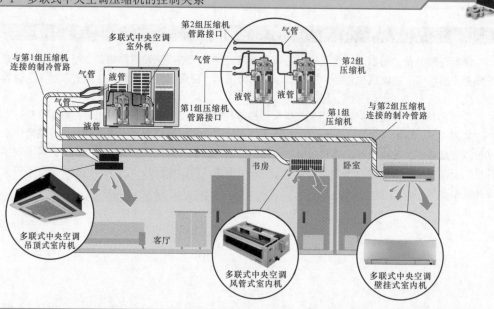

1　多联式中央空调的室外机

如图 20-2 所示，多联式中央空调的室外机主要用来控制压缩机为制冷剂提供循环动力，然后通过制冷管路与室内机配合，实现能量的转换。

图 20-2　多联式中央空调的室外机

2 风管式室内机

图 20-3 所示为风管式室内机的实物外形。风管式室内机一般在房屋装修时，嵌入在家庭、餐厅、卧室等各个房间相应的墙壁上。

图 20-3 风管式室内机的实物外形

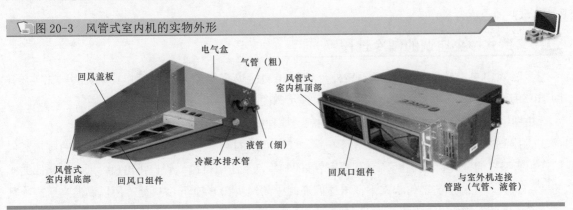

电气盒
气管（粗）
回风盖板
风管式
室内机顶部
液管（细）
冷凝水排水管
风管式
室内机底部
回风口组件
回风口组件
与室外机连接
管路（气管、液管）

3 嵌入式室内机

图 20-4 所示为嵌入式室内机的实物外形。嵌入式室内机主要由涡轮风扇电动机、涡轮风扇、蒸发器、接水盘、控制电路、排水泵、前面板、过滤网、过滤网外壳等构成。

图 20-4 嵌入式室内机的实物外形

主体部分
嵌入式
中央空调室内机
前面板

4 壁挂式室内机

图 20-5 所示为壁挂式室内机的实物外形。壁挂式室内机可以根据用户的需要挂在房间的墙壁上。从壁挂式室内机的正面可以找到进风口、前盖、吸气栅（空气过滤部分）、显示和遥控接收面板、导风板、出风口等部分。

图 20-5 壁挂式室内机的实物外形

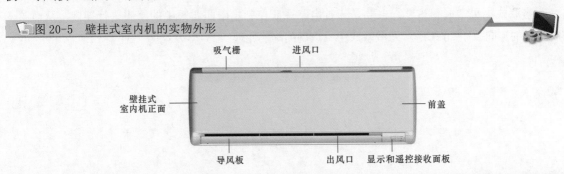

吸气栅
进风口
壁挂式
室内机正面
前盖
导风板
出风口
显示和遥控接收面板

20.1.2　多联式中央空调的工作原理

多联式中央空调系统主要由一个室外机与多个室内机组成，并通过制冷管道相互连接构成一拖多的形式。室外机工作从而带动多个室内机完成空气的制冷/制热循环，最终实现对各个房间（或区域）的温度调节。

1　多联式中央空调的制冷过程

多联式中央空调的种类较多，其外形结构和功能也有所差异，但工作原理是基本相同的，图 20-6 所示为典型多联式中央空调的制冷原理示意图。

由图中可以看到典型多联式中央空调的制冷原理如下：

a 制冷剂在每台压缩机中被压缩，将原本低温低压的制冷剂气体压缩成高温高压的过热蒸气后，由压缩机的排气管口排出。高温高压气态的制冷剂从压缩机排气管口排出后，通过电磁四通阀的 A 口进入。在制冷的工作状态下，电磁四通阀中的阀块在 B 口至 C 口处，所以高温高压制冷剂气体经电磁四通阀的 D 口送出，送入冷凝器中。

b 高温高压制冷剂气体进入冷凝器中，由轴流风扇对冷凝器进行降温处理，冷凝器管路中的制冷剂进行降温后送出低温高压液态的制冷剂。

c 低温高压液态的制冷剂经冷凝器送出后，经管路中的单向阀 1 后，经干燥过滤器 1 滤除制冷剂中多余的水分，再经毛细管进行节流降压，变为低温低压的制冷剂液体，再经分接接头 1 分别送入室内机的管路中。

d 低温低压液态的制冷剂经管路后，分别进入三条室内机的蒸发器管路中，在蒸发器中进行吸热汽化，使得蒸发器外表面及周围的空气被冷却，最后冷量再由室内机的贯流风扇从出风口吹出。

e 当蒸发器中的低温低压液态制冷剂经过热交换工作后，变为低温低压的气态制冷剂，经制冷管路流向室外机，经分接接头 2 后汇入室外机管路中，通过电磁四通阀 B 口进入，由 C 口送出，再经压缩机吸气孔返回压缩机中，再次进行压缩，如此周而复始，完成制冷循环。

| 提示说明 |

在多联式中央空调系统中，室外机内部的冷凝器与室内的蒸发器之间安装有单向阀，它是用来控制制冷剂流向的，具有单向导通、反向截止的特性。

2　多联式中央空调的制热过程

多联式中央空调制热过程主要是通过电路系统控制电磁四通阀中的阀块进行换向，从而改变制冷剂的流向。图 20-7 所示为多联式中央空调的制热原理。

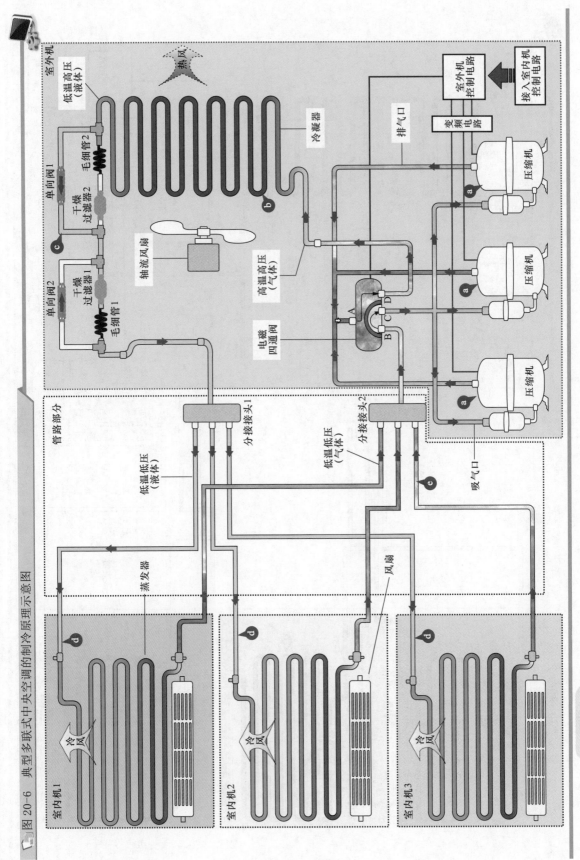

图20-6 典型多联式中央空调的制冷原理示意图

室内机1　室内机2　室内机3

冷风　冷风　冷风

蒸发器

风挡

管路部分　分接接头1　分接接头2

低温低压（液体）　低温低压（气体）

吸气口

室外机

低温高压（液体）　冷凝器

毛细管2　毛细管1　单向阀1　单向阀2

干燥过滤器2　干燥过滤器1

轴流风扇

高温高压（气体）

电磁四通阀

热风

室外机控制电路　接入室内机控制电路

排气口

变频电路

压缩机

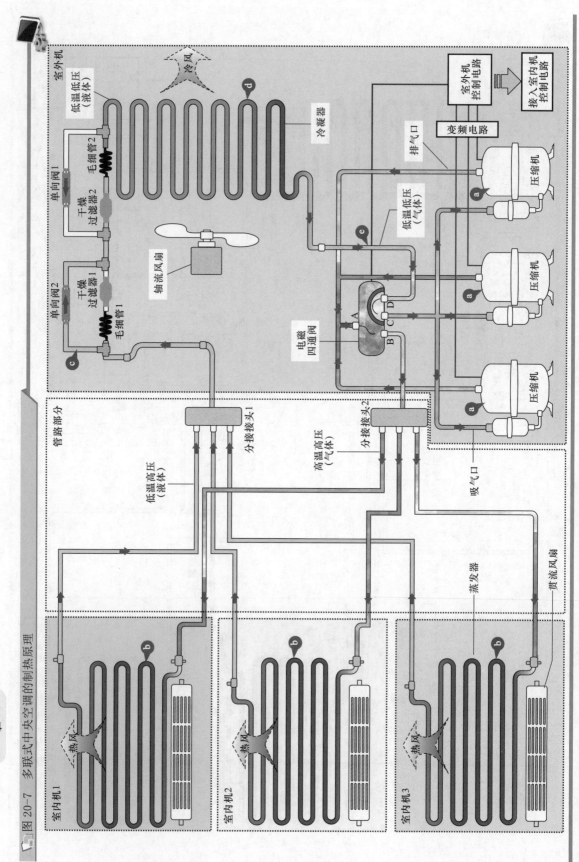

图20-7 多联式中央空调的制热原理

由图中可以看到典型多联式中央空调的制热原理如下：

a 制冷剂经压缩机处理后的变为高温高压气体，由压缩机的排气口排出。当多联式中央空调进行制热时，电磁四通阀由电路控制内部的阀块由 B 口、C 口移向 C 口、D 口。此时高温高压气态的制冷剂经电磁四通阀的 A 口送入，再由 B 口送出，经分接接头 2 送入各室内机的蒸发器管路中。

b 高温高压气态的制冷剂进入室内机蒸发器后，过热的蒸气通过蒸发器散热，散出的热量由贯流风扇从出风口吹入室内，热交换后的制冷剂转变为低温高压液态，通过分接接头 1 汇合，送入室外机管路中。

c 低温高压液态的制冷剂进入室外机管路后，经管路中的单向阀 2、干燥过滤器 2 以及毛细管 2 对其进行节流降压后，将低温低压液态的制冷剂送入冷凝器中。

d 低温低压的制冷剂液体在冷凝器中完成汽化过程，制冷剂液体向外界吸收大量的热，重新变为气态，并由轴流风扇将冷气由室外机吹出。

e 低温低压的气态制冷剂经电磁四通阀的 D 口流入，由 C 口送出，最后经压缩机吸气孔返回压缩机中，使其再次进行制热循环。

┃ 提示说明 ┃

多联式中央空调的制热循环和制冷循环的过程正好相反。在制冷循环中，室内机的热交换设备起蒸发器的作用，室外机的热交换设备起冷凝器的作用，因此制冷时室外机吹出的是热风，室内机吹出的是冷风。而制热时，室内机的热交换设备起冷凝器的作用，而室外机的热交换设备则起蒸发器的作用，因此制热时室内机吹出的是热风，而室外机吹出的是冷风。

20.2 风冷式中央空调的结构与工作原理

20.2.1 风冷式中央空调的结构

风冷式中央空调根据热交换方式的不同又可细分为风冷式风循环中央空调和风冷式水循环中央空调。

1 风冷式风循环中央空调

如图 20-8 所示，风冷式风循环中央空调工作时，借助空气对制冷管路中的制冷剂进行降温或升温的热交换，然后将降温或升温后的制冷剂经管路送至风管机中，由空气作为热交换介质，实现制冷或制热的效果，最后由风管机经风道将冷风（或暖风）由送风口送入室内，实现室内温度的调节。

┃ 提示说明 ┃

为确保空气的质量，许多风冷式风循环中央空调安装有新风口、回风口和回风风道。室内的空气由回风口进入风道与新风口送入的室外新鲜空气进行混合后再吸入室内，起到良好的空气调节作用。这种中央空调对空气的需求量较大，所以要求风道的截面积也较大，占用很多建筑物的空间。除此之外，该系统的中央空调其耗电量较大，有噪声。多数情况下应用于有较大空间的建筑物中，例如，超市、餐厅以及大型购物广场等。

（1）风冷式室外机

图 20-9 所示为风冷式室外机的实物外形。风冷式室外机采用空气循环散热方式对制冷剂降温，其结构紧凑，可安装在楼顶及地面上。

扫一扫看视频

图 20-8　典型风冷式风循环中央空调系统示意图

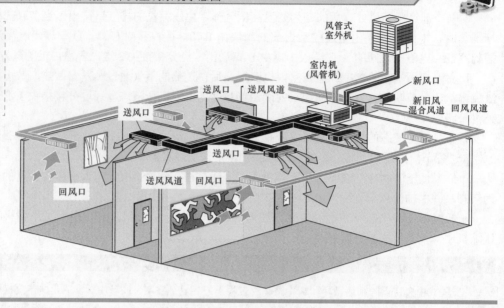

图 20-9　风冷式室外机的实物外形

（2）风冷式室内机

图 20-10 所示为风冷式室内机（风管机）的实物外形。风冷式室内机多采用风管式结构，主要是由封闭的外壳将其内部风机、蒸发器以及空气加湿器等集成在一起的，在其两端有回风口和送风口。由回风口将室内的空气或由新旧风混合的空气送入风管机中，由风机将其空气通过蒸发器进行热交换，再由风管机中的加湿器对空气进行加湿处理，最后由送风口将处理后的空气送入风道中。

图 20-10　风冷式室内机（风管机）的实物外形

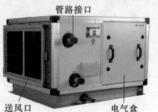

（3）送风风道

图 20-11 所示为风冷式风循环中央空调的送风风道。由风管机（室内机）将升温或降温后的空气经送风口送入风道中，经风道中的静压箱进行降压，再经风量调节阀对风量进行调节后将热风或

冷风经送风口（散流器）送入室内。

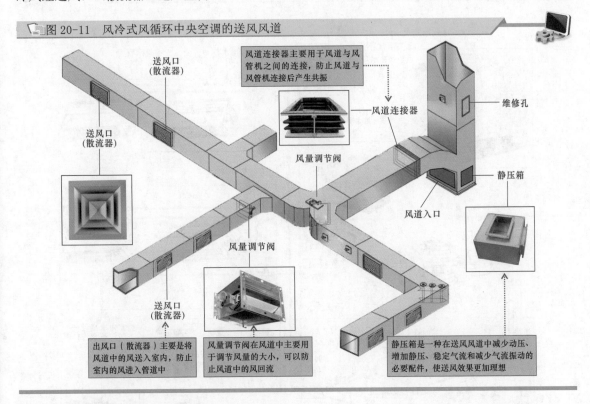

图 20-11　风冷式风循环中央空调的送风风道

送风口
（散流器）

送风口
（散流器）

风道连接器主要用于风道与风管机之间的连接，防止风道与风管机连接后产生共振

风道连接器

维修孔

风量调节阀

静压箱

风道入口

送风口
（散流器）

出风口（散流器）主要是将风道中的风送入室内，防止室内的风进入管道中

风量调节阀

风量调节阀在风道中主要用于调节风量的大小，可以防止风道中的风回流

静压箱是一种在送风风道中减少动压、增加静压、稳定气流和减少气流振动的必要配件，使送风效果更加理想

2　风冷式水循环中央空调

如图 20-12 所示，风冷式水循环中央空调以水作为热交换介质。工作时，由风冷机组实现对冷冻水管路中冷冻水的降温（或升温）。然后，将降温（或升温）后的水送入室内末端设备（风机盘管）中，再由室内末端设备（风机盘管）与室内空气进行热交换，从而实现对空气温度的调节。这种中央空调结构安装空间相对较小，维护管路比较方便，适用于中、小型公共建筑。

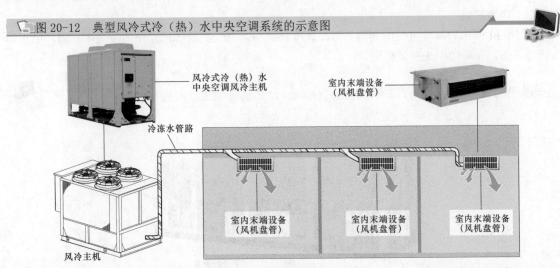

图 20-12　典型风冷式冷（热）水中央空调系统的示意图

风冷式冷（热）水
中央空调风冷主机

室内末端设备
（风机盘管）

冷冻水管路

风冷主机

室内末端设备
（风机盘管）

室内末端设备
（风机盘管）

室内末端设备
（风机盘管）

如图 20-13 所示，风冷式水循环中央空调系统主要由风冷机组、室内末端设备（风机盘管）、膨胀水箱、制冷管路、冷冻水泵以及闸阀组件和压力表等构成。

图 20-13　风冷式水循环中央空调的整体结构

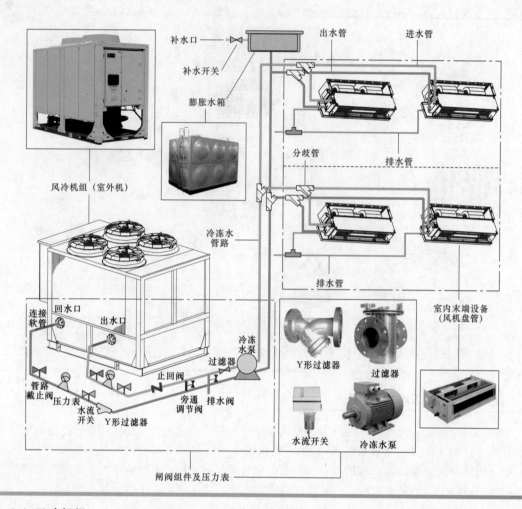

（1）风冷机组

图 20-14 所示为风冷机组的实物外形。风冷机组是以空气流动（风）作为冷（热）源，以水作为供冷（热）介质的中央空调机组。

图 20-14　风冷机组的实物外形

（2）冷冻水泵

图 20-15 所示为冷冻水泵的实物外形。冷冻水泵连接在风冷机组的末端，主要用于对风冷机组降温的冷冻水加压后送入冷冻水管路中。

图 20-15 冷冻水泵的实物外形

（3）风机盘管

风机盘管是风冷式水循环中央空调的室内末端设备。主要是利用风扇作用，使空气与盘管中的冷水（热水）进行热交换，并将降温或升温后的空气输出。如图 20-16 所示，风机盘管主要有两管制风机盘管和四管制风机盘管。

图 20-16 两管制风机盘管和四管制风机盘管

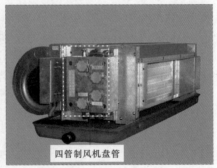

| 提示说明 |

其中，两管制风机盘管是比较常见的中央空调末端设备，它在夏季可以流通冷水、冬季流通热水；而四管制风机盘管可以同时流通热水和冷水，使其可以根据需要分别对不同的房间进行制冷和制热，该类风机盘管多用于酒店等高要求的场所。

（4）膨胀水箱

图 20-17 所示为膨胀水箱的实物外形。膨胀水箱是风冷式水循环中央空调中非常重要的部件之一，主要作用是平衡水循环管路中的水量及压力。

图 20-17　膨胀水箱的实物外形

方形膨胀水箱

圆柱形膨胀水箱

20.2.2　风冷式中央空调的工作原理

1　风冷式风循环中央空调工作原理

扫一扫看视频

风冷式风循环中央空调采用空气作为热交换介质完成制冷制热循环。

（1）风冷式风循环中央空调的制冷工作原理

风冷式风循环中央空调的种类繁多，结构和功能也有所差异，但其制冷的原理是基本相同的，图 20-18 所示为典型风冷式风循环中央空调制冷原理示意图。

由图中可以看到典型风冷式风循环中央空调的制冷原理如下：

a 当风冷式风循环中央空调开始进行制冷时，制冷剂在压缩机中经压缩，将低温低压的制冷器气体压缩为高温高压的气体，由压缩机的排气口送入电磁四通阀中，由电磁四通阀的 D 口进入，A 口送出，电磁四通阀的 A 口直接与冷凝器管路进行连接，高温高压气态的制冷剂，进入冷凝器中，由轴流风扇对冷凝器中的制冷剂进行散热，制冷剂经降温后转变为低温高压的液态，经单向阀 1 后送入干燥过滤器 1 中滤除水分和杂质，再经毛细管 1 进行节流降压输出低温低压的液态制冷剂，将低温低压液态制冷剂送往蒸发器的管路中。

b 低温低压液态制冷剂经管路送入室内风管机蒸发器中，为空气降温进行准备。

c 室外风机将室外新鲜空气由新风口送入，室内回风口送入的空气在新旧风混合风道中进行混合。

d 混合后的空气经过滤器将杂质滤除送至风管机的回风口处，并由风管机中的风机吹动空气，使空气经过蒸发器，与蒸发器进行热交换处理，经过蒸发器后的空气变为冷空气，再经风管机中的加湿段进行加湿处理，由出风口送出。

e 经室内机风管机出风口送出的冷空气经风道连接器进入风道中，经静压箱对冷空气进行静压处理。

f 经过静压处理后的冷空气在风道中流动，经过风道中的风量调节阀，可以对冷空气的量进行调节。

g 调节后的冷空气经排风口后送入室内，对室内温度进行降温。

h 蒸发器中低温低压液态制冷剂通过与空气进行热交换后变为低温低压气态的制冷剂，经管路送入室外机中，经电磁四通阀的 C 口进入，由 B 口将其送入压缩机中，再次对制冷剂进行制冷循环。

（2）风冷式风循环中央空调的制热工作原理

风冷式风循环中央空调的制热原理与制冷原理相似，其中不同的只是室外主机中压缩机、冷凝器与室内机中蒸发器的功能由产生冷量变为产生热量。图 20-19 所示为典型风冷式风循环中央空调制热原理示意图。

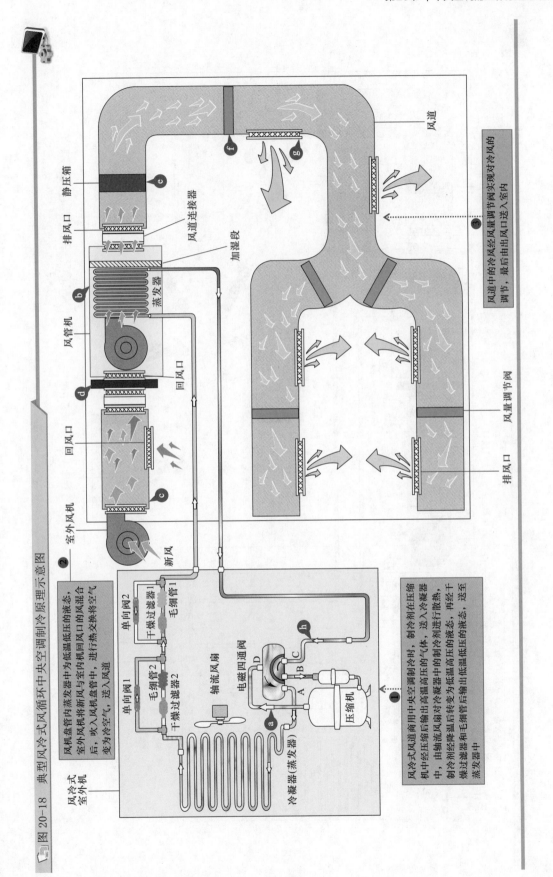

图图 20-18 典型风冷式风循环中央空调制冷原理示意图

风冷式风道商用中央空调制冷时，制冷剂在压缩机中经压缩后输出高温高压的气体，送入冷凝器中，由轴流风扇对冷凝器中的制冷剂进行散热，再经干燥过滤器和毛细管降温转变为低压低温的液态，送至蒸发器中。**①**

风机盘管内蒸发器中为低温低压的液态，室外风机将新风与室内机回风口的风混合后，吹入风机盘管中，进行热交换将空气变为冷空气，送入风道。**②**

风道中的冷风经风量调节阀实现对冷风的调节，最后由出风口送入室内。**③**

301

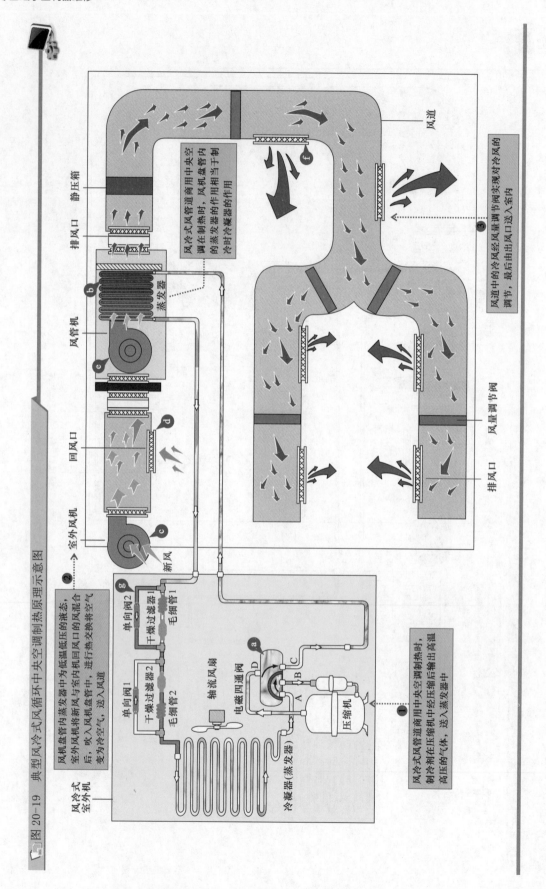

图 20-19 典型风冷式风冷循环中央空调制热原理示意图

由图中可以看到典型风冷式风循环中央空调的制热原理如下：

a 当风冷式风循环中央空调开始进行制热时，室外机中的电磁四通阀通过控制电路控制，使其内部滑块由 B、C 口移动至 A、B 口；此时压缩机开始运转，将低温低压的制冷剂气体压缩为高温高压的过热蒸气，由压缩机的排气口送入电磁四通阀的 D 口，再由 C 口送出，电磁四通阀的 C 口与室内机的蒸发器进行连接。

扫一扫看视频

b 高温高压气态的制冷剂经管路送入蒸发器中，为空气升温进行准备。

c 室内控制电路对室外风机进行控制，使室外风机开启送入适量的新鲜空气，使其进入新旧风混合风道。因为冬季室外的空气温度较低，若送入大量的新鲜空气，则可能导致风管式中央空调的制热效果下降。

d 由室内回风口将室内空气送入，室外送入的新鲜空气与室内送入的空气在新旧风混合风道中进行混合。再经过滤器将杂质滤除送至风管机的回风口处。

e 滤除杂质后的空气经回风口送入风管机中，由风管机中的风机将空气吹动，空气经过蒸发器后，与蒸发器进行热交换处理，经过蒸发器后的空气变为暖空气，再经风管机中的加湿段进行加湿处理，由出风口送出。

f 经室内机风机盘管出风口送出的暖空气经过风道连接器进入风道中，同样在风道中经过静压箱静压，然后经过风量调节阀后，再由排风口送入室内，对室内温度进行升温。

g 蒸发器中的制冷剂与空气进行热交换后，制冷剂转变为低温高压的液体进入室外机中，经室外机中单向阀 2 后送入干燥过滤器 2 滤除水分和杂质，再经毛细管 2 对其进行节流降压，将低温低压的液体送入冷凝器中，轴流风扇转动，使冷凝器进行热交换后，制冷剂转变为低温低压的气体经电磁四通换向阀的 A 口进入，由 B 口将其送回压缩机中，再次对制冷剂进行制热循环。

| 提示说明 |

根据风冷式风循环中央空调系统使用空气来源的不同，主要有直流式系统、封闭式系统、回风式系统三种类型，图 20-20 所示为不同类型的空气循环图。

图 20-20 不同类型的空气循环图

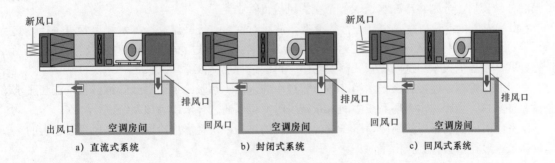

a）直流式系统　　　b）封闭式系统　　　c）回风式系统

直流式系统：这种系统使用的空气全部来自室外，经处理后送入室内吸收余热、余湿，然后全部排到室外，如图 20-20a 所示。这种系统能量损失大，适用于空气有一定污染以及对空气品质要求较高的空调房间。

封闭式系统：与直流式系统刚好相反。封闭式系统全部使用室内再循环的空气，如图 20-20b 所示。因此，这种系统最节能，但是卫生条件也最差，它只能使用于无人操作、只需保持空气温、湿度场所。

回风式系统：该系统使用的空气一部分为室外机新风，另一部分为室内回风，如图 20-20c 所示。这种系统具有既经济又符合卫生要求的特点，使用比较广泛。在工程上根据使用回风次数的多少又分为一次回风系统和二次回风系统。

2 风冷式水循环中央空调的工作原理

扫一扫看视频

风冷式水循环中央空调采用冷凝风机（散热风扇）对冷凝器进行冷却。并由冷却水作为热交换介质完成制冷制热循环。

（1）风冷式水循环中央空调的制冷工作原理

风冷式水循环中央空调因其自身优势，应用领域比较广泛，根据不同的应用环境特点，其结构组成有所差异，但基本的制冷原理是相同的，图 20-21 所示为典型风冷式水循环中央空调制冷原理示意图。

由图中可以看到典型风冷式水循环中央空调制冷原理如下：

a 风冷式水循环中央空调制冷时，由室外机中的压缩机对制冷剂进行压缩，将制冷剂压缩为高温高压的气体，由电磁四通阀的 A 口进入，经 D 口送出。

b 高温高压气态制冷剂经制冷管路，送入翅片式冷凝器中，由冷凝风机（散热风扇）吹动空气，对翅片式冷凝器中的制冷剂进行降温，制冷剂由气态变成低温高压液态。

c 低温高压液态制冷剂由翅片式冷凝器流出进入制冷管路，制冷管路中的电磁阀关闭，截止阀打开后，制冷剂经制冷管路中的储液罐、截止阀、干燥过滤器形成低温低压的液态制冷剂。

d 低温低压的液态制冷剂进入壳管式蒸发器中，与冷冻水进行热交换，由壳管式蒸发器送出低温低压的气态制冷剂，再经制冷管路，进入电磁四通阀的 B 口中，由 C 口送出，进入气液分离器后送回压缩机，由压缩机再次对制冷剂进行制冷循环。

e 壳管式蒸发器中的制冷管路与循环的冷冻水进行热交换，冷冻水经降温后由壳管式蒸发器的出水口送出，冷冻水进入送水管道中经管路截止阀、压力表、水流开关、止回阀、过滤器后以及管道上的分歧管后，分别将冷冻水送入各个室内风机盘管中。

f 由室内风机盘管与室内空气进行热交换，从而对室内进行降温。冷冻水经风管机进行热交换后，经过分歧管循环进入回水管道，经压力表冷冻水泵、Y 形过滤器、单向阀以及管路截止阀后，经壳管式蒸发器的入水口送回壳管式蒸发器中，再次进行热交换循环。

g 在送水管道中连接有膨胀水箱，防止管道中的水由于热胀冷缩而导致管道破损，在膨胀水箱上设有补水口，当冷冻水循环系统中的水量减少时，可以通过补水口为该系统进行补水。

h 室内机风机盘管中的制冷管路在进行热交换的过程中，会形成冷凝水，由风机盘管上的冷凝水盘盛放，经排水管将其排出室内。

（2）风冷式水循环中央空调的制热工作原理

风冷式水循环中央空调的制热原理与制冷原理相似，其中不同的只是室外机的功能由制冷循环转变为制热循环。图 20-22 所示为典型风冷式水循环中央空调的制热原理示意图。

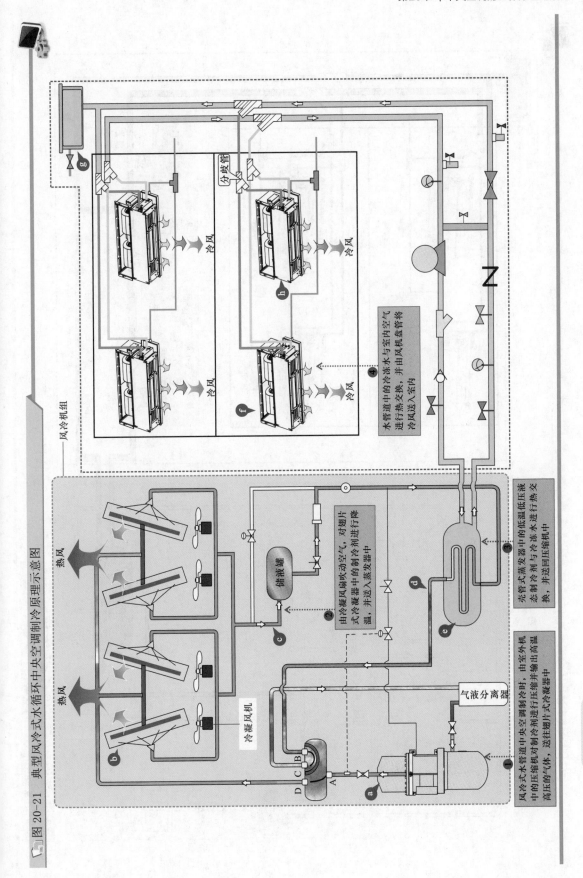

图20-21 典型风冷式水循环中央空调制冷原理示意图

风冷机组

分歧管

冷风

冷风

冷风

冷风

④ 水管道中的冷冻水与室内空气进行热交换，并由风机盘管将冷风送入室内

热风

冷凝风机

热风

气液分离器

储液罐

① 风冷式水管道中央空调制冷时，由室外机中的压缩机对制冷剂进行压缩，送往翅片式冷凝器中高压的气体，送往翅片式冷凝器中

② 由冷凝风机吹动空气，对翅片式冷凝器中的制冷剂进行降温，并送入蒸发器中

③ 壳管式蒸发器中的低温低压液态制冷剂与冷冻水进行热交换，并送回压缩机中

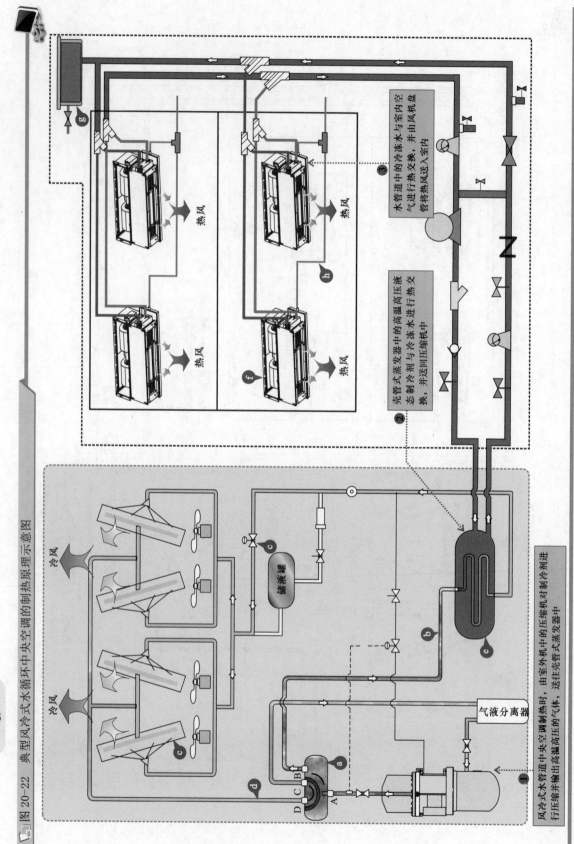

热风

热风

热风

热风

冷风

冷风

气液分离器

③ 水管道中的冷冻水与室内空气进行热交换，并由风机盘管将热风送入室内

② 壳管式蒸发器中的高温高压液态制冷剂与冷冻水进行热交换，并送回压缩机中

① 风冷式水管道中央空调制热时，由室外机中的压缩机对制冷剂进行压缩并输出高温高压的气体，送往壳管式蒸发器中

图 20-22　典型风冷式水循环中央空调的制热原理示意图

由图中可以看到该典型风冷式水循环中央空调的制热原理如下：

a 风冷式水循环中央空调制热工作时，制冷剂在压缩机中被压缩，将原来低温低压的制冷剂气体压缩为高温高压的气体，电磁四通阀在控制电路的控制下，将内部阀块由 C、B 口移动至 C、D 口，此时高温高压气体的制冷剂由压缩机送入电磁四通阀的 A 口，经电磁四通阀的 B 口进入制热管路中。

扫一扫看视频

b 高温高压气体的制冷剂进入制热管路后，送入壳管式蒸发器中，与冷冻水进行热交换，使冷冻水的温度升高。

c 高温高压气体的制冷剂经壳管式蒸发器进行热交换后，转变为低温高压的液态制冷剂进入制热管路中，此时制热管路中的电磁阀开启、截止阀关闭，制冷剂经电磁阀后转变为低温低压的液体，继续经管路进入翅片式冷凝器中，由冷凝风机对翅片式冷凝器进行降温，制冷剂经翅片式冷凝器后转变为低温低压的气体。

d 低温低压气态的制冷剂经电磁四通阀 D 口进入，经 C 口送入气液分离器中，进行气液分离后，送入压缩机中，由压缩机再次对制冷剂进行制热循环。

e 壳管式蒸发器中的制热管路与循环冷冻水进行热交换，冷冻水经升温后由壳管式蒸发器的出水口送出，冷冻水进入送水管道后经管路截止阀、压力表、水流开关、止回阀、过滤器后以及管道上的分歧管后，分别将冷冻水送入各个室内风机盘管中。

f 由室内风机管与室内空气进行热交换，从而实现室内升温，冷冻水经风机盘管进行热交换后，经过分歧管进入回水管道，经压力表、冷冻水泵、Y 形过滤器、单向阀以及管路截止阀后，经壳管式蒸发器的入水口回到壳管式蒸发器中，再次与制冷剂进行热交换循环。

g 在送水管道中连接有膨胀水箱，由于管路中的冷冻水升温，可能会发生热涨的效果，所以此时涨出的冷冻水进入膨胀水箱中，防止管道压力过大而破损，在膨胀水箱上设有补水口，当冷冻水循环系统中的水量减少时，可以通过补水口为该系统进行补水。

h 当室内机风机盘管进行热交换时，管路中可能会形成冷凝水，此时由风机盘管上的冷凝水盘盛放，经排水管将其排出室内，防止对室内环境造成损害。

20.3 水冷式中央空调的结构与工作原理

20.3.1 水冷式中央空调的结构

水冷式中央空调是指通过冷却水塔、冷却水泵对冷却水进行降温循环从而对水冷机组中冷凝器内的制冷剂进行降温，使降温后的制冷剂流向蒸发器中，经蒸发器对循环的冷冻水进行降温，从而将降温后的冷冻水送至室内末端设备（风机盘管）中，由室内末端设备（风机盘管）与室内空气进行热交换后，从而实现对空气的调节。

如图 20-23 所示，水冷式中央空调主要由水冷机组、冷却水塔、冷却水泵、冷却水管路、冷冻水管路以及风机盘管等部分构成。

工作时，冷却水塔、冷却水泵对冷却水进行降温循环从而对水冷机组中冷凝器内的制冷剂进行降温，使降温后的制冷剂流向蒸发器中，经蒸发器对循环的冷冻水进行降温，从而将降温后的冷冻水送至室内末端设备（风机盘管）中，由室内末端设备（风机盘管）与室内空气进行热交换后实现对空气的调节。冷却水塔是系统中非常重要的热交换设备，其作用是确保制冷（制热）循环得以顺利进行，这类中央空调安装施工较为负载，多用于大型酒店、商业办公楼、学校、公寓等大型建筑。

图 20-23　典型水冷式中央空调系统的示意图

扫一扫看视频

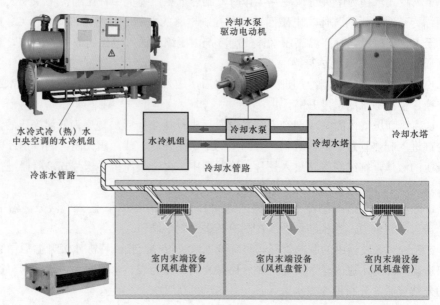

1 冷却水塔

图 20-24 所示为冷却水塔的实物外形。冷却水塔是集合空气动力学、热力学、流体学、化学、生物化学、材料学、静 / 动态结构力学以及加工技术等多种学科于一体的综合产物。它是一种利用水与空气的接触对水进行冷却，并将冷却的水经连接管路送入水冷机组中的设备。

图 20-24　冷却水塔的实物外形

2 水冷机组和水泵

图 20-25 所示为水冷机组和水泵的实物外形。水冷机组是水冷式中央空调系统的核心组成部件，一般安装在专门的空调机房内，它靠制冷剂循环来达到冷凝效果，然后靠水泵完成水循环，从而带走一定的冷量。

图 20-25　水冷机组和水泵的实物外形

空调主机
电路控制箱
压缩机
壳管式蒸发器
卧式壳管式冷凝器
水冷机组（水冷式中央空调主机）
冷冻水泵

冷却水循环
冷冻水循环
冷却水泵
冷却水泵

20.3.2　水冷式中央空调的工作原理

　　水冷式中央空调通常可以用于制冷，当需要其进行制热时，需要在室外机循环系统中加装制热设备，对管路中的水进行制热处理。在这里主要对水冷式中央空调的制冷原理进行介绍。

　　水冷式中央空调采用压缩机、制冷剂并结合蒸发器和冷凝器进行制冷。水冷式中央空调的蒸发器、冷凝器及压缩机均安装在水冷机组，其中，冷凝器的冷却方式为冷却水循环冷却方式，图 20-26 所示为水冷式中央空调的制冷原理示意图。

扫一扫看视频

　　由图中可以看到典型水冷式中央空调制冷原理如下：

　　a 水冷式中央空调制冷时，水冷机组的压缩机将制冷剂进行压缩，将其压缩为高温高压气体送入壳管式冷凝器中，等待冷却水降温系统对壳管式冷凝器进行降温。

　　b 冷却水降温系统进行循环，由壳管式冷凝器送出温热的水，进入冷却水降温系统的管道中，经过压力表和水流开关后，进入冷却水塔，由冷却水塔对水进行降温处理，再经冷却水塔的出水口送出，经冷却水泵、单向阀、压力表以及 Y 形过滤器后，进入壳管式冷凝器中，实现对冷凝器的循环降温。

　　c 送入壳管式冷凝器中的高温高压的制冷剂气体，经过冷却水降温系统的降温后，送出低温高压液体状态的制冷剂，制冷剂经过管路循环进入壳管式蒸发器中，低温低压液体状态的制冷剂在蒸发器管路中吸热汽化，变为低温低压制冷剂气体，然后进入压缩机中，再次进行压缩，进行制冷循环。

　　d 壳管式蒸发器中的制冷剂管路与壳管中的冷冻水进行热交换，将降温后的冷冻水由壳管式蒸发器的出水口送出，进入送水管道中经过管路截止阀、压力表、水流开关、电子膨胀阀以及过滤器在送水管道中循环。

　　e 经降温后的冷冻水经送水管道送入室内风机盘管中，冷冻水在室内风机盘管中进行循环，与室内空气进行热交换处理，从而降低室内温度。进行热交换后的冷冻水循环至回水管道中，经压力表、冷冻水泵、Y 形过滤器、单向阀以及管路截止阀后，经入水口送回壳管式蒸发器中。由壳管式蒸发器再次对冷冻水进行降温，使其循环。

　　f 在送水管道中连接有膨胀水箱，防止管道中的冷冻水由于热胀冷缩而导致管道破损，膨胀水箱上带有补水口，当冷冻水循环系统中的水量减少时，也可以通过补水口为该系统进行补水。

　　g 室内机风机盘管中的制冷管路在进行热交换的过程中，会形成冷凝水，冷凝水由风机盘管上的冷凝水盘盛放，经排水管将其排出室内。

309

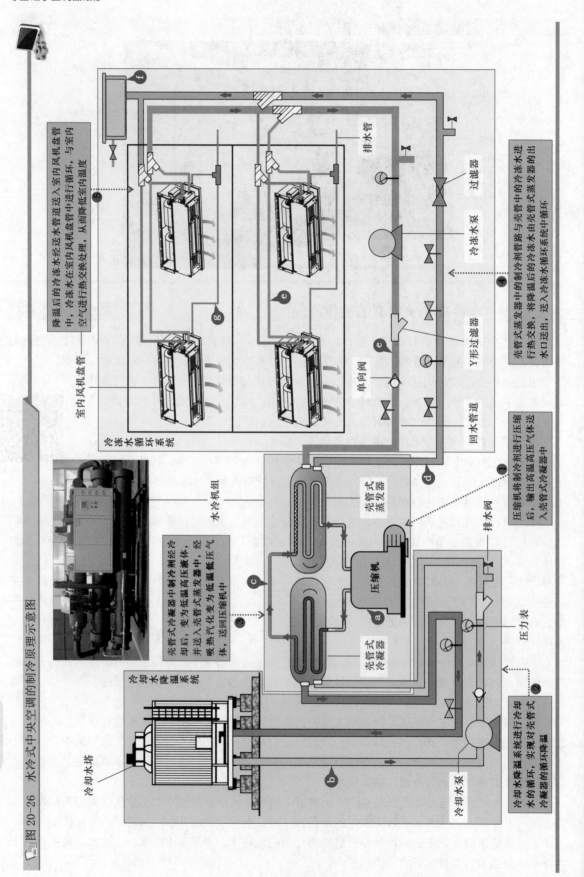

图20-26 水冷式中央空调的制冷原理示意图

降温后的冷冻水经送水管道送入室内风机盘管中，冷冻水在室内风机盘管中进行循环，与室内空气进行热交换处理，从而降低室内温度

室内风机盘管

冷冻水循环系统

排污管

过滤器

冷冻水泵

Y形过滤器

单向阀

回水管道

壳管式蒸发器中的制冷剂管路与壳管中的冷冻水由壳管式蒸发器的出水口送出，送入冷冻水系统中循环

壳管式蒸发器中的制冷剂进行压缩后，输出高温高压气体送入壳管式冷凝器中

水冷机组

壳管式蒸发器

压缩机

排水阀

压力表

壳管式冷凝器

壳管式冷凝器中制冷剂经冷却后，变为低温高压液体，经并送入壳管式蒸发器中，吸热汽化变为低温低压气体，送回压缩机中

冷却水降温系统

冷却水塔

冷却水降温系统进行冷却水的循环，实现对壳管式冷凝器的循环降温

冷却水泵

第21章 中央空调的基本维修方法

21.1 中央空调制冷系统的吹污

中央空调制冷系统敷设完成，在连接机组前，必须进行系统的吹污操作，即利用一定压力的氮气吹扫制冷管路，将管路中的灰尘、杂物（如钎焊时可能出现的氧化膜等）、水分等吹出。

图21-1所示为中央空调制冷系统的吹污操作方法。将氮气钢瓶连接待吹污管路管口，拿一块干净布堵住制冷管路另一端管口，将氮气钢瓶输出压力调至0.6MPa（6.0kgf/cm²）左右，待因管内压力无法堵住管口时，松开布，高速氮气将带出管路中的灰尘、杂物、水分等，每段管路需要反复吹污三次。

图 21-1 中央空调制冷系统的吹污操作方法

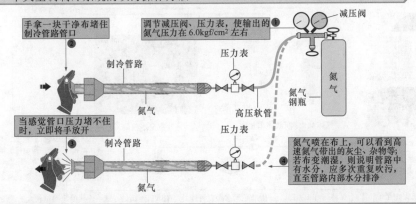

| 提示说明 |

中央空调制冷系统吹污操作分段进行，对每一个管口依次进行吹扫，吹扫一个管口时，应堵住其他管口。中央空调制冷系统一般的吹扫顺序如图21-2所示。

图 21-2 中央空调制冷系统一般的吹扫顺序

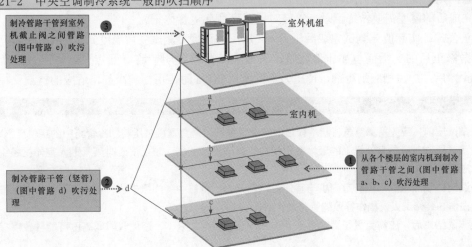

另外，值得注意的是，中央空调制冷系统吹污操作完成后，若不能立刻连接管路保压或抽真空操作，则必须将管口封好，避免灰尘、杂物、水分再次进入管路。

21.2 中央空调制冷系统的检漏

中央空调制冷系统连接完成后，充注制冷剂前需要充氮检漏，用来确认制冷管路中是否存在泄漏。

图 21-3 所示为中央空调制冷系统检漏时的设备连接和检漏方法。先将室外机的气体截止阀和液体截止阀关闭，保证室外机系统处于封闭状态，再将氮气钢瓶连接至室外机气体截止阀和液体截止阀的检测接口上。调整氮气压力，同时对系统液管和气管加压，开始保压检漏，并根据压力变化判断管路有无泄漏。

图 21-3　中央空调制冷系统检漏时的设备连接和检漏方法

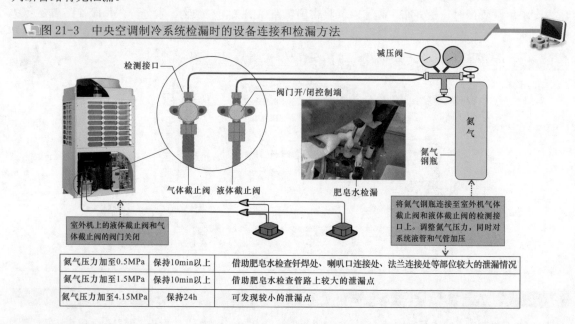

氮气压力加至0.5MPa	保持10min以上	借助肥皂水检查钎焊处、喇叭口连接处、法兰连接处等部位较大的泄漏情况
氮气压力加至1.5MPa	保持10min以上	借助肥皂水检查管路上较大的泄漏点
氮气压力加至4.15MPa	保持24h	可发现较小的泄漏点

保压维持 24h，观察压力变化，若压力下降，则应借助肥皂水、检漏仪查处漏点并予以修补。需要注意的是，氮气的压力随环境温度而变化，每 ±1℃ 会有 0.01MPa 的变化，因此加压时的温度和测试完成后的温度需要做好记录，以便对比温度变化进行修正。

修正公式：实际值 = 测试完成后压力 +（加压时温度 - 测试完后温度）× 0.01MPa

根据修正后的实际值与加压值比较，若压力下降则说明管路有漏点。可将氮气放至 0.3MPa（3kgf/cm^2）后，加注相应制冷剂，待压力上升至 0.5MPa 时，用与制冷剂相适应的检漏仪检测。

| 提示说明 |

检漏试压前，应先用真空泵将制冷管路中的空气抽除，避免直接试压将制冷管路中的空气压入室内机。

检漏试压时，应将室外机上的液体截止阀和气体截止阀关闭，防止试压时氮气进入室外机系统；加压的压力应缓慢上升。

检漏时，重点检查部位有室内机与室外机组连接口、管路中各焊接部位、制冷管路防止或运输时可能产生的损伤、装修工人误操作导致的管路损伤等。

检漏试结束后，应将氮气压力降低至 0.5MPa（5kgf/cm^2）以下，避免长时间高压可能导致焊接部位发生渗漏。

21.3 中央空调制冷系统的真空干燥

为去除中央空调制冷管路中的空气和水分，确保管路干燥无杂质，充注制冷剂前需要对制冷管路进行真空干燥。

如图21-4所示，用高压软管将双头压力表一端与室外机的气体截止阀和液体截止阀的检测接口连接上；另一根高压软管连接双头压力表和真空泵，起动真空泵开始抽真空（约2h），待压力降至-0.1MPa时，关闭压力表阀门，关闭真空泵电源，并保持1h，根据压力表压力值的变化判断管路是否有空气或泄漏。

图21-4 中央空调制冷系统的真空干燥操作方法

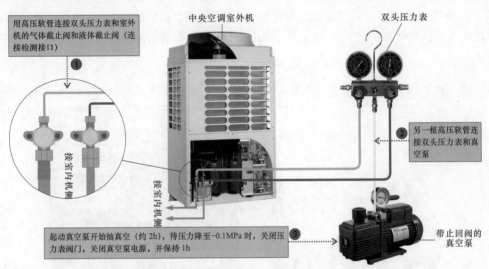

用高压软管连接双头压力表和室外机的气体截止阀和液体截止阀（连接检测接口）

中央空调室外机

双头压力表

① 接室内机侧

② 另一根高压软管连接双头压力表和真空泵

③ 起动真空泵开始抽真空（约2h），待压力降至-0.1MPa时，关闭压力表阀门，关闭真空泵电源，并保持1h

带止回阀的真空泵

若抽真空操作一直无法降至-0.1MPa，则说明管路中可能存在泄漏或水分，需要检查管路并排除泄漏或水分存在的情况（充氮吹污，再次抽真空2h，再次保真空，直到水分排净）。

若抽真空操作完成，保真空1h后，压力表压力值无上升，则说明制冷管路合格。

‖ 提示说明 ‖

多联式中央空调的室外机不抽真空，因此在真空干燥时，必须确保室外机组的气体截止阀和液体截止阀处于关闭状态，避免空气或水分进入室外机管路。

另外，抽真空操作时，若制冷系统采用R410a制冷剂，则应使用专用真空泵（带止回阀）；抽真空完成后，应先关闭双头压力表阀门，再关闭真空泵电源。

21.4 中央空调 PLC 控制电路系统的检修

1 PLC 的功能特点

PLC 控制器的英文全称为 Programmable Logic Controller，即可编程序控制器，图21-5所示为其实物外形。PLC 是一种将计算机技术与继电器控制技术结合起来的现代化自动控制装置，广泛应用于农机、机床、建筑、电力、化工、交通运输等行业中。

图 21-5　常用可编程序控制器的实物外形

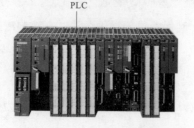

PLC

PLC

　　在中央空调控制系统中，很多控制电路采用了 PLC 进行控制，不仅提高了控制电路的自动化性能，也使得电路结构得到很大程度的简化，后期对系统的调试、维护也十分方便。

　　PLC 与变频器配合对中央空调系统进行控制不仅使控制电路结构复杂性降低，更提高了整个控制系统的可靠性和可维护性。图 21-6 所示为由 PLC 与变频器配合控制的中央空调主机控制箱的内部结构。

图 21-6　由 PLC 与变频器配合控制的中央空调主机控制箱的内部结构

电路控制箱

中央空调主机

PLC　变频器　断路器

接触器

接线端子排

　　图 21-7 所示为采用变频器和 PLC 的典型中央空调系统中冷却水泵的电路控制原理图。

　　该驱动控制系统是由 VVVF 变频器、PLC、外围电路和冷却水泵电动机等部分构成的。

　　三相交流电源经总断路器 QF 为变频器供电，该电源在变频器中经整流滤波电路和功率输出电路后，由 U、V、W 端输出变频驱动信号，经接触器主触点后加到冷却水泵电动机的三相绕组上。

　　变频器内的微处理器根据 PLC 的指令或外部设定开关，为变频器提供变频控制信号；温度模块通过外接传感器感测温差信号，并将模拟温差信号转换为数字信号后，送入 PLC 中，作为 PLC 控制变频器的重要依据。

　　电动机起动后，其转速信号经速度检测电路检测后，为 PLC 提供速度反馈信号，当 PLC 根据温差信号做出识别后，经 D-A 转换模块输出调速信号至变频器，再由变频器控制冷却水泵电动机的转速。

314

| 相关资料 |

　　一般来说，在用 PLC 进行控制的过程中，除了接收外部的开关信号外，还需要对很多的连续变化的物理量进行监测，如温度、压力、流量、湿度等，其中温度的监测和控制是不可缺少的，通常情况下是利用温度传感器感测到连续变化的物理量，然后变为电压或电流信号，经变送器转换和放大为工业标准信号，再将这些信号连接到适当的模拟量输入模块的接线端上，经过模块内的 A-D 转换器，最后将数据送入 PLC 内进行运算或处理后通过 PLC 输出接口送到设备中。

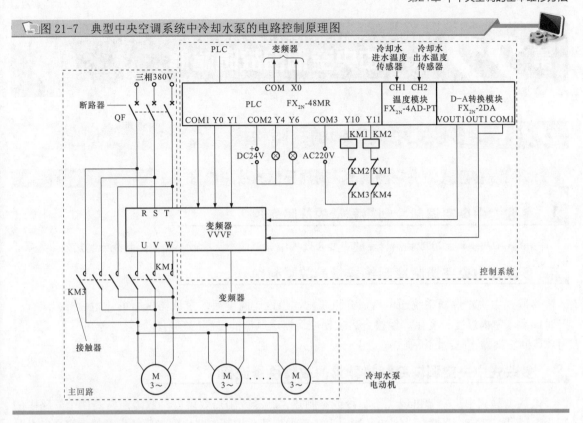

图 21-7 典型中央空调系统中冷却水泵的电路控制原理图

2 PLC 的检修方法

PLC 在中央空调系统中主要与变频器配合使用，共同完成中央空调系统的控制，使控制系统简易化，并使整个控制系统的可靠性及维护性得到提高。

判断中央空调系统中 PLC 本身的性能是否正常，应检测其供电电压是否正常，在供电电压正常的情况下，若没有输出则说明 PLC 异常，需要对其进行检修或更换。中央空调系统中 PLC 的检测方法如图 21-8 所示。

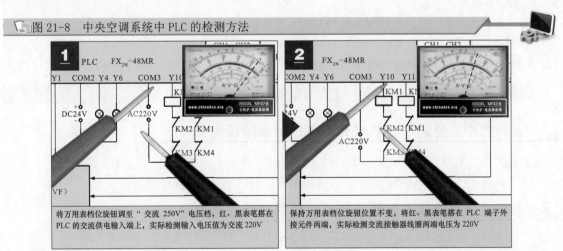

图 21-8 中央空调系统中 PLC 的检测方法

将万用表档位旋钮调至 "交流 250V" 电压档，红、黑表笔搭在 PLC 的交流供电输入端上，实际检测输入电压值为交流 220V

保持万用表档位旋钮位置不变，将红、黑表笔搭在 PLC 端子外接元件两端，实际检测交流接触器线圈两端电压为 220V

在正常情况下，PLC 应能控制指示灯的直流供电状态，接触器线圈的通断电状态。若在其工作条件正常时，PLC 无法控制其端子外接元件工作，则多为 PLC 损坏。

第 **22** 章 中央空调的故障检修

22.1 多联式中央空调的故障检修

22.1.1 多联式中央空调制冷 / 制热异常的故障检修

1 多联式中央空调制冷制热异常的故障表现

多联式中央空调制冷或制热异常的主要表现为中央空调不制冷或不制热、制冷或制热效果差等。

2 多联式中央空调制冷制热异常的故障判别

多联式中央空调器系统通电后，开机正常，当设定温度后，空调器压缩机开始运转，运行一段时间后，室内温度无变化。经检查后发现空调器送风口的温度与室内环境温度差别不大，由此，可以判断空调器不制冷或不制热。

3 多联式中央空调制冷制热异常的故障检修流程

造成多联式中央空调出现"不制冷或不制热、制冷或制热效果差"故障通常是由于管路中的制冷剂不足、制冷管路堵塞、室内环境温度传感器损坏、控制电路出现异常所引起的，需要结合具体的故障表现，对怀疑的部件逐一检测和排查。

（1）多联式中央空调不制冷或不制热故障的检修流程

图 22-1 所示为多联式中央空调不制冷或不制热故障的检修流程。多联式中央空调利用室内机接收室内环境温度传感器送入的温度信号，判断室内温度是否达到制冷要求，并向室外机传输控制信号，由室外机的控制电路控制四通阀换向，同时驱动变频电路工作，进而使压缩机运转，制冷剂循环流动，达到制冷或制热的目的。因此当多联式中央空调出现不制冷或不制热故障时应重点检查四通阀和室内温度传感器。

（2）多联式中央空调制热或制冷效果差的故障检修流程

图 22-2 所示为多联式中央空调制冷或制热效果差的故障检修流程。多联式中央空调器系统可起动运行，但制冷 / 制热温度达不到设定要求时，应重点检查其室内外机组的风机、制冷循环系统等是否正常。

22.1.2 多联式中央空调开机故障的检修

1 多联式中央空调不开机或开机保护的故障表现

多联式中央空调不开机或开机保护的故障特点主要表现为开机跳闸、室外机不起动、开机显示故障代码提示高压保护、低压保护、压缩机电流保护、变频模块保护等。

2 多联式中央空调不开机或开机保护的故障检修流程

（1）多联式中央空调开机跳闸的故障检修流程

如图 22-3 所示，开机跳闸的故障是指中央空调系统通电后正常，但开机起动时，熔丝熔断，断路器跳脱的现象。出现此种故障，可能是由于电路系统中存在短路或漏电引起的。重点检查空调系统的控制线路、压缩机、压缩机起动电容等。

（2）多联式中央空调室内机可起动、室外机不起动的故障检修流程

如图 22-4 所示，多联式中央空调系统开机后，室内机运转，但室外机中压缩机不起动，该现象主要是由于室内、外机通信不良、室外机压缩机起动部件或压缩机本身不良引起的，主要应检查室内、外机连接线，压缩机起动部件以及压缩机。

图 22-1　多联式中央空调不制冷或不制热故障的检修流程

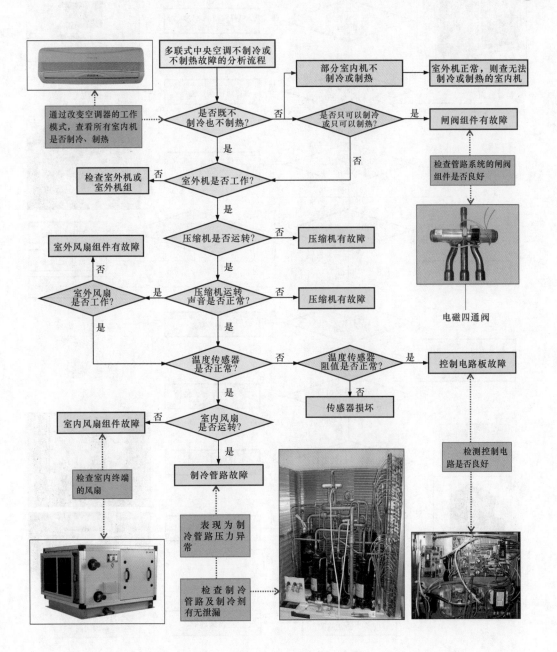

图22-2　多联式中央空调制冷或制热效果差的故障检修流程

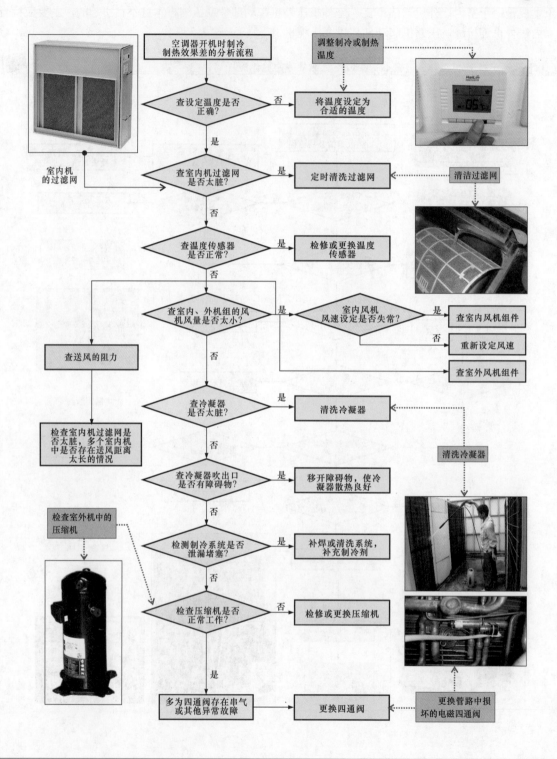

图 22-3　多联式中央空调开机跳闸的故障检修流程

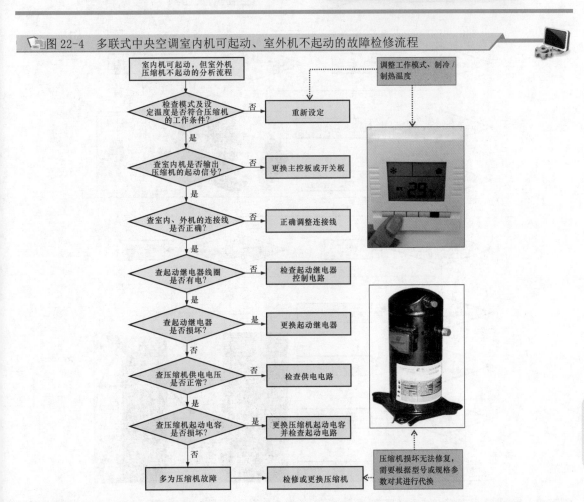

通电开机熔丝熔断，断路器跳脱故障的分析流程

检查供电线路中的熔丝和断路器是否良好

中央空调的控制箱

查断路器及熔丝是否符合标准？ → 否 → 更换合适型号断路器及熔丝

↓ 是

查电源电压是否稳定？ → 否 → 解决相应的电源问题

↓ 是

查空调内部控制线路是否短路？ → 是 → 排除短路现象

↓ 否

查压缩机是否有故障？ → 是 → 检修或更换压缩机

↓ 否

查压缩机起动电容是否损坏？ → 是 → 更换压缩机起动电容

↓ 否

多为电源线松动 → 重新接线

图 22-4　多联式中央空调室内机可起动、室外机不起动的故障检修流程

室内机可起动，但室外机压缩机不起动的分析流程

调整工作模式、制冷/制热温度

检查模式及设定温度是否符合压缩机的工作条件？ → 否 → 重新设定

↓ 是

查室内机是否输出压缩机的起动信号？ → 否 → 更换主控板或开关板

↓ 是

查室内、外机的连接线是否正确？ → 否 → 正确调整连接线

↓ 是

查起动继电器线圈是否有电？ → 否 → 检查起动继电器控制电路

↓ 是

查起动继电器是否损坏？ → 是 → 更换起动继电器

↓ 否

查压缩机供电电压是否正常？ → 否 → 检查供电电路

↓ 是

查压缩机起动电容是否损坏？ → 是 → 更换压缩机起动电容并检查起动电路

↓ 否

多为压缩机故障 → 检修或更换压缩机

压缩机损坏无法修复，需要根据型号或规格参数对其进行代换

319

22.2 风冷式中央空调的故障检修

22.2.1 风冷式中央空调高压保护的故障检修

1 风冷式中央空调高压保护的故障表现

风冷式中央空调高压保护故障表现为中央空调系统不起动、压缩机不动作、空调机组显示高压保护故障代码。

| 提示说明 |

风冷式中央空调管路系统中，当系统高压超过 2.35MPa 时，会出现高压保护，此时对应系统故障指示灯亮，应立即关闭报警提示的压缩机。出现该类高压保护故障后，一般需要手动清除故障才能再次开机。

2 风冷式中央空调高压保护的故障检修流程

图 22-5 所示为风冷式中央空调高压保护的故障检修流程。

图 22-5 风冷式中央空调高压保护的故障检修流程

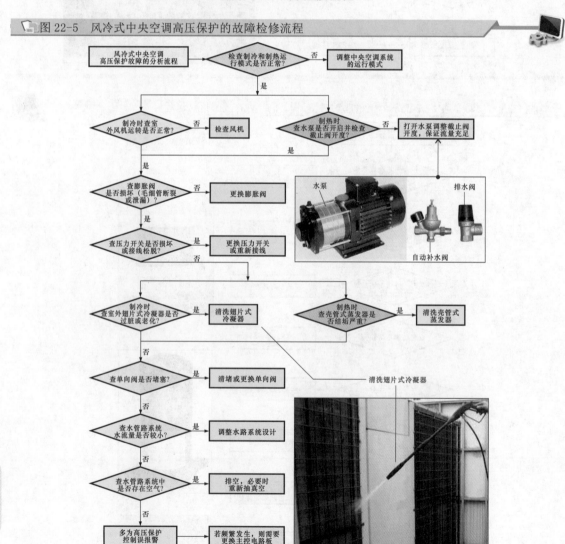

22.2.2　风冷式中央空调低压保护的故障检修

如图 22-6 所示，水冷式中央空调按下起动开关后，低压保护指示灯亮，中央空调系统无法正常起动，出现该类故障多是由于中央空调系统中高压管路部分异常、存在堵塞情况或制冷剂泄漏等引起的。

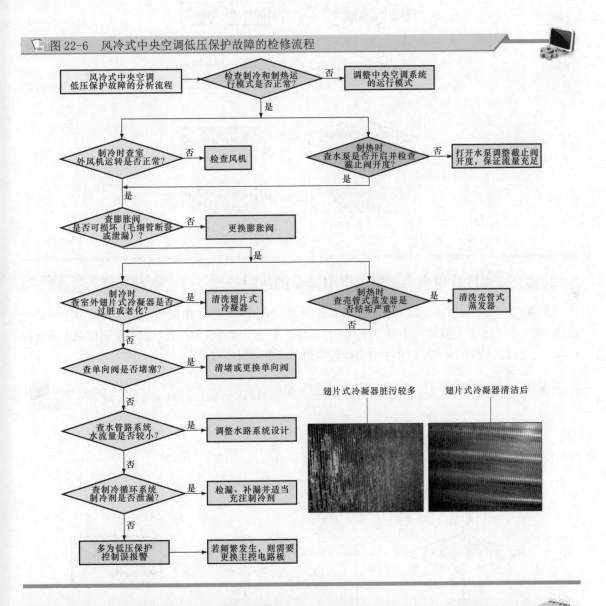

图 22-6　风冷式中央空调低压保护故障的检修流程

翅片式冷凝器脏污较多　　翅片式冷凝器清洁后

22.3　水冷式中央空调的故障检修

22.3.1　水冷式中央空调断相保护的故障检修

中央空调按下起动开关后，断相保护指示灯亮，中央空调系统无法正常起动，出现该类故障多是由于中央空调电路系统中三相线接线错误或断相等引起的。图 22-7 所示为水冷式中央空调断相保护的故障检修流程。

图 22-7　水冷式中央空调断相保护的故障检修流程

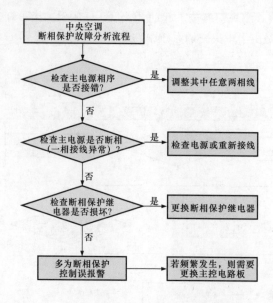

22.3.2　水冷式中央空调电源供电异常的故障检修

　　水冷式中央空调接通电源后，按下起动开关，压缩机不起动，出现该故障主要是由电源供电线路异常、压缩机控制线路继电器及相关部件损坏、中央空调系统中存在过载以及压缩机本身故障引起的。图 22-8 所示为水冷式中央空调电源供电异常的故障检修流程。

图 22-8　水冷式中央空调电源供电异常的故障检修流程

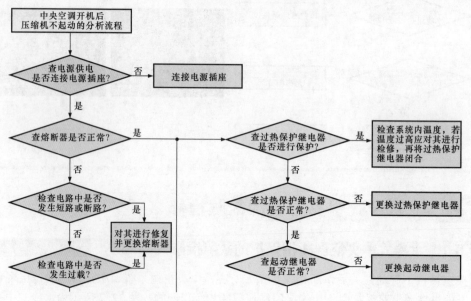

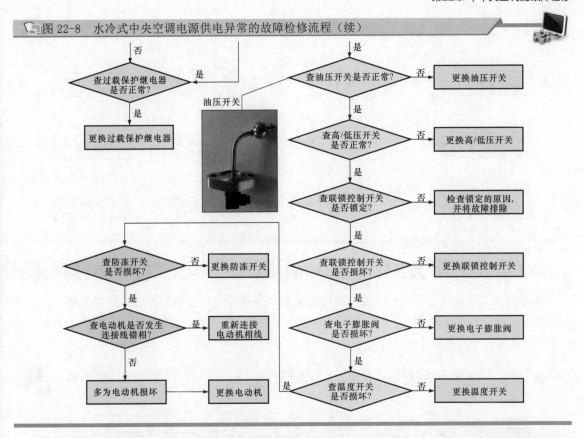

图 22-8 水冷式中央空调电源供电异常的故障检修流程（续）

22.3.3 水冷式中央空调过载保护的故障检修

水冷式中央空调按下起动开关后，过载保护继电器跳闸，中央空调系统无法起动，出现该类故障主要是由于整个中央空调系统中的负载可能存在短路、断路或超载现象，如电路中电源接地线短路、压缩机卡缸引起负载过重、供电线路接线错误或线路设计中的电器部件参数不符合系统等。图 22-9 所示为水冷式中央空调过载保护的故障检修流程。

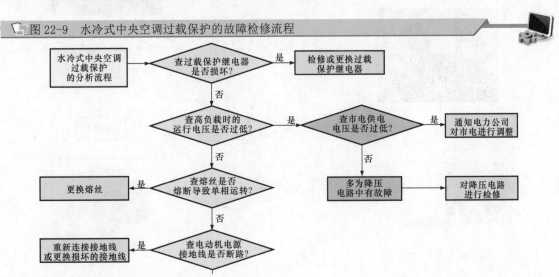

图 22-9 水冷式中央空调过载保护的故障检修流程

图 22-9　水冷式中央空调过载保护的故障检修流程（续）

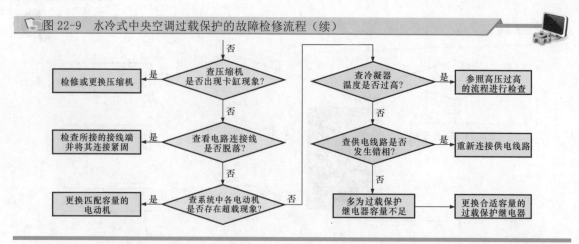

22.3.4　水冷式中央空调高压保护的故障检修

　　水冷式中央空调按下起动开关后，高压保护指示灯亮，中央空调系统无法正常起动，出现该类故障多是由于中央空调系统中高压管路部分异常或存在堵塞情况引起的。图 22-10 所示为水冷式中央空调高压保护的故障检修流程。

图 22-10　水冷式中央空调高压保护的故障检修流程

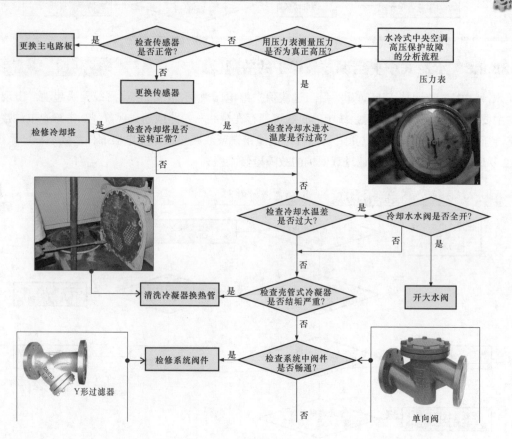

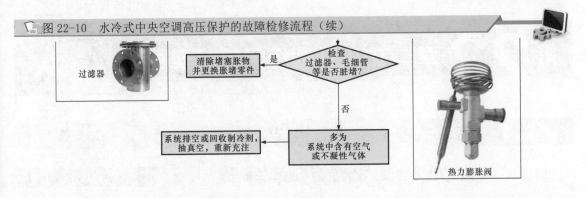

图 22-10　水冷式中央空调高压保护的故障检修流程（续）

22.3.5　水冷式中央空调低压保护的故障检修

水冷式中央空调按下起动开关后，低压保护指示灯亮，中央空调系统无法正常起动，出现该类故障多是由于中央空调系统中温度传感器、水温设置异常、水流量异常、系统阀件阻塞、制冷剂泄漏等引起的。图 22-11 所示为水冷式中央空调低压保护的故障检修流程。

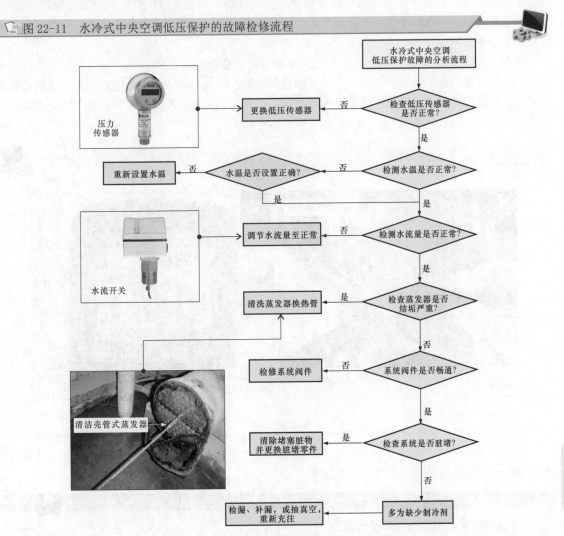

图 22-11　水冷式中央空调低压保护的故障检修流程

23.1 多联式中央空调的检修实例

23.1.1 多联式中央空调四通阀故障的检修实例

多联式中央空调制冷效果差，应重点检查其室内外机组的风机、制冷循环系统等是否正常。

首先检查室内设定温度是否正常，经查温度设定正常。接着检查室内机过滤网无明显脏污，室内温度传感器阻值状态也基本正常。结合多联式中央空调制冷原理，可能影响到制冷效果的还包括室内、外机组风机失速、冷凝器脏堵、制冷循环系统堵塞、压缩机损坏、四通阀串气或损坏等，可逐级检修找到故障部位排除故障。

检查室内、外机组风量正常，排除室内、外机组风机失速情况。接下来进一步排查冷凝器故障，多联式中央空调室外机采用翅片式冷凝器，由于这类中央空调室外机长期放置于暴露的室外，冷凝器上容易积累大量的灰尘，且易因受外力导致冷凝器的翅片变形或管路损坏，检查冷凝器也无明显积灰、变形情况。

根据故障表现，继续对制冷循环系统和压缩机进行检查，发现并无脏堵情况，压缩机可正常起动，能够听见清晰的机械声，最后，怀疑四通阀故障，检测四通阀线圈，先将四通阀线圈连接插件拔下，再使用万用表对四通阀线圈阻值进行检测，即可判断电磁四通阀是否出现故障。电磁四通阀线圈阻值的检测方法如图 23-1 所示。

图 23-1 电磁四通阀线圈阻值的检测方法

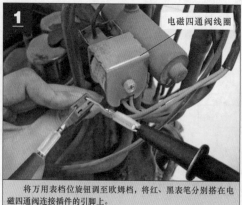

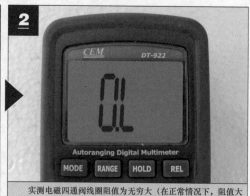

将万用表档位旋钮调至欧姆档，将红、黑表笔分别搭在电磁四通阀连接插件的引脚上。

实测电磁四通阀线圈阻值为无穷大（在正常情况下，阻值大约为 1.5kΩ）。

在正常情况下，万用表应可测得一定的阻值（约为 1.468kΩ）。经查，电磁四通阀阻值差别过大，说明电磁四通阀损坏，更换后排除故障。

| 提示说明 |

图 23-2 所示为电磁四通阀的检修要点。

图23-2 电磁四通阀的检修要点

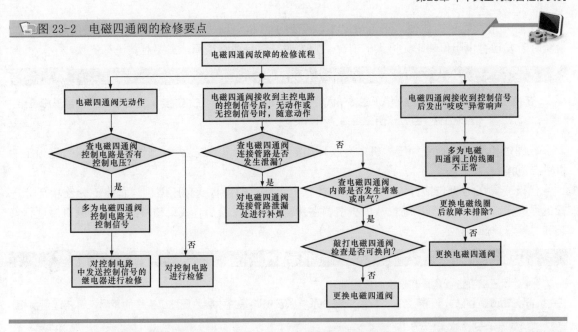

23.1.2 多联式中央空调变频压缩机故障的检修实例

多联式中央空调开机后压缩机不工作，怀疑压缩机故障，对其变频压缩机进行检测。

压缩机是中央空调制冷管路中的核心部件，压缩机出现故障将直接导致中央空调出现不制冷（热）、制冷（热）效果差、噪声等现象，严重时可能还会导致中央空调系统无法起动开机的故障。

检修变频压缩机时，重点是对变频压缩机内部电动机绕组进行检测，判断有无短路或断路故障，一旦发现故障，就需要寻找可替代的变频压缩机进行代换。

若变频压缩机出现异常，则需要先将变频压缩机接线端子处的护盖拆下，再使用万用表对变频压缩机接线端子间的阻值进行检测，即可判断变频压缩机是否出现故障。将万用表的红、黑表笔任意搭接在变频压缩机绕阻端进行检测。变频压缩机的检测方法如图23-3所示。

图23-3 变频压缩机的检测方法

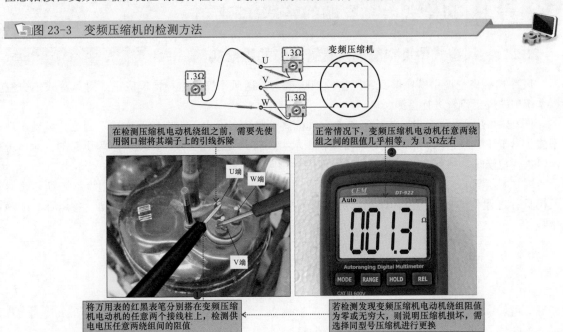

观测万用表显示的数值，正常情况下，变频压缩机电动机任意两绕组之间的阻值几乎相等。检测时若发现有电阻值趋于无穷大的情况，则说明绕组有断路故障，需要对其进行更换。

┃ 提示说明 ┃

变频压缩机内电动机多为三相永磁转子式交流电动机，其内部为三相绕组，正常情况下，其三相绕组两两之间均有一定的阻值，且三组阻值是完全相同的。

若经过检测确定为变频压缩机本身损坏引起的中央空调系统故障，则需要对损坏的变频压缩机进行更换。

代换变频压缩机包括拆焊、拆卸和替换三个步骤，即先将变频压缩机与管路部分连接部分进行拆焊操作，然后将变频压缩机从中央空调室外机中取下，最后寻找可替换的变频压缩机后进行安装和焊接，排除故障。

┃ 提示说明 ┃

对变频压缩机进行检修和代换时应注意：

1）在拆卸损坏的压缩机之前，应当查制冷系统以及电路系统中导致压缩机损坏的原因，再合理更换相关损坏器件，避免再次损坏的情况发生。

2）必须对损坏压缩机中的制冷剂进行回收，在回收之前应当准备好回收制冷剂所需要的工具，并保证空调主机房的空气流通。

3）在选择更换的压缩机时，应当尽量选择相同厂家的同型号压缩机进行更换。

4）将损坏的压缩机取下并更换新压缩机后，应当使用氮气对制冷剂循环管路进行清洁。

5）对系统进行抽真空操作，应执行多次抽真空操作，保证管路系统内部绝对的真空状态，系统压力达到标准数值。

6）压缩机安装好后，应当在关机状态下对其充注制冷剂，当充注量达到 60% 之后，将中央空调器开机，继续充注制冷剂，使其达到额定充注量停止。

7）拆卸压缩机，打开制冷管路后，代换压缩机后需要同时更换干燥过滤器。

23.2 风冷式中央空调的检修实例

23.2.1 风冷式中央空调风机盘管故障的检修实例

风冷式中央空调系统能够正常工作，但噪声大、送风不良，这种情况应重点对风冷式中央空调系统中的风机盘管进行检测。

图 23-4 所示为风机盘管的检测要点。风机盘管故障多是由于供电线路连接不到位、风扇组件不能正常工作、凝结水无法排出导致泄漏、积水盘及管路保温不当发生二次凝水等引起的。对风机盘管进行检修时，重点应针对不同故障表现进行相应的检修处理。

对风机盘管内部进行检查，发现电机性能不良，内部功能部件损坏。因此按图 23-5 所示，对风机盘管进行整体拆卸代换。选配同规格的风机盘管重新安装连接后，重新起动设备运行，故障排除。

图 23-4　风机盘管的检测要点

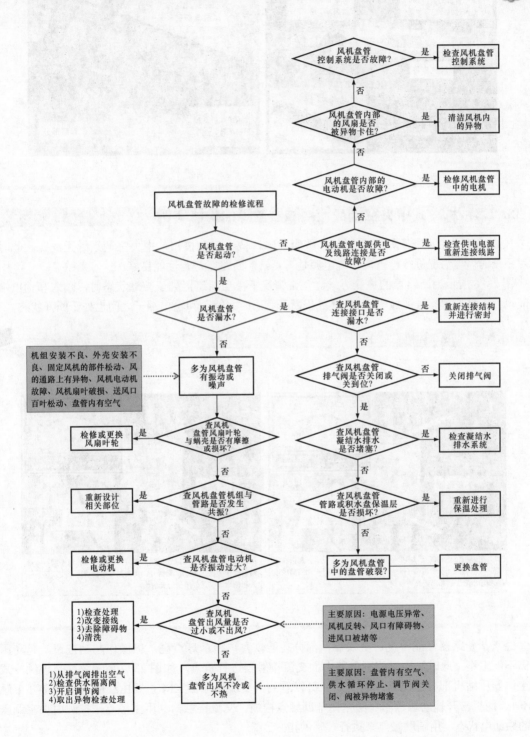

图 23-5　风机盘管的代换方法

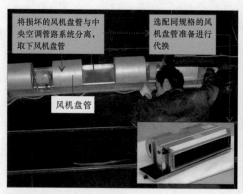

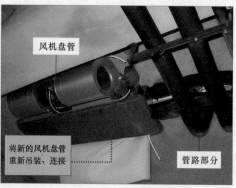

23.2.2　风冷式中央空调交流接触器故障的检修实例

风冷式中央空调器无法正常运行。核查故障，按下起动按钮，中央空调系统无反应。此时首先对系统的供电情况进行检查，检查电源是否正常，断路器是否性能良好。

图 23-6 所示为断路器的检测方法。正常情况下，当断路器处于接通状态时，输入和输出端子之间也处于接通状态（即通电）；当其处于断开状态时，输入和输出端子之间也处于断开状态。

图 23-6　断路器的检测方法

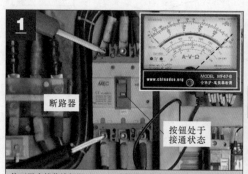

经查，断路器性能不良，更换后，部分功能恢复，指示灯点亮，但操作起动按钮，起动压缩机仍不能工作。此时，应对控制电路中的交流接触器进行检查。如图 23-7 所示，这是该风冷式中央空调器压缩机部分的电路控制关系。可以看到，交流接触器 KM 主要由线圈、一组常开主触点KM-1、两组常开辅助触点和一组常闭辅助触点构成。交流接触器利用主触点来控制中央空调压缩机的通断电状态，用辅助触点来执行控制的指令。

图 23-8 所示为交流接触器的检测操作。交流接触器通常安装在控制配电柜中，使用万用表对交流接触器通断状态进行检测即可。

图 23-7　风冷式中央空调器压缩机部分的电路控制关系

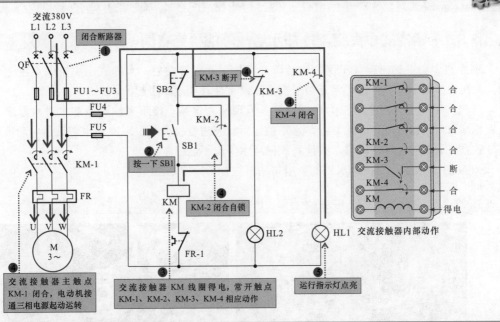

图 23-8　交流接触器的检测操作

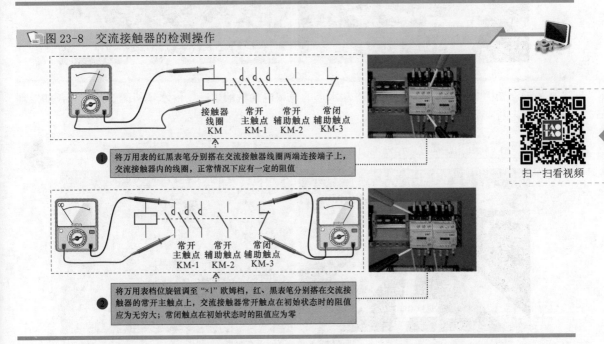

将万用表的红黑表笔分别搭在交流接触器线圈两端连接端子上，交流接触器内的线圈，正常情况下应有一定的阻值

将万用表档位旋钮调至 "×1" 欧姆档，红、黑表笔分别搭在交流接触器的常开主触点上，交流接触器常开触点在初始状态时的阻值应为无穷大；常闭触点在初始状态时的阻值应为零

扫一扫看视频

当交流当交流接触器内部线圈得电时，会使其内部触点做与初始状态相反的动作，即常开触点闭合，常闭触点断开；当内部线圈失电时，其内部触点复位，恢复初始状态。

因此，对该接触器进行检测时，需依次对其内部线圈阻值及内部触点在开启与闭合状态时的阻值进行检测。由于是断电检测接触器的好坏，因此，检测常开触点的阻值为无穷大，当按动交流接触器上端的开关按键，强制接通后，常开触点闭合，其阻值正常应为零欧姆。

经查，发现控制压缩机的交流接触器损坏，更换后故障排除。

23.3 水冷式中央空调的检修实例

23.3.1 水冷式中央空调冷却水塔故障的检修实例

水冷式中央空调出现高压保护的故障，即按下起动开关后，水冷式中央空调系统无法正常起动，高压保护指示灯亮，这通常是由于高压管路部件存在故障引起的。

首先，用压力表对系统压力进行检测，发现压力过高。接下来检测冷却水进水温度，经检测发现冷却水进水温度高。因此对冷却水塔的运行状态进行检查，发现冷却水塔风扇电动机故障，从而导致系统无法对循环水降温，致使系统循环水降温不达标。

如图 23-9 所示，对冷却水塔的风扇电动机进行拆卸检修。

图 23-9 冷却水塔的风扇电动机的拆卸检修

风扇电动机

检查风扇电动机能否正常起动运转

怀疑风扇电动机损坏，可将风扇电动机进行拆卸并对内部进行检修

另外，如图 23-10 所示，同时对冷却水塔的风扇电动机的扇叶、淋水填料等进行检查，如发现损坏或老化则应及时更换。

图 23-10 冷却水塔的风扇电动机的扇叶、淋水填料的检查

检查冷却水塔内的风扇扇叶是否损坏

风扇扇叶

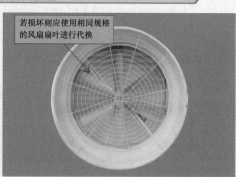

若损坏则应使用相同规格的风扇扇叶进行代换

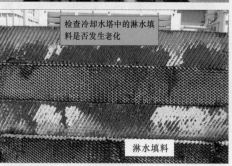

检查冷却水塔中的淋水填料是否发生老化

淋水填料

进入冷却水塔内部，对淋水填料进行更换

最后对冷却水塔内部进行清洁去污处理。维修操作完成，起动水冷式中央空调，故障排除。

23.3.2 水冷式中央空调压缩机故障的检修实例

水冷式中央空调无法正常工作。核查故障，按下起动开关后，发现过载保护继电器跳闸，中央空调系统无法启动工作。怀疑系统存在短路、短路或超载的故障。

因此，首先对过载保护继电器进行检查。发现过载保护继电器损坏。对其进行更换后，水冷式中央空调系统依旧出现保护继电器跳闸保护的情况。继续对熔丝进行检查，发现熔丝正常，无烧损迹象。重点对压缩机进行检查。

水冷式中央空调器中的压缩机多采用螺杆式压缩机。这种压缩机长时间使用会出现内部部件的磨损，可按图 23-11 对螺杆式压缩机进行检修。

图 23-11 螺杆式压缩机的检修要点

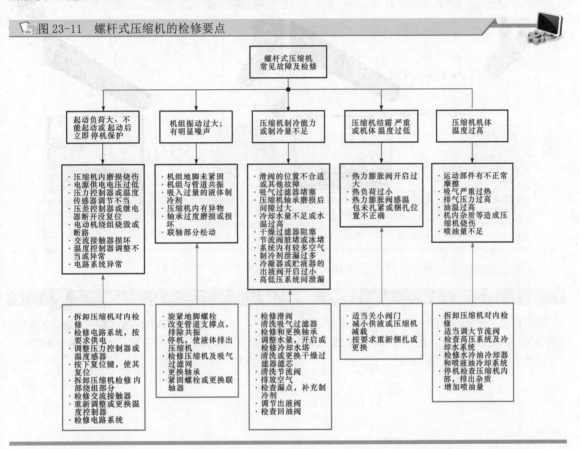

如图 23-12 所示，对螺杆式压缩机进行拆卸检查。发现轴承内钢珠磨损严重，对磨损部件进行更换，重新组装后，开机运行，故障排除。

图 23-12 螺杆式压缩机的拆卸检查

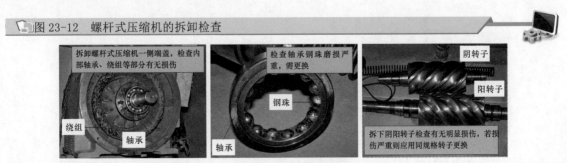

23.3.3　水冷式中央空调变频器故障的检修实例

水冷式中央空调系统无法正常工作，启动系统，显示变频故障代码。通常，在中央空调电路系统中，变频器作为核心的控制部件，主要用于控制冷却水循环系统（冷却水塔、冷却水泵、冷冻水泵等）及压缩机的运行状态。变频器出现异常会导致整个变频控制系统失常。

判别变频器性能是否正常，主要可通过对变频器供电电压和输出控制信号进行检测。若输入电压正常，无变频驱动信号输出，则说明变频器本身异常。在当前水冷式中央空调系统中所采用的变频器为西门子 MidiMaster ECO 通用型变频器。按图 23-13 所示，对变频器的输入电压和输出信号进行检测。

図图 23-13　中央空调系统中输入电压和输出信号的检测方法

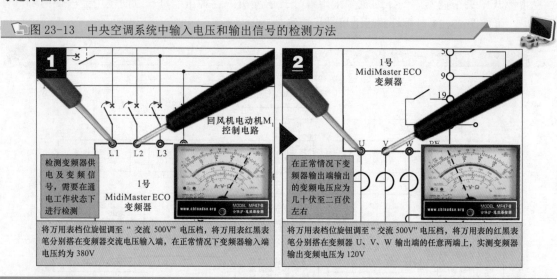

1 回风机电动机M₁控制电路

检测变频器供电及变频信号，需要在通电工作状态下进行检测

1号 MidiMaster ECO 变频器

将万用表档位旋钮调至"交流 500V"电压档，将万用表红黑表笔分别搭在变频器交流电压输入端，在正常情况下变频器输入端电压约为 380V

2 1号 MidiMaster ECO 变频器

在正常情况下变频器输出端输出的变频电压应为几十伏至二百伏左右

将万用表档位旋钮调至"交流 500V"电压档，将万用表的红黑表笔分别搭在变频器 U、V、W 输出端的任意两端上，实测变频器输出变频电压为 120V

发现变频器损坏，对变频器进行更换重装，故障排除。

| 提示说明 |

变频器的使用寿命也会受外围环境的影响，例如温度、湿度等。所以安装变频器的位置，应在其周围环境允许的条件下进行。此外，对于连接线的安装也要谨慎，如果误接也会损坏变频器。为了防止触电，还需要将变频器接地端进行接地。